New Relic 実践入門
監視からオブザーバビリティへの変革

松本 大樹、佐々木 千枝、田中 孝佳、伊藤 覚宏、清水 毅、
齊藤 恒太、瀬戸島 敏宏、小口 拓、東 卓弥、会澤 康二 [著]

はじめに

　IT技術の進歩はすさまじく、ここわずか10年ほどの間に我々の生活様式は一変しました。この変化は新しいデジタルサービスが次々と出現してきたことに起因していますが、その影響は広範囲にわたり、キャッシュレス決済、MaaS（Mobility as a Service）、ロボティクス、テレワーク／リモートワークによるワークスタイル変革、eコマースやフードデリバリーサービスの普及など、あらゆる領域に及んでおり、第4次産業革命と呼ぶにふさわしい激しい技術革新の真っただ中にいます。加えて2020年以降、新型コロナウイルス感染症の流行により、経済活動のみならず日常生活圏におけるデジタル化が加速度的に進み、あらゆるものが大きく変化せざるを得ない状況となっています。

　この変化に対応すべく、多くの企業はIT技術を駆使してビジネスを（再）構築する、いわゆるデジタルトランスフォーメーション（Digital Transformation：DX）の推進が急務となっており、さまざまな取り組みが行われています。DXを実現し成功させるには新たに登場した技術を取り込む必要があります。たとえば運用監視の領域に関しては、従来のモニタリングという手法ではなく、次世代の運用監視のベースとなる「オブザーバビリティ（可観測性）」という新しい考え方が注目されています。変化の激しいデジタルビジネスを正しく運用するためにはオブザーバビリティの理解と実践スキルが必要となりますが、日本で本格的に取り組んでいる企業はまだまだ少ないのが現状です。

　これらの状況を鑑みて本書では、最先端の技術を活用されるエンジニアの皆様に向けて、次世代監視に必須となるオブザーバビリティという考え方と、New Relicという新しくユニークなツールを使った手法について詳しく解説しています。これらを身につけて活用することで、それがいかにデジタルビジネスの成功の可否に大きな影響を与えるかを体感していただきたいと考えています。

本書の構成は、次のような3部構成となっています。

Part 1　New Relicを知る

　従来の古典的な監視の問題点とオブザーバビリティを備えた次世代の運用監視の必要性を説明するとともに、それを実現するために強力な武器となり得るNew Relicとそれを支えるプラットフォームの概要を説明していきます。

Part 2　New Relicを始める

　実際にNew Relicを使うための基礎知識を身につけるために、システムのエンド・ツー・エンドのオブザーバビリティ特性を提供する、APM、Infrastructure、Synthetics、Browser、Mobile、Logs、New Relic Oneといった全ツールの基本的な使い方を学習します。

Part 3　New Relicを活用する──16のオブザーバビリティ実装パターン

　応用編として16のオブザーバビリティ実装パターンを紹介します。これらの実装パターンは多くのエンジニアが必要となるであろう、すぐに応用できそうなものに絞ってリストアップし、さまざまな課題に対する実践的なアプローチを理解／活用しやすい形で具体的にまとめました。これらを現場で適用いただくことで、すぐに効果が得られると考えています。

　本書を読んでいただき、次世代の運用監視の考え方を身につけた読者の皆様がNew Relicという新しいツールを使って、デジタル化という大きな変化に対応し、またデジタルビジネスを成功に導くために活躍されることを確信しています。

目次

はじめに ii

Part 1 　New Relicを知る　　　　　　　　　　　　　　　　1

第1章　オブザーバビリティの重要性　　　　　　　　　　3

1.1　オブザーバビリティとは？ 4

　1.1.1　オブザーバビリティに必要不可欠な3要素：収集・分析・可視化 5

　1.1.2　テレメトリーデータの収集 6

　1.1.3　テレメトリーデータの分析 7

　1.1.4　テレメトリーデータの可視化 7

1.2　オブザーバビリティに必要なテレメトリーデータとは？ 8

　1.2.1　メトリクス（Metrics） 9

　1.2.2　ログ（Log） 9

　1.2.3　トレース（Trace） 11

第2章　New Relic Oneとは？　　　　　　　　　　　　13

2.1　New Relic Oneの全体像 14

　2.1.1　Telemetry Data Platform：データの収集 15

　2.1.2　Full-Stack Observability：データの分析・可視化 15

　2.1.3　Alerts and Applied Intelligence：データの解釈・評価 15

　2.1.4　New Relic Oneプラットフォームの構成意義と課金モデル 16

　2.1.5　New Relicの重要な概念 17

目次

2.2	**サービスを支えるシステム基盤とセキュリティ** 21
2.2.1	考慮すべきセキュリティのポイント 21

Part 2 New Relicを始める   25

第3章   New Relicの始め方   27

3.1	**アカウントの作成方法** 28
3.1.1	アカウントの作成方法 28
3.1.2	ユーザーの確認方法 30

3.2	**アカウント構造とアクセス制御の考え方** 31
3.2.1	New Relicのアカウント構造 31
3.2.2	アクセス制御の考え方 34
3.2.3	マルチアカウントでの活用パターン例 36

第4章   Telemetry Data Platform   39

4.1	**Telemetry Data Platformの概要** 40
4.1.1	New Relicエージェントのデータストアとしての役割 41
4.1.2	OSSとの親和性（運用のための運用からの解放） 41

4.2	**Data explorerとQuery builder** 43
4.2.1	Data explorer 43
4.2.2	Query builder 44
4.2.3	グラフの外観をカスタマイズする 46

4.3	**Dashboards** 47
4.3.1	ダッシュボードの始め方 47
4.3.2	ダッシュボードで高度な分析を行う方法 49

4.4	**Log Management** 51
4.4.1	ログデータの取り込み方 52
4.4.2	ログの確認方法 53

v

| 4.5 | API | 55 |

4.5.1	New Relic APIの種類	55
4.5.2	REST APIの実行方法	55
4.5.3	NerdGraph API (GraphQL) の実行方法	57
4.5.4	API実行に必要となるキー	58

4.6 Manage Data 59

4.6.1	データを管理する重要性	59
4.6.2	データの取り込みを管理する	60
4.6.3	データの保存期間を管理する	61
4.6.4	取り込むデータをドロップする	62

4.7 Build on New Relic One 64

| 4.7.1 | New Relic Oneカタログとアプリケーションの種類 | 64 |
| 4.7.2 | New Relic Oneアプリケーション開発の流れ | 65 |

第5章 ━━ Full-Stack Observability 71

5.1 Full-Stack Observabilityの概要 72

| 5.1.1 | バックエンドアプリケーションのパフォーマンス計測に関する機能 | 73 |
| 5.1.2 | フロントエンドアプリケーション・顧客体験の計測に関する機能 | 74 |

5.2 New Relic APM 74

5.2.1	APMが必要である理由	74
5.2.2	今、APMの重要性が増している理由	76
5.2.3	New Relic APMとは	78
5.2.4	New Relic APM機能概要	79
5.2.5	まとめ	94

5.3 New Relic Infrastructure 95

5.3.1	インフラストラクチャモニタリングが必要である理由	95
5.3.2	New Relic Infrastructureのインストール	97
5.3.3	New Relic Infrastructureによるクラウドモニタリング	101
5.3.4	New Relic InfrastructureによるKubernetesモニタリング	107
5.3.5	New Relic Infrastructureによるミドルウェアモニタリング	108
5.3.6	New Relic Infrastructureによるカスタムモニタリング	110

	5.3.7	New Relic Infrastructureによる構成管理	111
	5.3.8	New Relic Infrastructureによるプロセスモニタリング	113
	5.3.9	New Relic Infrastructureによるリソースアラート	113

5.4 New Relic Synthetics 114

5.4.1	外形監視が必要な理由	114
5.4.2	New Relic Syntheticsのモニター	114
5.4.3	New Relic Syntheticsのモニター結果	121
5.4.4	プライベートロケーション	122

5.5 New Relic Browser 122

5.5.1	New Relic Browserによる可観測性が必要な理由	122
5.5.2	New Relic Browserでできること	124
5.5.3	New Relic Browserの機能概要	125

5.6 New Relic Mobile 132

5.6.1	New Relic Mobileとは	133
5.6.2	New Relic Mobileの導入	135
5.6.3	New Relic Mobileの機能概要	136
5.6.4	New Relic Mobileをもっと使いこなそう	144

5.7 Serverless 145

5.7.1	サーバーレスの計測がなぜ必要なのか?	146
5.7.2	サーバーレスモニタリングでできること	146
5.7.3	サーバーレスモニタリングの仕組み	148
5.7.4	サーバーレスモニタリングの設定方法	149

5.8 Logs in Context 150

5.8.1	Logs in Contextの仕組み	150
5.8.2	Logs in Contextの有効化	152

5.9 Distributed Tracing (分散トレーシング) 154

5.9.1	分散トレーシングが必要になった背景	154
5.9.2	分散トレーシングの仕組み	155
5.9.3	Distributed Tracingの有効化	157

第6章 — Alerts and Applied Intelligence (AI) 165

6.1 AlertsとApplied Intelligence (AI) **166**

6.2 New Relic Alertsの設定 **167**

   6.2.1 New Relic Alertsの構成 167

   6.2.2 インシデント設定 168

   6.2.3 コンディション設定 169

   6.2.4 通知設定 173

   6.2.5 New Relicのステータスカラー 175

6.3 Applied Intelligence (AI) の概要 **176**

   6.3.1 Proactive Detection 179

   6.3.2 Incident Intelligence 181

   6.3.3 New Relic AIをうまく導入するために 194

Part 3 New Relicを活用する——16のオブザーバビリティ実装パターン 197

第3部の構造と読み方 198

00 オブザーバビリティ成熟度モデル——第3部の内容について **198**

   オブザーバビリティの実装パターン 198

   レベル0 Getting Started：計測を始める 199

   レベル1 Reactive：受動的対応 199

   レベル2 Proactive：積極的対応 200

   レベル3 Data Driven：データ駆動 200

レベル0 Getting Started／レベル1 Reactive 201

01 バックグラウンド (バッチ) アプリおよび
GUIアプリの監視パターン **201**

02 メッセージキューでつながる分散トレーシング **209**

03 Mobile Crash分析パターン **217**

| 04 | Kubernetes オブザーバビリティパターン | 226 |

| 05 | Prometheus＋Grafana連携 | 235 |

| 06 | W3C Trace Contextを使ったOpenTelemetryと
New Relic Agentでの分散トレーシングパターン | 244 |

レベル2　Proactive　　250

| 07 | Webアプリのプロアクティブ対応パターン
── Webアプリの障害検知と対応例 | 250 |

| 08 | データベースアクセス改善箇所抽出パターン | 259 |

| 09 | ユーザーセントリックメトリクスを用いたフロントエンド
パフォーマンス監視パターン | 266 |

| 10 | モバイルアプリのパフォーマンス観測 | 274 |

| 11 | 動画プレイヤーのパフォーマンス計測パターン | 283 |

| 12 | アラートノイズを発生させないためのアラート設計パターン | 289 |

レベル3　Data Driven　　292

| 13 | SRE：Service Levelと
4つのゴールデンシグナル可視化パターン | 292 |

| 14 | ビジネスKPI計測パターン | 299 |

| 15 | クラウド移行の可視化パターン | 308 |

| 16 | カオスエンジニアリングとオブザーバビリティ | 315 |

おわりに ... 324
著者紹介 ... 325
索引 ... 327

Column／Tips索引

Column	New Relic Oneの課金体系	17
Column	New Relic Browserを組み込むことによる パフォーマンスオーバーヘッド	126
Column	URLを意味のある単位でまとめてメトリクスを管理する	128
Tips	周期性の確認	83
Tips	平均だけではなく、分布や偏りも確認	83
Tips	クロスアプリケーション	157
Tips	別のクラッシュツールを利用している場合	217
Tips	New Relic SDKの動作検証	218
Tips	以前のSDKをダウンロードするには	220
Tips	環境ごとにデータを送り分ける	221
Tips	カスタム属性を追加する別の方法	305

付属データのダウンロード

　本書の付録として、NRQL（New Relic Query Language）の基礎を解説した「NRQL Lessons」（PDF形式：総ページ28）を執筆しました。以下のサイトからダウンロードできます。

https://www.shoeisha.co.jp/book/download/9784798166599

Part 1

New Relicを知る

この部の内容

第1章　オブザーバビリティの重要性

第2章　New Relic Oneとは？

第1部では、まずなによりも New Relic そのものを知るところから始めましょう。オブザーバビリティ（可観測性）の重要性を理解するとともに、New Relic の全体像を理解しましょう。

　第1章では、オブザーバビリティ（可観測性）とは何か？　なぜそれが重要になってきているのかを解説します。
　第2章では、New Relic のサービス構成がどのようになっているのかといった全体像を解説します。

　なんとなく新しいツールで監視を始めるのではなく、しっかりと時代背景やコンセプトを理解し、New Relic を始める準備を行いましょう。

Part 1 New Relicを知る

第1章

オブザーバビリティの重要性

この章の内容

- 1.1 オブザーバビリティとは？
- 1.2 オブザーバビリティに必要なテレメトリーデータとは？

Part 1　New Relicを知る

　デジタルトランスフォーメーション（Digital Transformation：DX）の時代を迎え、企業やエンジニアには製品やサービスの変革が求められています。そのためには、デジタルを支えるシステムだけでなく、提供するサービスの状態、その利用者である顧客の行動や状況など、デジタル上のあらゆる情報を把握する必要があります。そこで必要となるのが「オブザーバビリティ」という考え方です。本章では、オブザーバビリティの概念およびその有用性について紹介します。

1.1　オブザーバビリティとは?

　ITの世界では常に新しい技術が生まれ、その技術を使った製品およびサービスはさまざまなものを変革し続けています。その範囲はプログラミング言語やアプリケーションフレームワークといった開発技術、それを支えるクラウド、コンテナ、サーバーレス、IaC（Infrastructure as Code）などのインフラ技術、DevOpsやAgile、マイクロサービス化といったアプリケーション設計・開発手法と多岐にわたります。これらの技術は、数年経つと陳腐化することも珍しくありません。

　現在入手可能なこれらの最新技術を活用すれば、短期間で効率的に開発したアプリケーションコードを展開できるようになり、市場ニーズを捉えた競争力のある製品を迅速に市場に投入でき、ビジネスを成長させることができます。しかしこのようなアプローチを採用した場合、その開発および運用管理は相当複雑なものになります。特にシステムの可用性や品質、パフォーマンスを上げつつ、ユーザー体験（User Experience：UX）を向上させようとすると、開発チームのみならず運用チームも適切に対処するための方策が求められます。これを解決するアプローチとして最近注目されているのが「**オブザーバビリティ**（Observability：**可観測性**）の実装」という考え方です（**図1.1**）。

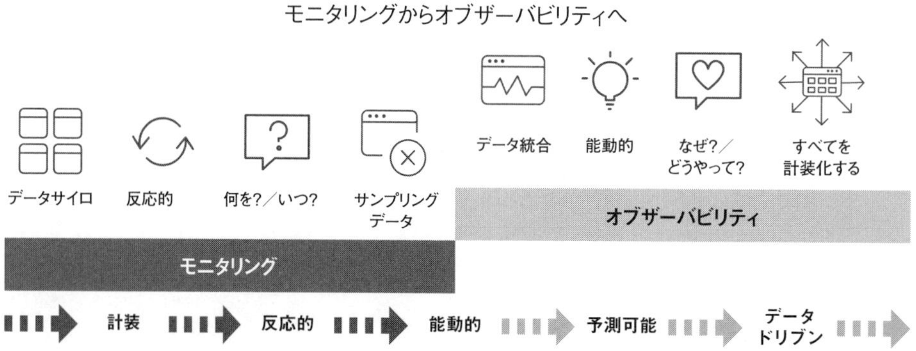

モニタリングからオブザーバビリティへ

データサイロ　反応的　何を?／いつ?　サンプリングデータ　　データ統合　能動的　なぜ?／どうやって?　すべてを計装化する

モニタリング　　　　オブザーバビリティ

計装　　反応的　　能動的　　予測可能　　データドリブン

図1.1　モニタリングをはるかに超えるオブザーバビリティ

4　第1章　オブザーバビリティの重要性

1.1 オブザーバビリティとは？

オブザーバビリティ（**可観測性**）とは、複雑なITシステムやアプリケーションの状態といったデジタル上の動きを常に把握するという性質、およびそのための取り組みを指します。「モニタリング（監視）」では事前に定義された異常が発生したときに単に通知するだけですが、「オブザーバビリティ（可観測性）」を備えたシステムでは、問題が生じた原因とシステムの動作がどのようになっているかをリアルタイムに把握できます。これによりチームは緊急事態でも迅速かつ効率的に対応できるようになります。さらに、長期的なアプリケーションパフォーマンスの改善や品質の向上に取り組むことも可能になり、利用者のユーザー体験も把握できるようになります。オブザーバビリティによって、システムおよびデジタルサービスの運用監視技法を進化させることができるのです。理想的なオブザーバビリティ実現の鍵は、テレメトリーデータの収集、分析、可視化にあります。この「テレメトリーデータ」とは、メトリクス、ログ、トレースといったシステムの状態を表すデータのことです（詳細については1.2節で説明します）。

1.1.1 オブザーバビリティに必要不可欠な3要素：収集・分析・可視化

オブザーバビリティは、次の3つの必須要素を取り入れる必要があります（**図1.2**）。

- **テレメトリーデータの収集**：包括的で高精度なテレメトリーデータの収集能力
- **テレメトリーデータの分析**：膨大なテレメトリーデータの相関や意味付けなどの分析能力
- **テレメトリーデータの可視化**：分析されたデータをわかりやすく理解させ、次のアクションを明確にする可視化能力

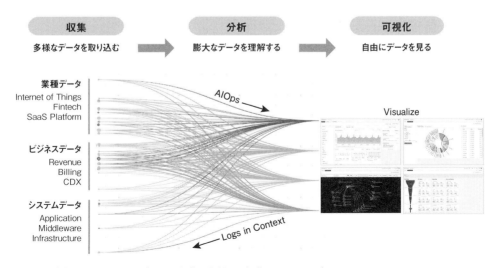

図1.2　多様なテレメトリーデータを収集・分析・可視化するイメージ

1.1.2 テレメトリーデータの収集

オブザーバビリティ実現のためには、複雑なマイクロサービスアーキテクチャ、増え続けるデプロイメント、さらにクラウド化やコンテナ化されたシステムのすべてのテレメトリーデータを収集する必要があります。言い換えれば、自社インフラストラクチャ、仮想マシン、コンテナ、Kubernetesクラスタのほか、ホスト先がクラウドであれ自社内であれ、ミドルウェアやアプリケーションからのデータを収集する必要があります。また、モバイルアプリケーションやブラウザを利用する場合には、それらのユーザー体験などの情報も含めてエンド・ツー・エンドのデータを計装する仕組みが必要です（図1.3）。

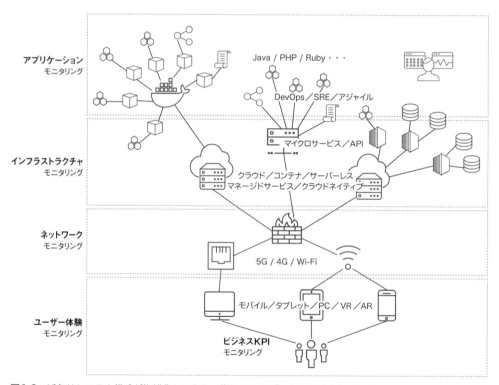

図1.3　近年はシステム構成が複雑化しており、集めるべきデータも複雑化している

これらのデータを詳細かつ間断なく集めるために、オープンソースの情報収集Agentを利用すれば、徹底的かつオープンな収集が可能になります。たとえば、メトリクス用の「Prometheus」「Telegraf」「StatsD」「DropWizard」「Micrometer」、トレース用の「Jaeger」「Zipkin」、ログの収集／フィルタリング／エクスポート用の「Fluentd」「Fluent Bit」「Logstash」などがあります。

これらのテレメトリーデータの総量は膨大なものになるため、すべてを収集するのは現実的ではありません。どのテレメトリーデータを収集すべきか考慮し設計することも、オブザーバビリティ実現のために重要なポイントになります。

1.1.3 テレメトリーデータの分析

次に、さまざまなソースから集められたデータを分析します。収集したデータからなんらかの洞察が得られないのであれば収集の意味がありません。データをリアルタイムで解析して、そのデータに基づくシステムコンポーネント間の論理的関係のモデルを構築し、相関関係／結びつきを明らかにするなど、データを加工する必要があります。たとえばマイクロサービスの依存関係の動的なサービスマップや、Kubernetesクラスタ（ノード、ポッド、コンテナ、アプリケーションを含む）を表示することで、複雑で動的なシステムを可視化でき、状態を観測できるようになります。また、テレメトリーAgentによって自動的に収集されたデータに追加のメタデータを挿入すれば、データのコンテキストや次元性を豊かにすることもできます。たとえば、アプリケーションの名前、バージョン、展開エリア、顧客のロイヤルティクラス、製品名、取引場所などのビジネス属性などを把握できるようになります。

データの分析や構造化は、重要な情報をできるだけ速く効率的に明らかにするための鍵となります。これは、数多くのベストプラクティスの指導者や世界クラスの専門家の経験やノウハウをもとに、慎重に考案された視覚化と最適なワークフローを通じて達成されます。データの分析や構造化では、健全性／パフォーマンスに関わる最重要シグナルを即座に明確な方法で明らかにします。キュレーションによってSRE（Site Reliability Engineering）やDevOps開発者は、独自のシンプルかつ効果的な体験ができ、そこからデータの背後にある「理由」を把握して、より迅速に問題を特定し、分離し、解決できます。

1つのプラットフォームにテレメトリーデータを集約することで、人工知能アルゴリズムを大容量データに適用し、人間では検出できない動作パターン、異常、相関関係も把握できるようになります。このようなAI技術を利用することで、問題発生時に早期に検出し、各インシデント（事象、出来事）間の相関関係を調べ、推定可能な根本原因を判別するだけでなく、背景情報や推奨事項を添えた診断結果を提供できるようになります。この比較的新しい技術領域を、大手リサーチ会社のガートナー社は「AIOps」と名付けました。AIOpsによってシステムの運用部隊やSRE、DevOpsチームの能力は著しく向上し、問題を予見して早期に対応したり、アラートノイズの削減や運用工数を大幅に軽減できたりするようになります。

1.1.4 テレメトリーデータの可視化

オブザーバビリティの目的は、テレメトリーデータに可視性と明瞭性を与え、アクションに結

び付けることです。定義したアラートやAIOpsによるプロアクティブな異常検出、ダッシュボードの活用によって、アプリケーションの異常や問題を早期に発見し改善できるため、平均検出時間（Mean Time To Detect：MTTD）や平均修復時間（Mean Time To Recovery：MTTR）が劇的に短縮されます（図1.4）。

図1.4　ダッシュボードによるテレメトリーデータの可視化イメージ

　ダッシュボードはカスタマイズ可能で、さまざまな解析を瞬時に可視化し、加工も容易です。ダッシュボードを利用すれば、ソフトウェアのテレメトリーと取引／ビジネスデータを照合して、正確なシステムとビジネスパフォーマンス管理をリアルタイムに行えます。また、組織の境界線を越えて全社的にダッシュボードを共有することもできるため、チームは問題を予測してパフォーマンスの最適化を行うことができます。

　ダッシュボードで重要なのは、簡単に作成できることと、容易に変更できることです。これが損なわれると長期的にオブザーバビリティを維持・活用することが困難になります。

1.2　オブザーバビリティに必要なテレメトリーデータとは？

　ここまで「テレメトリーデータ」という用語が何度も出てきました。この用語は一般的に、メトリクス（Metrics）、ログ（Log）、トレース（Trace）といったシステムの状態を表すデータを

意味しています。その定義を正確に理解することはオブザーバビリティを理解する上で非常に重要です。それぞれ見ていきましょう。

1.2.1 メトリクス（Metrics）

　簡単に言うと、**メトリクス**は定期的にグループ化または収集された測定値の集合で、「特定の期間のデータの集計」を表します。

　メトリクスを読み取ることで、以下のようなことがわかります。

「2021年1月21日の午前8時10分から8時11分まで、合計3回の購入があり、合計で2.75ドルでした。」

　このメトリクスは、一般的なデータベースでは単一行のデータとして表されます（**図1.5**）。

Timestamp	Count	MetricName	Total	Average
1/21/2020 8:10:00	3	PurchaseValue	2.75	0.92

図1.5　一般的なデータベースでの行イメージ

　多くの場合、同じ名前（MetricName）、タイムスタンプ（Timestamp）、集計値（Count）を共有するさまざまなメトリクスを表す複数の値が1行で計算されます。この場合、Totalの購入金額とAverageの購入金額の両方を追跡しています。メトリクスはデータ保有に必要なストレージが大幅に少なくなり、「特定の1分間の総売上はいくらですか？」などの情報も得ることができますが、Countの3つの購入内容が何であるかはメトリクスではわかりません。また、個々の値にアクセスすることもできません。

　メトリクスは非常にコンパクトで費用対効果の高い形式で情報を取得しますが、あらかじめ利用するデータの定義が必要になります。たとえば、キャプチャするメトリクスの50パーセンタイル（中央値）および95パーセンタイルを知りたい場合は、それを計測しすべての集計で収集してからグラフ化できます。しかし、特定のアイテムのデータのみの95パーセンタイルを知りたい場合は、事後にそれを計算できません。これには、すべてのサンプルデータが必要になります。そのため、メトリクスはデータの分析方法を事前に慎重に決定する必要があります。

1.2.2 ログ（Log）

　通常、**ログ**は特定のコードが実行されたときにシステムが生成する単なるテキスト行です。開発者や運用・保守は、コードのトラブルシューティングを行い、コードの実行をさかのぼって検

証および調査することをログに大きく依存しています。実際ログはトラブルシューティングに非常に役立ちます。ログデータはメトリクスと異なり集約されず、不規則な時間間隔で発生する可能性があります。次のような内容のログのケースを考えてみましょう。

「2021年2月21日午後3時34分に、B-4のボタンが押され、BBQチップのバッグが1ドルで購入されました。」

上記を意味するログデータは、たとえば次のようになります。

```
2/21/2021 15:33:14: User pressed the button 'B'
2/21/2021 15:33:17: User pressed the button '4'
2/21/2021 15:33:17: 'Tasty BBQ Chips' were selected
2/21/2021 15:33:17: Prompted user to pay $1.00
2/21/2021 15:33:21: User inserted $0.25 remaining balance is $0.75
2/21/2021 15:33:33: User inserted $0.25 remaining balance is $0.50
2/21/2021 15:33:46: User inserted $0.25 remaining balance is $0.25
2/21/2021 15:34:01: User inserted $0.25 remaining balance is $0.00
2/21/2021 15:34:03: Dispensing item 'Tasty BBQ Chips'
2/21/2021 15:34:03: Dispensing change: $0.00
```

ログデータは構造化されていない場合があり、その場合は体系的な方法で解析するのが困難ですが、最近では特別にフォーマットされた「構造化ログデータ」に加工されることも多くなってきています。構造化されたログデータにより、データの検索とデータからのメトリクスの取得がより簡単かつ迅速になり始めています。たとえば、

```
2/21/2021 15:34:03: Dispensing item 'Tasty BBQ Chips'
```

は

```
2/21/2021 15:34:03: { actionType: purchaseCompleted, machineId: 2099, itemName: 'Tasty BBQ Chips', itemValue: 1.00 }
```

というように構造化されています。ログでpurchaseCompletedを検索すれば、アイテムの名前と値をその場で解析できます。

ログの典型的な使用例は、特定の時間に何が起こったか、といった詳細な記録を取得することです。例としてPurchaseFailedといったイベント（事象）が発生したとします（**図1.6**）。

Timestamp	EventType
2/21/2019 15:33:17	PurchaseFailedEvent

図1.6　一般的な発生イベント例

　ここから、2019年2月21日15時33分17秒になんらかの理由で購入が失敗したことがわかりますが、これだけだと購入が失敗した理由がわかりません。そこでログを見てみます。次のログが該当する箇所です。

```
2/21/2021 15:33:14: User pressed the button 'B'
2/21/2021 15:33:17: User pressed the button '9'
2/21/2021 15:33:17: ERROR: Invalid code 'B9' entered by user
2/21/2021 15:33:17: Failure to complete purchase, reverting to ready state
```

　このログデータを確認することで、ユーザーが間違ったボタンを押して、無効なコードを入力した（3行目）ことが原因だということまでわかります。

1.2.3 トレース（Trace）

　トレース（もしくは分散トレーシング）は、マイクロサービス間もしくは異なるコンポーネント間のイベントもしくはトランザクションの連携する状態を表します。

　トレースはログと同じく、それぞれのマイクロサービスやコンポーネントから不規則に発生します。自動販売機が現金とクレジットカードを受け入れるとしましょう。ユーザーがクレジットカードで購入する場合、トランザクションはバックエンド接続を介して自動販売機を通過し、クレジットカード会社に連絡してからカードを発行した銀行に連絡する必要があります。自動販売機の監視では、図1.7のようなイベントを簡単に設定できます。

Timestamp	EventType	Duration
2/21/2019 15:34:00	CreditCardPurchaseEvent	23

図1.7　一般的な発生イベント例

　このイベントは、特定の時間にアイテムがクレジットカード経由で購入されたことを示しており、トランザクションを完了するのに23秒かかったことを示しています。しかし「23秒では長すぎる」と判断された場合を考えてください。バックエンドサービス、クレジットカード会社のサービス、またはカード発行元の銀行のサービスが購入完了までの時間を遅くしていたのでしょ

うか。このような問題特定にトレースが利用できます。

　トレースは、「スパン」と呼ばれる特別なイベントを形成します。スパンは、複数のマイクロサービスをまたがって実行される単一トランザクションの相互連鎖を追跡するのに役立ちます。これを実現するために各サービスは相互に「トレースコンテキスト」と呼ばれる相関識別子を渡します。このトレースコンテキストはスパンに属性を追加するために使用されます。したがって、クレジットカードトランザクションのスパンで構成される分散トレースは**図1.8**のようになります。

Timestamp	EventType	TraceID	SpanID	ParentID	ServiceID	Duration
2/21/2019 15:34:23	Span	2ec68b32	aaa111		Vending Machine	23
2/21/2019 15:34:22	Span	2ec68b32	bbb111	aaa111	Vending Machine Backend	18
2/21/2019 15:34:20	Span	2ec68b32	ccc111	bbb111	Credit Card Company	15
2/21/2019 15:34:19	Span	2ec68b32	ddd111	ccc111	Issuing Bank	3

図1.8　一般的なトレース例

　Timestamp列とDuration列のデータを見てみると、トランザクション内の最も遅いサービスはクレジットカード会社にあることがわかります（ServiceID: Issuing Bank から Credit Card Company までの時間が12秒）。23秒のうち12秒かかっているのです。このトレース全体の半分の時間を占めていることが確認できます。

　マイクロサービスやコンポーネント間の複雑な連携を伴うトランザクションの一貫した処理の追跡を実施する唯一の方法は、「各サービス間でトレース情報を渡し連結していくことで、処理全体で単一のトランザクションを一意に識別すること」です。

　新しい技術を採用し続けながら、より高度な運用体制を実現するためにはオブザーバビリティを実装することはますます重要になっていきますが、これを実現することは容易ではありません。そこでNew Relicという会社がサンフランシスコに産声を上げました。次章では、オブザーバビリティを実現するために、New Relicがどのようなサービスを提供しているのか、その全体像を解説します。

Part 1 | New Relicを知る

第2章

New Relic Oneとは？

この章の内容

- 2.1 New Relic Oneの全体像
- 2.2 サービスを支えるシステム基盤と
セキュリティ

2.1 New Relic Oneの全体像

現在、New Relicのプラットフォームは「New Relic One」と呼ばれています（2021年現在）。New Relic Oneは大きく次の3つから構成されます。

(1) Telemetry Data Platform

New Relic Agentやオープンソースソフトウェア（Open Source Software：OSS）ツールによって取得される、あらゆるテレメトリーデータを保管します。さらに、保管データに対してクエリを実行することによって、チャート作成やそれらのダッシュボード表示ができます。

(2) Full-Stack Observability

計測データをNew Relicの長年の知見に基づいて分析・可視化したユーザーインターフェースを提供します。

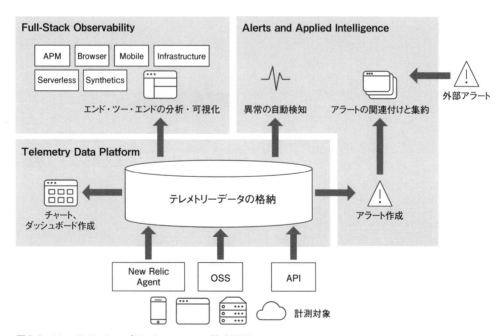

図2.1　New Relic Oneプラットフォームの構成概要

(3) Alerts and Applied Intelligence

従来型の閾値ベースのアラートの作成および通知を行うと同時に、AIOps（機械学習やビッグデータを用いてIT運用の効率化を図る技術）のコンセプトに基づき、システムの異常を自動検知したり、さまざまなアラートの取り込みとアラート同士の関連付けを行います。

これらはそれぞれ単独で動作するのではなく、お互いに関連しあって動作しています。その様子を**図2.1**に図示しています。

2.1.1 Telemetry Data Platform：データの収集

New Relic Oneの基礎となるのはTelemetry Data Platformです。計測対象となるシステム（モバイルアプリ、ブラウザアプリ、サーバーサイドアプリ、クラウド環境など）のテレメトリーデータを収集し、格納します。収集する手段として、New Relicが提供しているAgentを計測対象に導入するほか、OSSの計測ツールからNew Relicに転送したり、New RelicのAPIを実行して送信したりすることができます。さらに、格納されたテレメトリーデータを使ってチャートやダッシュボードを作成する機能も提供しています。詳細については第4章で解説します。

なお、Full-Stack ObservabilityとAlerts and Applied Intelligenceは、Telemetry Data Platformによって収集、格納されたテレメトリーデータをさらに活用するときに使われます。

2.1.2 Full-Stack Observability：データの分析・可視化

Full-Stack Observabilityは、収集したテレメトリーデータを分析、可視化することができます。データ種別ごとに最適化されたユーザーインターフェース（APMやBrowserなど）が用意されており、システムに対して深い知識や長年の経験がなくても、今現在システムで何が起こっているのかを直感的に知ることができます。また、システムの個々のコンポーネントの状態だけでなく、コンポーネント同士の関連性を自動的に検知、可視化するため、複雑なシステムであっても現状を正しく把握することが可能です。詳細については第5章で解説します。

2.1.3 Alerts and Applied Intelligence：データの解釈・評価

Alerts and Applied Intelligenceは、システムの問題やその予兆を効率よく知るための機能を提供します。New Relic Alerts（以下、Alerts）機能では、利用者が手動で閾値ベースのアラートを定義し、異常が発生した際に任意の手段で通知を受けることができます。またApplied Intelligenceでは、細かな定義を手動でせずとも収集したテレメトリーデータの中から異常値を見つけ出し、通知を行うProactive Detectionという機能や、New Relicで作成したアラート

Part 1　New Relicを知る

や外部のアラートを取り込み、機械学習の機能で関連付けを行って集約された結果を通知する
Incident Intelligenceという機能を提供しています。詳細については第6章で解説します。

2.1.4　New Relic Oneプラットフォームの構成意義と課金モデル

　オブザーバビリティを実現するために最も重要なのは、可能な限りありとあらゆる種類のテレ
メトリーデータを収集し、一箇所に格納して分析可能な状態にすることです。それに関して、収
集したデータ量がコストに直結していると、コストを抑えるためにデータを部分的にしか収集し
ないという事態が発生してしまいます。そのためNew Relicでは、それらのデータを一括して扱
えるようにする仕組みを提供しています。それがTelemetry Data Platformです。Telemetry
Data Platformを使用する場合、100GBまでは無料で使えます。それ以上利用する場合はデー
タ量に応じて課金されますが、単価は低く抑えられています。詳細については、New Relic One
のサイトを参照してください。

　次に重要なステップが、収集したテレメトリーデータを意味のある情報として分析、可視化す
ることです。つまり、ありとあらゆるデータを収集できていたとしても、その情報を活用できる
かどうかがオブザーバビリティの真価を発揮できるかどうかの分かれ目となります。従来、この
作業は熟練したエンジニアのスキルと経験が必要とされるものでした。New Relic Oneではそ
のスキルと経験に代わるノウハウを、すべてのエンジニアに提供するということを目指していま
す。このデータの分析、可視化を行い、収集したデータを最大限に活用するための機能がFull-
Stack Observabilityであり、利用ユーザーが課金対象となっています。

　近年のITシステムは多数の要素から構成され、非常に複雑にからみ合っています。このよう
なシステムから多種多様なデータを収集していくと、エンジニアが目で見て確認するという行為
自体が困難、または非常に煩雑な作業となります。エンジニアの確認作業を極力自動化すること
は今後避けられない命題であり、AIOpsという言葉で近年着目されています。つまり、ありとあ
らゆるデータの解釈を可能な限りツールに任せるというのが、オブザーバビリティの実現にとっ
て重要な次のステップです。New Relicの場合、Applied Intelligence（AI）エンジンを使って
エンジニアによる解釈を代替し、普段の状態と異なる予兆を検知したり、多数のアラートを意味
のある1つのアラートに集約するという作業を行います。この機能をAlerts and Applied
Intelligenceが担っています。AIエンジンにどれくらい学習させたか、というインプット量が課
金対象となっています。課金体系の詳細については次のコラムを参照してください。

> **Column New Relic Oneの課金体系**
>
> 　New Relic Oneがなぜこのような体系になっているかについて、New Relicが利用者に目指してほしい姿を交えながら補足をします。
>
> 　過去、New Relicは何を監視するかに応じた課金体系となっていました。たとえばサーバーサイドアプリであれば「APM」、ブラウザアプリであれば「Browser」という具合です。ただし、このような課金体系だと以下のような課題がありました。
>
> - IT技術の進歩とともにNew Relicが提供する機能も増えていっており、そのたびに新しい製品を提供していたため、製品の種別が次々と増えて利用者にとってわかりづらい
> - 製品ごとに課金対象となる単位が異なり、計算が複雑となる
> - 課金対象がサーバー台数やページビュー数など、変化の大きいものであるため、利用量を予測するのが難しい
>
> 　そこで、利用者にとってよりわかりやすく、よりメリットのある体系に変更することに決め、現在のNew Relic Oneの3つの体系に改訂されました。

　すでに述べたとおり、現在New Relicが提供しているプラットフォームは「New Relic One」という名称ですが、ここから先の説明では、通称として馴染みのある「New Relic」を、プラットフォームを指す用語として使用します。

2.1.5 New Relicの重要な概念

　New Relicでできることは第2部以降で説明していきますが、利用するにあたって共通となる重要な概念について解説していきます。

(1) New Relicが収集するテレメトリーデータ：MELT

　New Relicがありとあらゆるテレメトリーデータを収集するプラットフォームであることはすでに解説しました。一般的にテレメトリーデータとは、メトリクス、ログ、トレースを指しますが[1]、New Relicはそれに加えてイベントというテレメトリーデータを収集しています。あわせて、以下の4つに分類されます。

- メトリクス（Metrics）：集計可能なデータの粒
- イベント（Event）：ある瞬間に発生する個別のアクション

---

[1]　詳細は第1章を参照してください。

Part 1　New Relicを知る

- **ログ (Log)**：個々の出来事の記録
- **トレース (Trace)**：単一トランザクションを構成するあらゆる要素

　New Relicが収集しているテレメトリーデータを指す際に、これらのデータ種別の頭文字を取って「**MELT**」と呼びます。これらのうち、イベント (Event) についてはNew Relic特有の概念となるため、もう少し詳しく説明します。

　イベントデータは基本的に、New RelicのAgentから送信されるデータにあたります。たとえばAPM Agentであれば、Webアプリケーションでトランザクションが発生するたびに、個々のイベントが記録されます。トランザクションの詳細な状況を知るためには、イベントにいくつかの重要な情報を付与しておく必要があります。以下にその一例を記載します。

- タイムスタンプ
- アプリケーション名
- トランザクション名
- ホスト名
- トランザクションの処理時間
- HTTPレスポンスコード

　New Relicが記録するイベントは、これらの重要な情報の、ラベルと値のペアを複数保持した構造化データです。JSON形式で表現した、イベントデータの一例を**図2.2**に示します。

```
"events": [
  {
    "apdexPerfZone": "S",
    "appId": 43192210,
    "appName": "WebPortal",
    "duration": 0.000733802,
    "entityGuid": "MTYwNjg2MnxBUE18QVBQTElDQV
    "error": false,
    "host": "ip-172-31-16-141",
    "httpResponseCode": "200",
    "name": "WebTransaction/JSP/login.jsp",
    "port": 8080,
    "priority": 0.39472,
    "realAgentId": 658585408,
    "request.headers.accept": "text/html,app
    "request.headers.host": "webportal.telco
    "request.headers.referer": "http://webpo
    "request.headers.userAgent": "Mozilla/5.
    "request.method": "GET",
```

図2.2　New Relicが記録するイベントデータの一例 (Webアプリケーションのトランザクションのイベント)

18　第2章　New Relic Oneとは？

このイベントデータを用いると、さまざまな切り口でチャートを作って可視化できます。チャートはデフォルトのユーザーインターフェースで用意されているほか、自身でNRQL（New Relic Query Language）というクエリ言語を実行して、任意のチャートを作成できます。他のテレメトリーデータも同様にチャートを作ることができますが、イベントデータが最も高い柔軟性を有しています。

(2) エンティティ（Entity）

エンティティとは、システムの構成要素1つ1つを指す言葉であり、テレメトリーデータの送信元でもあります。

実際に何がエンティティに相当するのか、New Relicの画面を例にとって見てみましょう。New Relicの［Explorer］という画面で、エンティティを俯瞰して見ることができます（図2.3）。枠で囲っている左ペインに、エンティティの種類が表示されていますが、サーバーサイドアプリケーションに相当するサービス、ホスト、モバイルアプリ、ブラウザアプリ、外形監視のモニター、クラウドのマネージドサービスなどがあることがわかります。

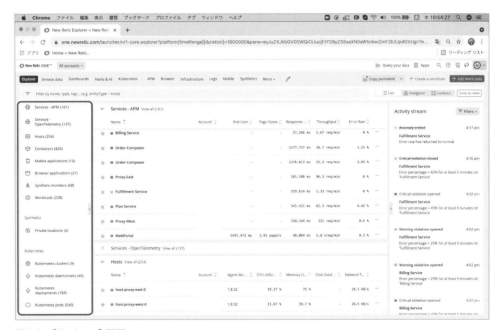

図2.3　［Explorer］画面

New Relicが「エンティティ」の概念的な定義を重視している理由として、システム構成の複雑化という背景があります。デジタルサービス1つをとっても、ユーザーとの接点となるブラウ

ザやモバイルアプリ、それを支える個々のマイクロサービス、さらにそれを動かす各種クラウドサービスやオンプレミス環境といった、多数の構成要素からなります。さらに、それらから送信されるテレメトリーデータの種類もさまざまです。これらのデータが脈絡もなく送られてきても、それを解釈するのには膨大な労力がかかります。

　New Relicはそのような事態を防ぐために、データの送信元をエンティティとして簡単に識別できるようになっています。さらに、エンティティ間の関連性（コンテキスト）を理解し、画面上で確認できるようになっています。図2.4はサービス（サーバーサイドアプリケーション）の詳細画面ですが、その中に [Related entities] というメニューがあり、関連するエンティティの一覧やそのステータスを確認できます。ここでは関連するエンティティとして、ブラウザアプリケーション、ホスト、関連する他サービスなどがあることが確認できます。

図2.4　サービス（サーバーサイドアプリケーション）と関連しているエンティティを [Related Entities] メニューで表示

　New Relicが収集しているデータであるMELT、そしてエンティティという概念を理解すれば、これ以降の章の内容をより深く知ることができます。しっかり基本を押さえておきましょう。

2.2 サービスを支えるシステム基盤とセキュリティ

本節では、利用者が安心してNew Relicサービスを利用するために、New Relicがどのようなセキュリティ対策を行っているか、利用者が考慮すべき観点からその考え方を解説します。

2.2.1 考慮すべきセキュリティのポイント

前述のとおり、利用者環境のパフォーマンス情報は、APM、Infrastructure、Browser、Mobile、Syntheticsなどの各種New Relic Agentや、Prometheusをはじめとした OSS ツール、各種APIを経由してNew Relicプラットフォームに送信され、New Relicのデータベース（New Relic Database：NRDB）に保存されます。利用者はNew Relic Web Portalを利用して、New RelicプラットフォームにWebブラウザやREST APIで接続し、詳細の分析、可視化を行うことができます。利用者が考慮すべきセキュリティのポイントは、以下の4つに分けられます（図2.5）。

① Security On Your Server（Agent Security）：Agent経由で収集する情報について
② Security in Our Centers（Data Storage Security）：収集されたデータが保管されるNew Relicのデータセンターについて
③ Transmission Security：ネットワークの安全対策について
④ Security of Our Application：New Relic Web Portalの安全性について

それぞれ解説していきます。

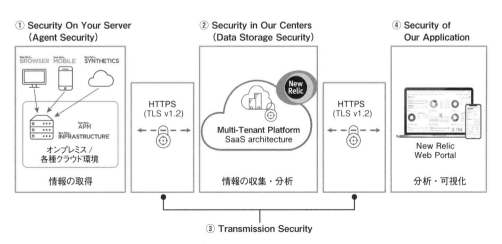

図2.5 考慮すべきセキュリティの4つのポイント

① Security On Your Server (Agent Security)

まず1つ目は、New Relicの各Agentがどのようなデータを収集しているかという点です。

New Relic Agentを経由して、利用者の環境からインフラストラクチャ、アプリ、ブラウザ、モバイルに関するさまざまな情報（Metric、Event、Log、Trace）を収集します。New Relicはユーザーが安全にかつ高い透明度で利用できるように各種Agentのオープンソース化を進めています。すでにJava、PHP、C、Go、.NET、Node、Python、Ruby用のAPM Agent、Infrastructure Agent、Browser Agent、MySQLやApache、Redisなどのサービス情報を収集するOn Host Integration（OHI）、Telemetry SDKがオープンソースとしてGitHub上で公開されています（2021年7月現在）。2021年にはMobile Agentも公開される予定です。

各種Agentのデフォルトのセキュリティ設定は、データのプライバシーを確保し、より安全な利用を可能にするため、自動的に送信する情報の種類が制限されています。利用者のニーズに応じてこれらの設定を変更したり、カスタムイベント、カスタム属性を利用して利用者独自の情報を送信したりすることも可能です。

各種Agent経由でどのような情報が取得されているかについては、すべて公式ドキュメントとして公開されています[2]。

たとえば、APM Agentの場合、ControllerやDispatch、Viewのアクティビティ、データベースアクティビティ、外部Webアクセスコール、エクセプション、ランタイムスタックトレース、トランザクショントレース、プロセスメモリやCPU利用量、カスタムパラメータなどが取得されます。セキュリティを考慮し、デフォルトではHTTPリクエストパラメータはキャプチャされず、またSQLクエリ内のセンシティブ情報は自動的に削除されます（**図2.6**）。

---

[2] APM agent data security
https://docs.newrelic.com/jp/docs/apm/new-relic-apm/getting-started/apm-agent-data-security/
Infrastructure and security
https://docs.newrelic.com/docs/infrastructure/infrastructure-monitoring/infrastructure-security/infrastructure-security
Security for mobile apps
https://docs.newrelic.com/docs/browser/new-relic-browser/performance-quality/security-browser-monitoring
Security for Browser monitoring
https://docs.newrelic.com/docs/mobile-monitoring/new-relic-mobile/get-started/security-mobile-apps

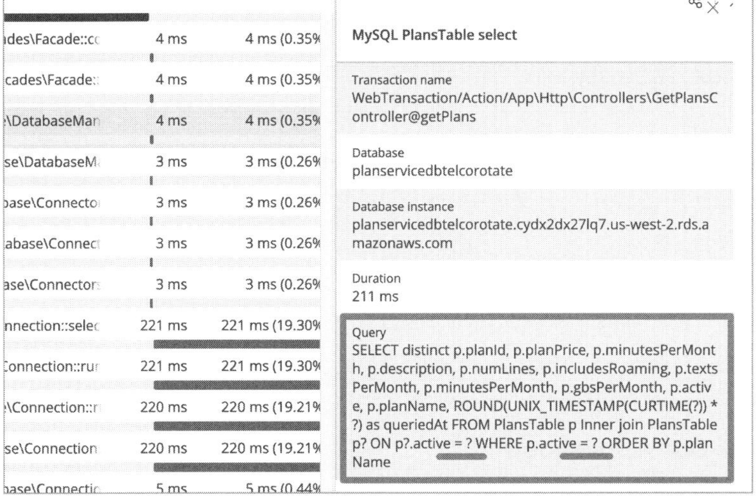

2.2　サービスを支えるシステム基盤とセキュリティ

	4 ms	4 ms (0.35%
...ades\Facade::cc	4 ms	4 ms (0.35%
...cades/Facade::	4 ms	4 ms (0.35%
...\DatabaseMan	4 ms	4 ms (0.35%
...se\DatabaseMi	3 ms	3 ms (0.26%
...base\Connecto	3 ms	3 ms (0.26%
...abase\Connect	3 ms	3 ms (0.26%
...ase\Connector:	3 ms	3 ms (0.26%
...nnection::sele	221 ms	221 ms (19.30%
...Connection::ru	221 ms	221 ms (19.30%
...\Connection::r	220 ms	220 ms (19.21%
...se\Connection	220 ms	220 ms (19.21%
...base\Connectic	5 ms	5 ms (0.44%

MySQL PlansTable select

Transaction name
WebTransaction/Action/App\Http\Controllers\GetPlansC
ontroller@getPlans

Database
planservicedbtelcorotate

Database instance
planservicedbtelcorotate.cydx2dx27lq7.us-west-2.rds.a
mazonaws.com

Duration
211 ms

Query
SELECT distinct p.planId, p.planPrice, p.minutesPerMont
h, p.description, p.numLines, p.includesRoaming, p.texts
PerMonth, p.minutesPerMonth, p.gbsPerMonth, p.activ
e, p.planName, ROUND(UNIX_TIMESTAMP(CURTIME(?)) *
?) as queriedAt FROM PlansTable p Inner join PlansTable
p? ON p?.active = ? WHERE p.active = ? ORDER BY p.plan
Name

図2.6　SQLクエリがマスクされている例

② Security in Our Centers（Data Storage Security）

2つ目は、New Relic Agent経由や各種OSSツール経由で収集したデータをNew Relicが
どこにどう保管しているかという点です。

New Relicはアメリカリージョンとヨーロッパリージョンの2つのリージョンを提供してお
り、New Relic利用開始時にアカウントごとに選択できます。アメリカリージョンはイリノイ州
とバージニア州に、ヨーロッパリージョンはドイツに存在し、ディザスターリカバリーを考慮し
た構成となっています。パフォーマンスデータは選択したリージョンのTier IIIおよびSOC2に
認定されたデータセンターに保管されます。

利用者のデータは、機密性、完全性、可用性を確保するためにさまざまな対策を実施していま
す。SOC2 Type 2やFedRAMPなどの業界標準のセキュリティ監査を毎年受けており、毎年
更新しています。またデータセンターやAgentだけでなく、社内のセキュリティポリシー、プロ
セス、従業員についても最高レベルの検証を受けています。

機能・運用面では「プライバシー・バイ・デザイン」の原則に従い、EU一般データ保護規則
（General Data Protection Regulation：GDPR）やカリフォルニア州消費者プライバシー法
（California Consumer Privacy Act：CCPA）の対応、データの削除・暗号化などの技術対
応、従業員のトレーニング、内部プロセスの整備などを行っています。セキュリティポリシーや
資格・監査情報、その他のリソースについてはセキュリティに関するドキュメント[3]を参照し

※3　Security and privacy
　　　https://docs.newrelic.com/jp/docs/security/

Part 1　New Relicを知る

てください。

③ Transmission Security

　New RelicはSaaSでプラットフォームを提供しており、インターネットを経由してデータを送受信するため、ネットワークのセキュリティも重要となります。利用者のデータの機密性、完全性、可用性を確保するために、トランスポートレイヤ（ネットワーク）層は暗号化プロトコルTLS（Transport Layer Security）1.2を使用してデータを保護しています。また、各Agent経由の通信は、利用者環境からアウトバウンド通信のみ行います。より高いセキュリティ設定が必要な場合は、各Agentが通信するエンドポイントはすべてIP、ポートが公開されているため、アウトバウンド通信を必要なエンドポイントに制限することも可能です[4]。

④ Security of Our Application

　前述のとおり、利用者はWebブラウザを利用してNew Relicプラットフォームに接続し、分析・可視化を行います。New Relicが提供するこのアプリケーションは継続的に脆弱性対策やウイルススキャンなどのセキュリティ対策を実施しています。また、アプリケーションのセキュリティを強化するために、シングルサインオン（Single Sign-On：SSO）機能[5]も提供しています。

　このように、New Relicはセキュリティ対策に万全を期すとともに、利用者が考慮すべき点やそのポイントも明確にしています。構造をしっかり理解した上で安全に利用を開始しましょう。

※4　New Relicが利用するネットワーク
　　　https://docs.newrelic.com/jp/docs/using-new-relic/cross-product-functions/install-configure/networks/
※5　Authentication domain settings: SAML SSO, SCIM, and more
　　　https://docs.newrelic.com/jp/docs/accounts/accounts-billing/new-relic-one-user-management/authentication-domains-saml-sso-scim-more/

24　第2章　New Relic Oneとは？

Part 2

New Relicを始める

この部の内容

第3章　New Relicの始め方

第4章　Telemetry Data Platform

第5章　Full-Stack Observability

第6章　Alerts and Applied Intelligence（AI）

第1部では、オブザーバビリティの重要性を理解するとともにNew Relicの全体像を理解しました。第2部では、New Relicの始め方や実際にどんなことができるのかを理解しましょう。

第3章では、New Relicを実際に始めるにあたって必要となる最も基本的なアカウントの構造やユーザー管理の方法を解説します。

第4章では、データの管理と可視化を行うTelemetry Data Platformについて解説します。

第5章では、問題解決の高速化と顧客体験の改善を行うFull-Stack Observabilityについて解説します。

第6章では、運用の高度化と自動化を行うためのAlerts and Applied Intelligence (AI) について解説します。

各章で、それぞれのライセンスパッケージが持つ機能を解説していきます。

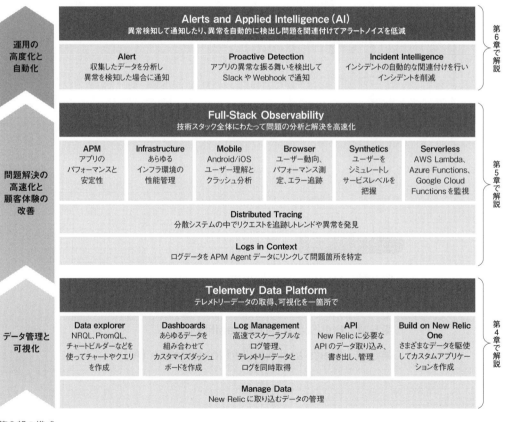

第2部の構成

Part 2 | New Relicを始める

第3章

New Relicの始め方

この章の内容

- 3.1 アカウントの作成方法
- 3.2 アカウント構造とアクセス制御の
  考え方

ここまでは、オブザーバビリティの概念やNew Relicの全体像を解説してきました。本章では、アカウントの作成方法や管理方法など、実際に使い始めるために必要となる手順や考え方を解説します。

3.1　アカウントの作成方法

New Relicを使い始めるには、まずアカウントを作成しなければなりません。本節では実際にアカウントを作成する手順を紹介します。

3.1.1　アカウントの作成方法

アカウントを作成するためには、New RelicのWebサイトからサインアップを行います。次のサイトにアクセスし、必要な情報を入力して［Start now］ボタンをクリックしてサインアップフォームを送信してください（図3.1）。

● New Relicのサインアップフォーム画面
　https://newrelic.com

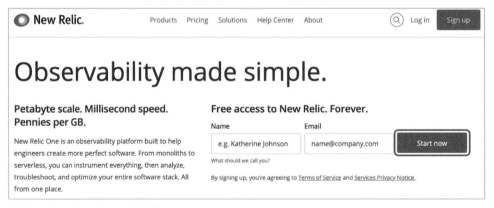

図3.1　サインアップフォーム画面

その後、入力したメールアドレス宛にアカウント作成のためのリンクを記載したメールが届きます。確認のためのボタン（［Verify Email］）をクリックして後続の作業を進めます（図3.2）。

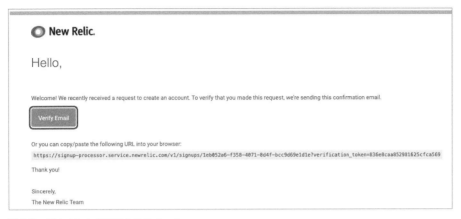

図3.2 アカウント認証のためのメール

　後続の作業の中では、新規に作成するアカウントの物理的なロケーションを選択するメニューが出てきます（図3.3）。現在、New RelicではUS（アメリカ）とEU（ヨーロッパ）の2つのリージョンにてサービスを提供しており、そのいずれかを選択することが可能です。原則としてどちらのリージョンでも同等の機能を提供するようにしていますが、EUリージョンで一部機能の制約がある場合もあります。New Relicのサイトで最新情報を確認し、適切なリージョンを選択してください。

図3.3 リージョン選択画面

　サインアップの手続きが終わると、New Relicのサイトにログインした状態になります（図3.4）。この画面から、New Relicの各機能にアクセスすることができます。

Part 2　New Relicを始める

図3.4　サインアップ後のNew Relicの画面

　各機能の説明は後続の章で触れますが、本章ではサインアッププロセスで作成された、新規アカウントのユーザー情報の確認方法について解説します。

3.1.2　ユーザーの確認方法

　作成された自分自身のユーザー情報を確認するには、New Relic画面右上のドロップダウンメニューから［User preferences］を選択します（**図3.5**）。

図3.5　自分自身の状態は［User preferences］から確認可能

　［User preferences］画面に切り替わります（**図3.6**）。この画面では、現在のユーザー名とメールアドレス、タイムゾーンの設定などを確認できます。また、前述の各設定の編集や、パスワードの変更などもこの画面で行うことができます。

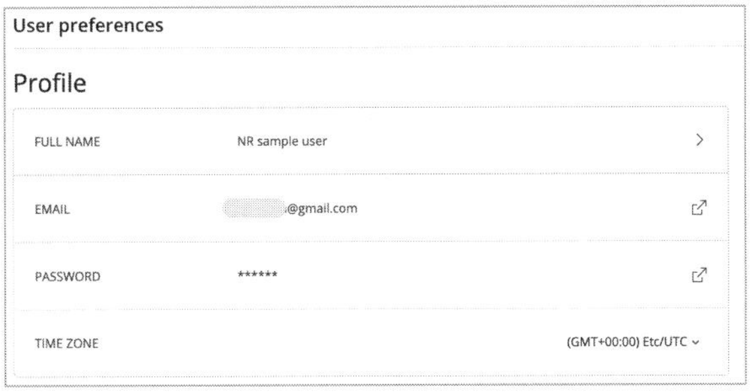

User preferences

Profile

FULL NAME	NR sample user	>
EMAIL	＿＿＿＿＿＿@gmail.com	
PASSWORD	******	
TIME ZONE	(GMT+00:00) Etc/UTC ∨	

図3.6 ［User preferences］画面

　これでNew Relicの利用を開始する準備が整いました。第2部を読んで皆さんの環境に応じたオブザーバビリティを実現していきましょう、と言いたいところですが、もう少しアカウントについて理解を深めましょう。比較的大きな組織での利用を考える場合、複数のアカウントを利用したり、ユーザー管理やアクセス制御を行いたくなるものです。次節では、New Relicにおけるアカウントの構造を解説し、ユーザー管理の仕組みやアクセス制御の方法について解説します。

3.2　アカウント構造とアクセス制御の考え方

　前節では、アカウントを作成してNew Relicを利用できるようになりました。しかし、少し大規模に使う場合は複数のアカウントを利用したり、ユーザーを管理したり、アクセス制御したりしなければなりません。本節では、アカウントとはどういうものなのか、そこにアクセスするユーザーはどのように管理できるのかを解説します[※1]。

3.2.1 New Relicのアカウント構造

　まず、New Relicにおけるアカウントの構造を理解しましょう。前節のサインアップ画面からアカウントを作成すると、厳密には新規に「Organization」というものが作成され、その中にユーザーとアカウントが作成されます。作成されたユーザーはAdminグループに所属します。AdminグループはこのOrganizationを管理するための権限と作成されたアカウントに対する操作権限など、いくつかのロールが付与されています（図3.7）。たくさんの要素が出てきましたので、それぞれ解説していきます。

[※1]　複数のアカウントを作成したりアクセス制御を行うためには、Full-Stack ObservabilityのPro契約が必要となります。詳細はNew Relicのホームページを参照してください。
　　　https://newrelic.com/pricing

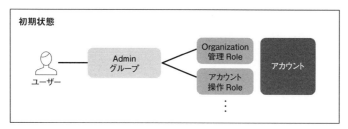

図3.7　アカウント作成直後の状態（イメージ）

Organization

　Organizationは、New Relicを利用する際の1つの契約単位と考えることができます。文字通り組織です。1つのOrganization内には複数のアカウントや複数のユーザーを作成でき、アクセスを制御できます（**図3.8**）。

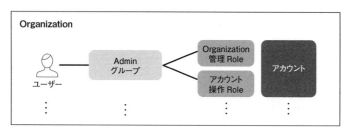

図3.8　Organization概要

アカウント

　Organization内には複数のアカウントを作成できます。アカウントは、それぞれ独立してデータが管理されます（**図3.9**）。アカウント独自のライセンスキーを持ち、Telemetry Dataplatformへのデータ送信などに使用する各種認証情報を持っています。

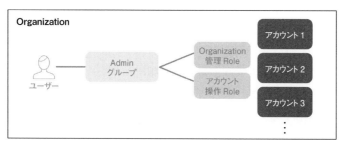

図3.9　アカウント概要

ユーザー

Organizationにログインするユーザーを指します。ユーザーはOrganizationで一意となります（図3.10）。たとえば、Organization内に複数のアカウントを作成し、ユーザーが複数のアカウントに対してアクセスする場合は、それぞれのアカウントにユーザーを作成するのではなく、Organizationで共通のユーザーを作成し、それぞれのアカウントに対するアクセス権を付与します。アクセス制御の考え方は後述します。

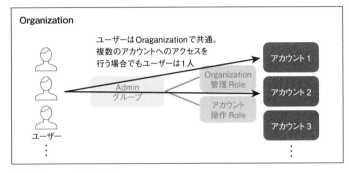

図3.10　ユーザー概要

グループ

グループは、Organization内のユーザーの集合です（図3.11）。ユーザーは必ず1つ以上のグループに所属します。グループは後述するアクセス制御の要素として利用します。

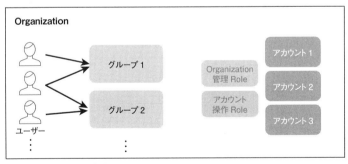

図3.11　グループ概要

ロール

ロールは、アカウントに対してどのようなアクセスが可能なのかを定義します（図3.12）。たとえば、アカウントに対する読み書き権限を持つロール、読み込み操作だけを許可するロール、などです。これもユーザー同様、後述するアクセス制御の要素として利用します。

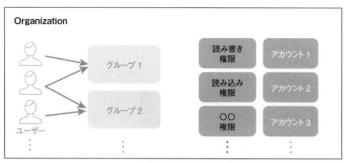

図3.12　ロール概要

3.2.2　アクセス制御の考え方

New RelicではOrganizationごとに、グループとロールの組み合わせをアカウントに対して紐づけることによって、どのユーザーがどのアカウントに対して、どのような操作を許可するかを制御します（図3.13）。なお、アクセス制御を確認および変更するには、New Relic画面右上のドロップダウンメニューから［Administration］を選択し［Organization & access］をクリックします（図3.14）。

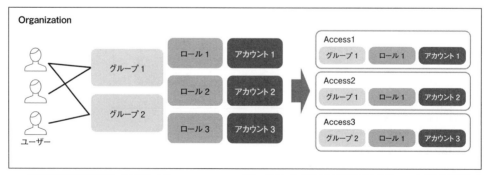

図3.13　アクセス制御の考え方概要

3.2 アカウント構造とアクセス制御の考え方

図3.14 アクセス制御を確認および変更するには［Administration］を選択

［Organization & access］画面が表示されます（**図3.15**）。この画面から［Group access］ボタンをクリックし、グループやロール、アカウントを組み合わせ、アクセス権限を付与していきます。**図3.16**の例では、［Admin Default］グループに対して［All Product Admin］というロールを「NRKK-Tech」というアカウントに割り当てています。

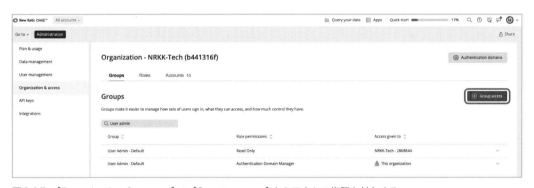

図3.15 ［Organization & access］の［Group access］からアクセス権限を付与する

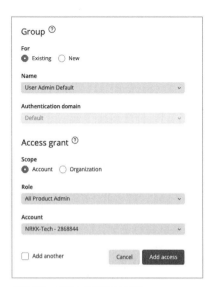

図3.16　アクセス権限付与例

3.2.3 マルチアカウントでの活用パターン例

　前述したように、New Relicでは詳細なアクセス制御ができるので、大規模に利用したい場合でも柔軟な設計が可能になります。たとえば、大企業でNew Relicを全社導入し、多数の事業部門で使ってもらいたいとします。このような場合、全体管理者はすべてのアカウントに対する権限を持ちつつ、各事業部門のユーザーはアカウントをまたいだアクセスは制限させたくなるものです。そんなとき、アカウントとグループを作成しておき、それぞれのアカウントに紐づけることで、アクセスを制御しつつ、支払いは1箇所にまとめることができるようになります（図3.17）。

3.2 アカウント構造とアクセス制御の考え方

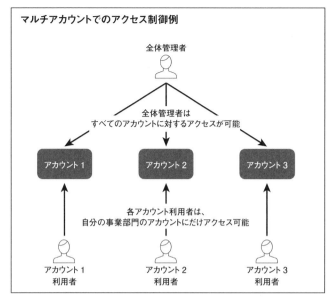

図3.17　大規模導入のイメージ

　とりあえず始めるだけであればアカウントを1つ作成するだけで始めることができます。しかしながら、本格利用をする場合には必ずアクセス制御は考慮すべき重要なポイントとなります。しっかり理解して適切なアクセス制御を実現しましょう。

Part 2 | New Relicを始める

第4章

Telemetry Data Platform

この章の内容

- 4.1 Telemetry Data Platformの概要
- 4.2 Data explorerとQuery builder
- 4.3 Dashboards
- 4.4 Log Management
- 4.5 API
- 4.6 Manage Data
- 4.7 Build on New Relic One

4.1 Telemetry Data Platformの概要

Telemetry Data Platformは、計測対象のさまざまなデータを収集・格納する非常に強力なデータベース[※1]です。あらゆるデータを蓄積し、高速に検索し、用途に応じて可視化することを可能にします。本章では、Telemetry Data Platformが持つ特徴や機能を解説します（図4.1）。

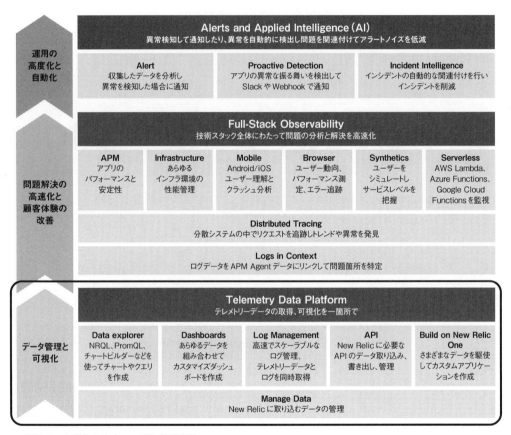

図4.1　全体像と本章での詳細解説部分

New RelicのTelemetry Data Platformは、すべての運用データを格納した単一の情報源であり、ペタバイト級の情報をミリ秒単位で応答することができます。そんな世界で最も強力な、管理されたオープンなTelemetry Data Platformを使用して、あらゆるソースからすべて

[※1]　多種多様なデータを一元的に保管する場所のことを「データレイク」と言います。

のメトリクス、イベント、ログ、トレースを収集することでデータサイロ[※2]を排除し、収集したデータを直感的に検索、確認できます。これまで用途別に利用していたツールを統合的に扱えるようになり、検索したデータも可視化できるようになるため、平均検出時間（MTTD）と平均修復時間（MTTR）を短縮できます。また、システムのパフォーマンスがビジネスに与える影響も測定可能になるため、顧客エンゲージメントなどの固有のビジネスニーズにも対応できるようになります（**図4.2**）。

図4.2 Telemetry Data Platform全体像

4.1.1 New Relic Agentのデータストアとしての役割

　Telemetry Data Platformはあらゆるソースからデータを格納すると解説しましたが、その最も典型的な利用方法は、New Relic Agentからのデータ格納になります。New Relicが従来から提供しているAPMやBrowser、Mobile、Infrastructureなどの製品群は、各Agentをインストールして New RelicにMELTデータを送信することで、Full-Stack Observabilityの機能群を利用することができます（**図4.2**の左側部分）。各機能群の詳細は第5章で解説します。

4.1.2 OSSとの親和性（運用のための運用からの解放）

　New Relicは他のオープンソースツールと連携・統合して利用することにより、New RelicのAgentデータだけでなく、あらゆるデータを簡単に取り込めるようになります。これにより、データレイクとしてのケイパビリティを高めています。

　現在、世界のIT企業の95％でミッションクリティカルなITワークロードにOSSが利用されていることがわかっています。また2025年には、クラウドネイティブアプリケーションにおけ

[※2] データサイロとは、データを収集するツールが分断されたり、データの保存先が別々であるため、本来見えるはずのものが見えなくなってしまったり、見つけるために多大な労力が必要となってしまう状態のことです。

るモニタリングシステムの50%が、商用製品ではなくOSSを使用することになると予想されています（2019年は5%）。

しかしOSSは便利で気軽に利用できる反面、一定のリスクも存在します。いわゆる「運用のための運用」が必要になるという問題です。OSSは、ライセンス費用がいらないため、試行錯誤しながら導入することができます。したがって、検証してなんとなくうまくいったからそのまま本番導入するというケースが散見されます。つまり、可用性や拡張性、パフォーマンスなどの設計をないがしろにしたまま導入してしまい、サービスの成長とともに障害対応やパフォーマンス改善といった対応負荷が指数関数的に増加していき、結局はプレミアムライセンスのような有償サポート契約を行うことになるのです（図4.3）。笑い話のようですが、実際に起きている問題です。事実、OSSへの投資の50%以上はトータルコストに大きなメリットを享受できていない、という調査結果[※3]が出ているほどです。

図4.3　OSSの継続的な課題

そんな「運用のための運用」から企業を解放するのがTelemetry Data Platformです。Telemetry Data Platformには、Prometheus、Telegraf、FluentD、Logstashなどのオープンソースツールからデータを取り込むための、すぐに使える350以上の統合機能が提供されています。データ収集の仕組みは各OSSの設定をそのまま使い、データの保存先をTelemetry Data Platformとするだけです。これだけで、非常に柔軟でスケーラブルな高性能データプラットフォームを手に入れることができます。

※3　Gartner, "What Innovation Leaders Must Know About Open-Source Software," Arun Chandrasekaran and Mark Driver, 26 August 2019.

4.2 Data explorer と Query builder

何はともあれ、すべては Telemetry Data Platform に送信したデータを検索・確認することから始まります。多彩な方式でデータにアクセスし、クエリを実行してカスタマイズすることで、あらゆるデータの関連性を分析できます。New Relic でデータへアクセスする方法としては、Data explorer と Query builder という2種類があります。それぞれどんなことができるのか、解説します。

4.2.1 Data explorer

Data explorer は、New Relic の画面上から実際のデータを確認しながらプリセットされた検索条件や表示方法を選択していくことにより、データにアクセスします。New Relic にログインし、画面右上にある［Query your data］アイコンをクリックします（図4.4）。

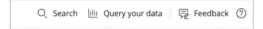

図4.4　Data explorer へのアクセス方法

Data explorer は、［スコープ］（❶）、［データ参照］（❷）、［ワークスペース］（❸）の大きく3つのセクションと Time picker から構成されます（図4.5）。

図4.5　Data explorer の画面構成

データを検索するには、［スコープ］セクションで、データを参照するNew Relicアカウントとデータタイプ（［Metrics］か［Events］か）を選択します。さらに、Time pickerを使用して、検索する時間の範囲を選択します。デフォルトでは、直近30分のデータを検索します。その後、［データ参照］セクションを使用して、簡単な検索条件を選択形式で作成します。たとえばイベントデータを検索する場合は、まずイベントの種類を［Event type］から選択します。次に、どの属性をどんな条件で抽出するかを選択します。最後に、どの単位でグルーピングするかを選択します。すると、［ワークスペース］セクションに自動的に検索条件が設定され、結果が表示されます。デフォルトでは折れ線グラフで表示されます（図4.6）。

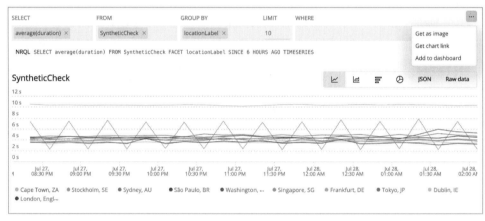

図4.6　検索結果の例

　このように、実際のデータを確認、表示しながら条件や表示形式を変更できるので、クエリに関する専門的な知識がなくてもデータの検索、分析が可能になります。

4.2.2　Query builder

　Query builderを使うと、クエリを実行してより詳細な分析を行ったり、複数のグラフを含むような可視化を行うためのデータを抽出できます。Query builderにアクセスするには、［Data explorer］画面の左上にある、［Query builder］アイコンをクリックします（図4.7）。

図4.7　Query builderへのアクセス方法

Query builderには、基本モードとAdvancedモードの2種類のモードがあります。Advanceモードでは対応クエリとして、New Relicのクエリ言語であるNew Relic Query Language（NRQL）とPrometheusのクエリ言語であるPromQLをサポートしています。

基本モード

基本モードでは、「チャートビルダー」というNRQLを組み立てるユーザーインターフェースを使ってデータを検索します。Data explorerと似た機能ですが、こちらのほうがより柔軟な条件を指定することができます。チャートビルダーの画面構成は図4.8のとおりです。

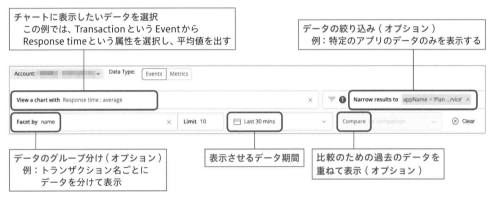

図4.8 チャートビルダーの画面構成

Advancedモード

Advancedモードでは、NRQLを使用してデータにアクセスします[※4]。NRQLはSQLライクな強力なクエリ言語です。さまざまな条件を指定してデータを検索できます（図4.9）。クエリの構文概要は図4.10のとおりですが、詳細については公式ドキュメント[※5]を参照してください。

図4.9 AdvancedモードでNRQLを使う

※4 Prometheusデータを連携している場合は、Prometheusデータ向けのクエリ言語であるPromQLを使用することもできます。

※5 NRQL（New Relicクエリ言語）入門
https://docs.newrelic.com/docs/query-your-data/nrql-new-relic-query-language/get-started/introduction-nrql-new-relics-query-language

```
SELECT function(attribute) [AS 'label'][, ...]
 FROM event
[WHERE attribute [comparison] [AND|OR ...]][AS 'label'][, ...]
[FACET attribute | function(attribute)] [LIMIT number]
[SINCE time] [UNTIL time]
[WITH TIMEZONE timezone]
[COMPARE WITH time]
[TIMESERIES time]
```

図4.10 NRQL構文概要

　クエリ言語と聞くと、難しいという印象を持つ方もいるでしょう。しかし、NRQLは自動補完機能がとても充実しており、クエリを書いていくと驚くほど直感的にクエリが書けてしまうことに気がつきます（図4.11）。どうせ難しいだろうと思わず、ぜひチャレンジしてみてください。新しい発見があるはずです。

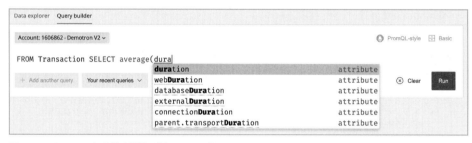

図4.11 クエリの自動補完機能が働いている様子

4.2.3　グラフの外観をカスタマイズする

　前述したとおり、New Relicではさまざまな方式でデータにアクセスすることができるとともに、検索結果の可視化も柔軟にカスタマイズすることができます。基本モードとAdvancedモードを使用してデータを検索すると、結果に適合するグラフの種類を選択可能になります（図4.12）[※6]。

　主なグラフの種類として、Line（折れ線グラフ）、Area（エリアグラフ）、Bar（棒グラフ）、Funnel（ファネルチャート）など、多彩な表現方式が用意されています。すべてのグラフの種類について知りたい場合は、公式ドキュメント[※7]を参照してください。

※6　検索結果によっては一部のグラフタイプは選択できない場合があります。
※7　チャートタイプ
　　　https://docs.newrelic.com/docs/insights/use-insights-ui/manage-dashboards/chart-types

図4.12　検索結果によってグラフの種類の選択が可能

　ほとんどのグラフは、ダッシュボードへ追加できます。さまざまな観点からデータを検索した結果をダッシュボードに並べることで、データの相関関係を見出したり、サービス全体を俯瞰的に把握できるようになります。ダッシュボードの詳細については、次節で解説します。

4.3　Dashboards

　Telemetry Data Platformは、ありとあらゆるデータを収集しますが、収集した情報を素早く確認して意味を理解するには、毎回個別のクエリを発行したり、個々のグラフを確認するだけでは十分ではありません。収集したすべてのデータを関連付けて確認するためのダッシュボードは、オブザーバビリティを実現する上で必要不可欠なアプローチです。New Relicは柔軟で強力なダッシュボード機能が提供されています。本節では、New Relicのダッシュボードの始め方から、ダッシュボードでどのようなことができるのかを解説します。

4.3.1　ダッシュボードの始め方

　ダッシュボードを作成するには、2つの方法があります。1つ目は、New Relic画面上部のナビゲーションメニューで［Dashboards］をクリックし、新規作成する方法です（図4.13）。2つ目はダッシュボードテンプレートをインポートする方法です。これは後述するNew Relic Oneカタログ（4.7.1項参照）にあるQuickstartsというアプリケーションから行うことができます。手順の詳細はブログ[8]で公開しているので、そちらを参照してください。

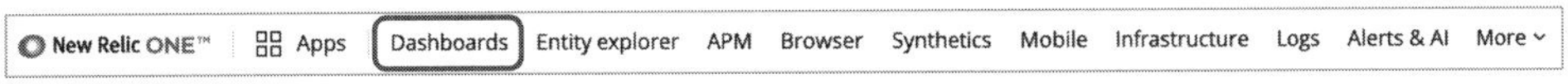

図4.13　ダッシュボードへのアクセス方法

※8　https://blog.newrelic.co.jp/new-relic-one/quickstarts/

New Relicのダッシュボードはとても見やすく工夫されています。たとえば、同じデータを表現している異なるグラフがあった場合、それらが同じものだと直感的に認識できるように、常に同じ色を使って表現されます。図4.14のサンプルは、言語別のNew Relic Agentの数を表したグラフが並んでいますが、円グラフと棒グラフの2つのグラフでは、同じ言語を表すデータは常に同じ色が使われます。

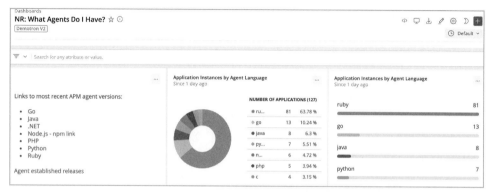

図4.14　ダッシュボード内の同じデータは同じ色を使って表現される

また、ダッシュボード内のグラフにマウスポインタを置くと、相関関係のある針がダッシュボード内すべてのグラフに表示され、時系列でのデータ推移などを確認しやすくなっています（図4.15）。

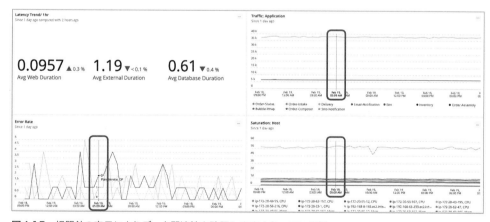

図4.15　相関針の表示によりデータ関連性を確認しやすくなっている例

ダッシュボードの権限

作成したダッシュボードの信頼性を確保するため、ダッシュボードを操作できる権限は適切に管理する必要があります。New Relicのダッシュボードには、次の3つのタイプの権限を設定できます。

- Public – Read and write：すべてのユーザーがダッシュボードに対する完全な権限を持っています。
- Public – Read only：すべてのユーザーがダッシュボードを表示したり、クローンすることはできますが、ダッシュボードを編集あるいは削除ができるのは自分だけです。
- Private：ダッシュボードを他のユーザーに公開しません。他のユーザーはダッシュボードを表示することもできません。

なお、新規にダッシュボードを作成した場合、あるいは別のダッシュボードを複製してダッシュボードを作成した場合は、デフォルトでPublic – Read and write権限が付与されます。

4.3.2 ダッシュボードで高度な分析を行う方法

Page（タブ）を使ったダッシュボードの管理

複数のグラフを1つの画面に集約すればデータの関連性を見つけやすくなります。しかし、あまりにも多くのグラフが並んでしまって混乱を招くことも考えられます。そのような場合には、Page機能を使って「タブ」を追加すれば、ビュー上でダッシュボードデータを整理できます。

図4.16は、1つのサービスをビジネス、Ops、Developerなど、さまざまな役割のチームが見る観点や、アプリケーション、インフラなどのシステムのレイヤごとのダッシュボードを用意し、それらを個別のPageにまとめている例です。こうすることで、いろいろなダッシュボードにアクセスし直す必要がなく、タブを切り替えるような感覚でダッシュボードも切り替えることができます。

図4.16　複数のPageで構成されたダッシュボードの例

ファセットによるダッシュボード内データのフィルタリング

　作成したダッシュボード上の各種データをさらに深掘りして分析したいことがあります。その場合は、ファセットフィルタリング機能を使うと便利です。あらかじめダッシュボードに表示するデータにFACET句を用いたグラフを用意し、事前にフィルタリングされたダッシュボードにリンクできるようにします（図4.17）。

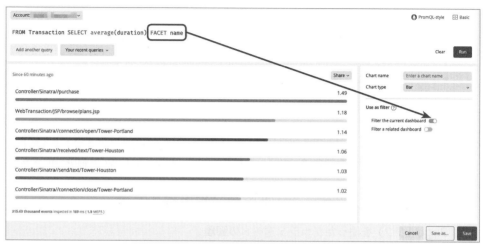

図4.17　ダッシュボードにファセットフィルタリングを設定する例

　すると、このグラフはダッシュボード内でフィルタリングが可能になります。ダッシュボード内でフィルタを有効にすれば、他のグラフもFACET句でした属性でフィルタリングされたデータのみ表示できるようになります（図4.18）。このように、ダッシュボードを使うことで、よりインタラクティブな分析が可能になります。

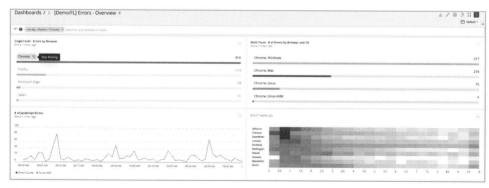

図4.18　ファセットフィルタリングがダッシュボード内で連動しているイメージ

4.4 Log Management

本章ではここまで、New Relic AgentやOSSが生成するデータを取り込み、可視化する方法を解説してきました。これら以外にもNew Relicにデータを取り込めます。たとえば、アプリケーションやサーバーが出力する各種ログなどです。MELTのL、すなわちログの部分です。New Relicは、非常に高速でスケーラブルなログ管理機能を提供しています。マイクロサービスなどの分散システムでは、トラブルシューティングに必要なログが分散していると調査に時間がかかり、各種ログの関連性を分析するのも困難になります（図4.19）。

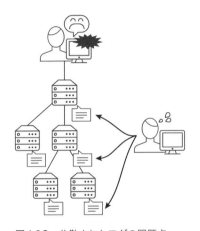

図4.19　分散されたログの問題点

分散しているログデータをNew RelicのTelemetry Data Platformに集約し、横断して分析できるようにすれば、トラブルシューティングを迅速に行うことができます（図4.20）。

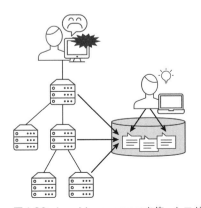

図4.20　Log Managementを使ったログ管理

Part 2　New Relicを始める

4.4.1 ログデータの取り込み方

New Relicにログを転送するには、大きく次の3つの方法があります。

- New Relic Infrastructure Agentを使用して転送する方法
- Fluentdなどのログ転送プラグインを利用する方法
- New Relic Logs APIを使用する方法

本項ではNew Relic Infrastructure Agentで設定する方法を紹介します[9]。その他の方法については公式ドキュメントを参照してください[10]。

構成ファイルの作成

New Relic Infrastructure Agentはyaml形式で記述された構成ファイルを読み込むことができます。構成ファイルにログを転送する設定を追加することで、簡単にログ転送を実現できます。構成ファイルの格納場所を**表4.1**に示します。これらのディレクトリに必要なパラメータを設定した構成ファイルを配置すれば、Agentを再起動しなくてもログ転送を開始できます。

表4.1　Infrastructure Agentの構成ファイルの場所

OS	パス
Linux	/etc/newrelic-infra/logging.d/
Windows	C:¥Program Files¥New Relic¥newrelic-infra¥logging.d¥

ログ転送パラメータ

構成ファイルのパラメータではさまざまな項目を設定できます。ここでは、簡単なサンプルをもとにその構造を解説します（**図4.21**）。

---

[9]　New Relic Infrastructure Agentのインストール方法については、5.3節を参照してください。

[10]　**New Relicでログ管理を有効にする**
　　 https://docs.newrelic.com/docs/logs/enable-log-management-new-relic/enable-log-monitoring-new-relic/enable-log-management-new-relic#h2-enable-log-management-in-new-relic

52　第4章　Telemetry Data Platform

4.4 Log Management

図4.21 ログ転送パラメータサンプル

❶ **logs**：ログ転送パラメータとして認識させるために設定します。
❷ **name**：転送するログファイルの名前（シンボル）を設定します。
❸ **file**：実際に転送するログファイルのパスを設定します。ワイルドカード（*）を使って複数のファイルを対象に含めることができます（例：/var/logs/*.log など）。
❹ **attributes**：ログの中身とは別に個別の属性をKey-Value形式で付与します。たとえば「Service: A Service」と指定することで、このログがA Serviceのログであることを判別できるようになります。また、logtype属性を使えば、転送対象のログファイルのフォーマットを指定できます。logtypeを指定すると、自動的にログの中身が属性として変換・認識されてNew Relicに取り込まれます。上の例ではnginxのログフォーマットを指定していますが、New Relicでは、LinuxのSyslogやMySQLのエラーログ、AWS（Amazon Web Services）のApplication Load BalancerやRoute53のログなど、多くのログタイプがサポートされています[11]。
❺ **pattern**：正規表現でログファイルの中身をフィルタし、該当した行だけを転送することができます。この例では「Error」という文字列が含まれる行のみ転送することになります。

これ以外に設定可能なパラメータもあります。詳細については、公式ドキュメント[12]を確認するとよいでしょう。

4.4.2 ログの確認方法

New Relicに取り込んだログは、ログイベントとしてLogsの画面で参照・分析することができます（**図4.22**）。

---

[11] https://docs.newrelic.com/docs/logs/log-management/ui-data/parsing/
[12] ログ転送パラメータ
https://docs.newrelic.com/docs/logs/enable-log-management-new-relic/enable-log-monitoring-new-relic/forward-your-logs-using-infrastructure-agent#parameters

Part 2　New Relicを始める

図4.22　Logsの利用イメージ

　Logsの機能を最大限に活用するには、以下のような順序で分析するとよいでしょう。

1. 検索機能を使ってログを探す。ログを検索する際、検索フィールドから検索することも可能ですが、ログの出力パターンをグルーピングし、出力頻度の高いログを自動で抽出することもできます（図4.23）。

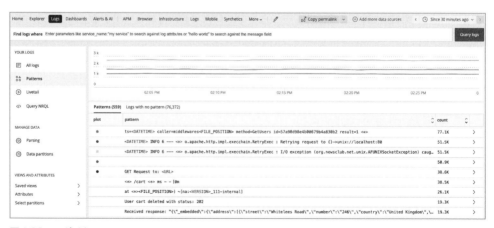

図4.23　ログパターン

2. 折れ線グラフをドラッグ＆ドロップして、発生時間帯を絞り込む

3. ［Attribute］メニューで条件を絞り込む

4. ログ詳細を確認する

5. 関連するログを確認する

Logsの画面は非常に直感的に操作することができるので、操作に迷うことはないでしょう。なお、画面構成や操作方法の解説は公式ページ[13]にも解説があるので参照してみてください。

4.5 API

New Relicには、Telemetry Data Platformからデータを取得したり、データを送信したりする際の方法としてさまざまなAPIが提供されています。本節では、それらの種類と用途などについて解説します[14]。

4.5.1 New Relic APIの種類

New RelicのAPIは、大きくREST APIとNerdGraph API（GraphQL）の2つがあります。どちらもWeb APIであることに変わりはありません。一般的に、単一の呼び出しで単純な処理を行うためのREST API、より複雑な操作を単一の呼び出しで処理できるGraphQLと位置づけられています。

紙幅の都合上、提供されているすべての機能や実装方法について紹介することができないため、本節では、提供されているAPIの確認方法や実行方法から、代表的なユースケースを解説します。実際の活用シーンは、本書内でも多数紹介しているので参考にしてください。

4.5.2 REST APIの実行方法

Agent APIでカスタムデータを送信する

Full-Stack ObservabilityのNew Relic APM／Browser／Mobile Agentがインストールされている環境[15]では、各Agentが提供するAPIを使ってアプリケーション内からデータの取得や送信を行うことができます。独自のデータをNew Relicに送信することで、アプリケーション固有の観点で集計・可視化できるようになります。

たとえば、日本全国に店舗展開しているようなビジネスで、各店舗からアクセスされるシステ

※13 ログ分析機能を使ってデータを検索する
https://docs.newrelic.com/docs/logs/log-management/ui-data/use-logs-ui/
※14 開発者向けのコンテンツについては、https://developer.newrelic.com を参照してください。
※15 New Relic APM／Browser／Mobileなどの詳細は第5章で解説します。

ムがあった場合、トランザクションに店舗IDや店舗名を送信することで、店舗ごとのアクセス数やパフォーマンスを集計できるようになります。

この他にもさまざまな機能が提供されています。詳細については、言語別にドキュメントが公開されているので参照してください[※16]。

Agentを経由せずに直接Telemetry Data Platformへデータを送信、参照する

Agentを経由せずに自身のカスタムデータを送信したり、データを参照する場合は、直接REST APIを呼び出すことによってTelemetry Data Platformに対してデータを送信したり、データを取得したりすることができます。New Relic REST API Explorer[※17]にアクセスすると、具体的にどんな機能が提供されているか確認することができます（図4.24）。

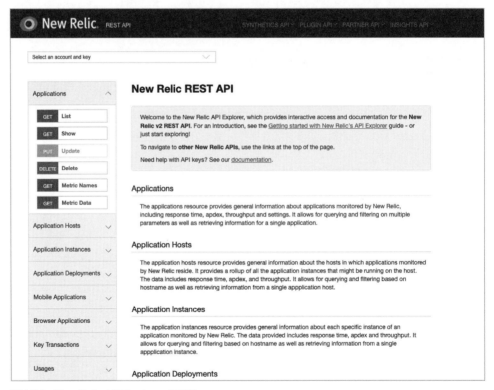

図4.24　New Relic API Explorerの画面

[※16] https://docs.newrelic.com/docs/apis/intro-apis/introduction-new-relic-apis/

[※17] New Relic REST API Explorer
https://docs.newrelic.com/jp/docs/apis/rest-api-v2/api-explorer-v2/introduction-new-relics-rest-api-explorer/

また、New Relic API ExplorerからAPIの動作確認も行うこともできます。具体的にどのようなHTTPリクエストを送ればよいかもわかるため、まずはここでAPIの動作を確認しつつ開発するプログラムにリクエストを埋め込むというやり方で開発することもできます。たとえば、**図4.25**では、登録されているAPMアプリケーションの一覧を求めるAPIを実行しています。

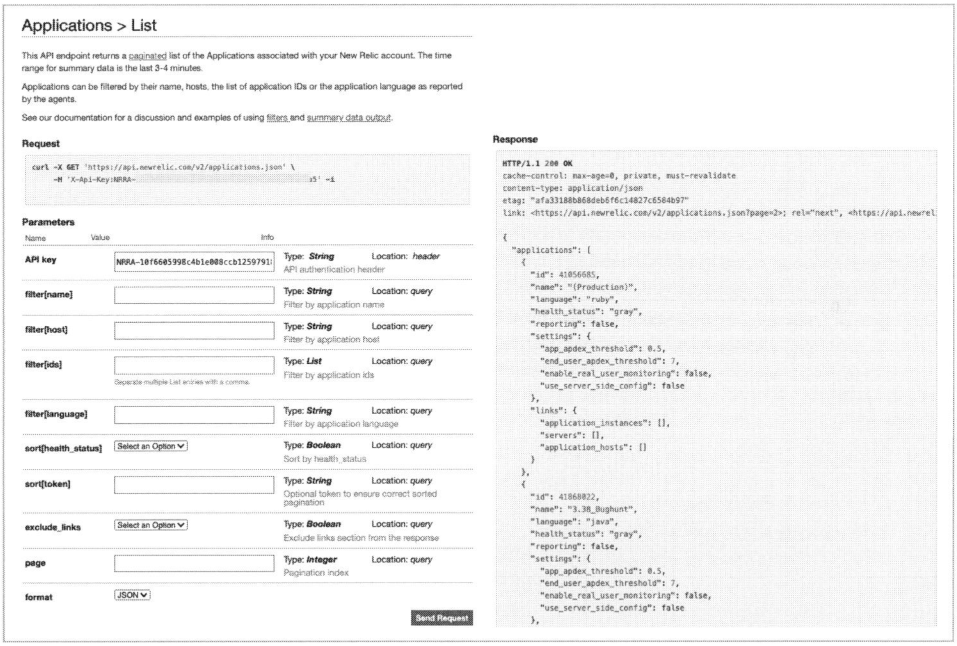

図4.25 REST APIの実行と結果の例

4.5.3 NerdGraph API（GraphQL）の実行方法

GraphQLは効率的で柔軟なクエリ言語です。典型的なREST APIは複数のURLからロードする必要がありますが、NerdGraph呼び出しは単一のリクエストで必要なすべてのデータを取得あるいは登録することができます。NerdGraph APIもREST APIと同様にNerdGraph APIエクスプローラー[18]という強力なツールを提供しています（**図4.26**）。

画面上でNew Relicから提供されているAPIの一覧から実行したいものを選択し、必要属性を入力することで、専門知識がなくてもGraph APIを実行することができます。実行方法がわ

---

[18] NerdGraph APIエクスプローラー（事前にアカウントを作成してログインしている必要があります）
https://api.newrelic.com/graphiql

かったら、NerdGraph APIも自動化プログラムなどに埋め込むことで、自動実行や定期実行も可能になります。

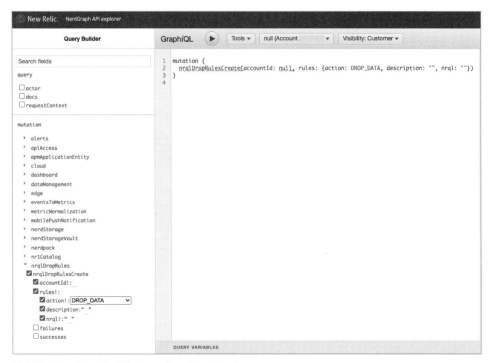

図4.26　NerdGraph APIエクスプローラーの画面

4.5.4　API実行に必要となるキー

REST APIもNerdGraph APIも、実行するためにはキーが必要になります（**表4.2**）。また、REST APIの場合、APIによっては個別のキーが必要となるケースがあります。どのキーが必要になるかは、先ほど解説したNew Relic API Explorerで確認することができます。また、キーの具体的な発行方法については公式ドキュメント[19]を参照してください。

※19　New Relic APIキーの種類
　　　https://docs.newrelic.com/docs/apis/intro-apis/new-relic-api-keys/

表4.2　APIキー一覧

API区分	用途	キーの種類
REST API	Agent経由でデータを送信する場合	License key、Browser key、Mobile keyなど
	Agentを経由せずにデータを参照・送信する場合	REST API key
NerdGraph API	すべての操作	User Key（Personal API key）

4.6　Manage Data

4.6.1　データを管理する重要性

　New Relicにデータを収集して保存すると、すべてのソースからのすべてのメトリクス、イベント、ログ、トレースを分析あるいは視覚化したり、およびアラートを発行したりできるようになります。これらのデータは、コスト、パフォーマンス、場合によってはコンプライアンス上の理由から非常に重要なものです。New Relicに送信されたデータはTelemetry Data Platformに保存されます。Telemetry Data PlatformのデータベースであるNew Relic Database（NRDB）は、すべてのテレメトリーデータを1箇所に収集し、すべてのデータを関連付けて表示し、ビジネスの成長に合わせてスケーリングします。New Relicでは、サードパーティのソースからのデータも含め、すべてのメトリクス、イベント、ログ、トレースを送信することが推奨されていますが、一部のデータはビジネス目標や分析、トラブルシューティングに必要ない場合もあります。そんなデータに無駄なお金を払いたくはないでしょう。そこで登場するのが「Data management hub」です（図4.27）。

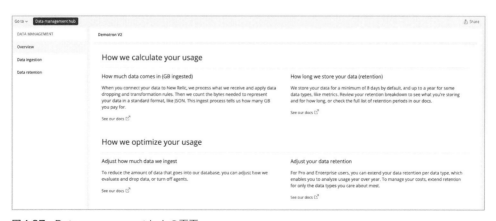

図4.27　Data management hubの画面

Data management hubを使うと、New Relicに送信したデータ量やその保存期間をコントロールできます。データを保護しながらNew Relicへの投資対効果を最大化するのに役立ちます。具体的にどのようなことができるのか、次に解説します。

4.6.2 データの取り込みを管理する

データ量を把握する

　New Relicには、データの送信量を確認する機能があります。Data management hubから、[Data ingestion]メニューをクリックすると、データタイプ別にどれだけの量が扱われているか確認できます（**図4.28**）。難しい操作をしなくても、簡単に状況を把握することができます。

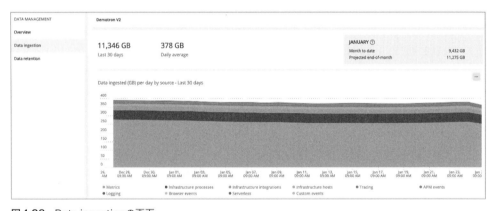

図4.28　Data ingestionの画面

アラートを設定する

　データの取り込み量が一定の数値（取り込み制限値など）に近づいていたら通知するよう、アラートを設定することもできます（アラートの詳細は第6章で解説します）。たとえば、**リスト4.1**のクエリでは今月New Relicに送信された課金対象のデータ量を求めることができます。この結果が一定の閾値（たとえば1TBなど）を超えた場合に通知するようにアラートを設定すれば、想定外の利用を防止する対策を講じることができます。なお、公式ドキュメントにはさまざまなクエリ例が記載されていますので、参考にしてください[20]。

---

[20] 使用データについてのクエリとアラート
https://docs.newrelic.com/docs/accounts/accounts-billing/new-relic-one-pricing-users/usage-queries-alerts

リスト4.1 今月のデータ送信量を計算するクエリ例

```
FROM NrMTDConsumption SELECT latest(GigabytesIngested)
```

4.6.3 データの保存期間を管理する

データタイプごとのデフォルト保存期間

New Relicに保存される各種データには、デフォルトのデータ保存期間が設定されています（**図4.29**）。Data management hubの［Data retention］メニューをクリックすると、現在の保存期間を確認できます（**図4.30**）。また、データの保存期間を延長することも可能です[21]。要件に応じて検討しましょう。

ソース	イベント名前空間	保持日数
APM	APM	8
APM	APMエラー	8
ブラウザ	ブラウザ	8
ブラウザ	ブラウザイベント	8
ブラウザ	ブラウザJSイベント	8
ブラウザ	ブラウザSPAモニタリング	8
ブラウザ	ブラウザのページビューのタイミング	8
カスタムイベント	カスタムイベント	30
サーバーレス	ラムダ	8
サーバーレス	ラムダカスタム	8
サーバーレス	ラムダスパン	8
ログ	ログ	30
インフラ	インフラストラクチャプロセス	8
インフラ	インフラストラクチャの統合	395
指標（ディメンション指標）	メトリック：未加工	30
モバイル	モバイルクラッシュイベントの軌跡	8
モバイル	モバイル例外	8
モバイル	モバイル全般	8
モバイル	モバイルエラー	8
モバイル	モバイルクラッシュ	90
モバイル	モバイルセッション	90
分散トレースデータ	トレース	8

図4.29 デフォルトのデータ保存期間

---

[21] データ保存時間を変更するには、Pro契約またはEnterprise契約が必要になります。また、保存期間を延長すると追加費用が必要になります。詳しくは公式ドキュメントを参照してください。
https://newrelic.com/pricing

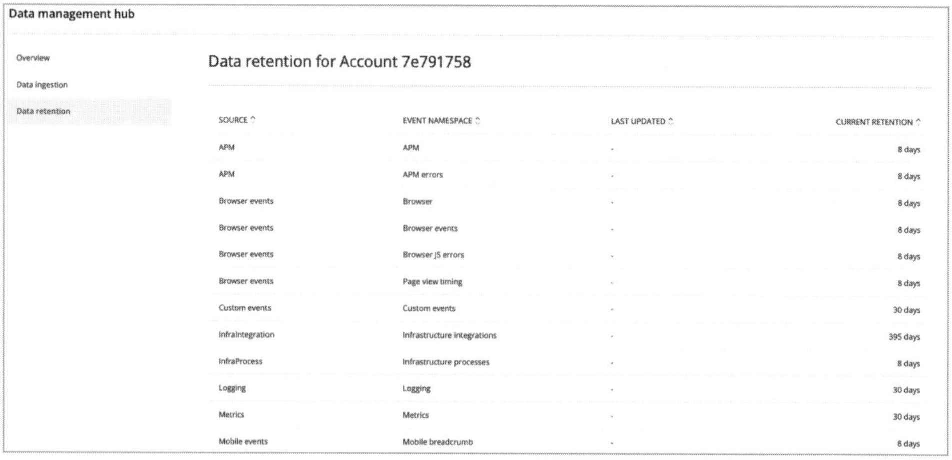
Data management hub

Overview
Data ingestion
Data retention

Data retention for Account 7e791758

SOURCE	EVENT NAMESPACE	LAST UPDATED	CURRENT RETENTION
APM	APM	-	8 days
APM	APM errors	-	8 days
Browser events	Browser	-	8 days
Browser events	Browser events	-	8 days
Browser events	Browser JS errors	-	8 days
Browser events	Page view timing	-	8 days
Custom events	Custom events	-	30 days
InfraIntegration	Infrastructure integrations	-	395 days
InfraProcess	Infrastructure processes	-	8 days
Logging	Logging	-	30 days
Metrics	Metrics	-	30 days
Mobile events	Mobile breadcrumb	-	8 days

図4.30　Data retentionの画面

一度取り込んだデータの削除はできない

一度New Relicに取り込まれたデータ（イベント、メトリクス、ログ、トレース）は、中身を編集したり削除したりすることができません。これは、New Relicの速度とパフォーマンスを最適化する意図的な設計決定です。データはその保存期間が経過すると、期限切れになり削除されます。余計なデータを登録したくない場合は、そもそもNew Relicへデータを送信しないか、送信したあとで特定のデータを保存しないよう調整することができます。

4.6.4 取り込むデータをドロップする

New Relicに送信したデータがNRDBに保存されないようにしたいときがあります。たとえば、Agentから自動的に送られるデータの中で、利用者として明らかに不要なものがあったり、機密性の高いデータを除外したりする場合などです。このような場合は、NerdGraph[※22]を使ってドロップルールを作成し、データがNRDBに取り込まれる前にデータをドロップすることができます（**図4.31**）。

※22　New RelicのGraphQL APIです。典型的なREST APIは複数のURLからロードする必要がありますが、NerdGraph呼び出しは単一のリクエストで必要なすべてのデータを取得することができます。
https://docs.newrelic.com/docs/apis/nerdgraph/get-started/introduction-new-relic-nerdgraph

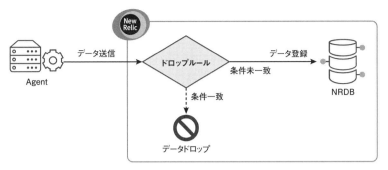

図4.31 データドロップのイメージ

　ドロップルールは、NerdGraphエクスプローラーで簡単に設定することができます。ドロップルールを作成したい場合は、[Query Builder] ペインの [mutation] セクションから [nrqlDropRules] → [nrqlDropRulesCreate] にチェックします。すると、このAPIを実行するために必要な属性が表示されるので、入力します。すると、画面中央にリクエストが自動的に生成されます。内容を確認して問題なければ画面中央上部の再生ボタンをクリックします。これだけでNew Relicにドロップルールが作成されます（**図4.32**）[23]。

図4.32 NerdGraphエクスプローラーでフィルタルールを作成する例

---

[23] 作成したドロップルールが正しく機能しているかは、NRDBにクエリして、データが登録されていないことを確認しましょう。詳細については、以下の公式ドキュメントを参照してください。
https://docs.newrelic.com/docs/telemetry-data-platform/manage-data/drop-data-using-nerdgraph/#verify

4.7 Build on New Relic One

Build on New Relic Oneとは、New Relic Oneダッシュボードよりも柔軟にデータを視覚化できる、運用・観測のためのアプリケーション開発・提供プラットフォームです。

日々改善を行っているシステムにNew Relicを導入することで、データを可視化できるようになります。しかし、個々のビジネスやシステムの特性に合わせたデータの可視化となると、New Relic OneダッシュボードやGrafanaなどの汎用的なダッシュボード機能では作り込みでは難しいことがあります。また、たとえダッシュボードとして可視化できたとしても、ダッシュボード内のチャートの数が膨大になったり、チャート中の線が増えすぎたり、さらにそれらのチャート同士の関係から人が洞察を得るのはかなり難しくなります。

そのような場合でもスピーディーな意思決定を行えるよう、New Relicは利用者の運用を助けるアプリケーションを開発・利用できるプラットフォームを用意しています。リアルタイムに取得できるデータを活用し、より柔軟にビジネスで直接活用できるアプリケーションを準備し、攻めのデジタルビジネスを実現することができます。

本節ではNew Relic Oneアプリケーションの開発環境の準備や動作確認などのはじめの一歩を紹介します。

4.7.1 New Relic Oneカタログとアプリケーションの種類

プラットフォーム上での運用アプリケーションの開発については本節でも紹介しますが、開発をしなくても公式アプリとして登録されているものや、同じアカウントを利用している別のユーザーアプリケーションを登録していれば、すぐに利用することができます（図4.33）。

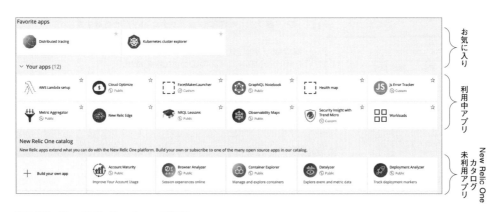

図4.33　New Relic One Appsの画面

アプリケーションの種類

- Public：New Relicとして公式にサポートしているアプリケーション
- Custom：同じアカウント内で自分または別ユーザーが登録したアプリケーション
- Local：現在自分が開発し動作確認中のアプリケーション

アプリケーションが登録されると、「New Relic Oneカタログ」にアプリケーションが表示されます。登録されているアプリはいつでも利用を開始できるので、気になるものがあれば利用してみてください。

4.7.2 New Relic Oneアプリケーション開発の流れ

ここでは、以下の5つについて説明します。

- New Relic Oneアプリケーションでできること
- 開発環境の準備
- 開発・動作確認はじめの一歩
- アプリケーションの登録・公開
- New Relic One開発支援ドキュメント

New Relic Oneアプリケーションでできること

New Relic Oneアプリケーションでは多くのことができますが、特徴となる5つの機能について紹介します。

1. データの可視化

ダッシュボードと同じくNRQLを使い、データを取得し可視化します。可視化する際には、NRQLを指定するだけでグラフを表示するコンポーネントが用意されているため、データ構造やコンポーネントを理解していなくても簡単に使い始めることができます（**図4.34**）。

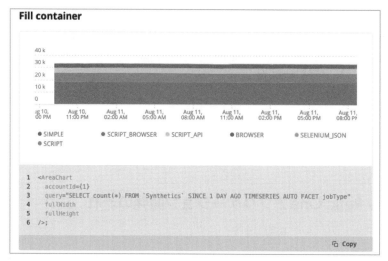

図4.34 利用しやすい開発用コンポーネント

2. 高度なデータの取得と加工

　クエリで取得したデータを描画の前に加工することができるので、より価値の高い情報を表現できます。セキュリティログとAPMをつなげてサービスごとのセキュリティリスクを分析したり、GitHubなど構成管理の情報とつなげてソースコードやコミット情報を含めた分析を行ったり、さまざまな分析を行うことができます。

3. ReactのOSSコンポーネントの統合

　世の中には非常に多くの便利なコンポーネントがあります。Material-UI[24]を手軽に取り入れられるライブラリやD3（Data-Driven Documents）チャート、その他に数値計算用のライブラリやその他多くのReact用のコンポーネントを利用できます。

4. データの保存

　アプリケーションの設定やユーザー操作の状態保存などに利用することができます。データ保存は用途に応じて3種類用意されています。

- **アカウント**：New Relicアカウントごとのデータの保存
- **エンティティ**：APMやMOBILEなどエンティティごとのデータの保存
- **ユーザー**：利用している各ユーザーのデータの保存

---

[24] Material-UI
https://material-ui.com/

5. 他のアプリケーションとの連携

データをドリルダウンしていくときに、New RelicのFull-Stack Observabilityの画面や、作成したダッシュボードを開くことができます。たとえばNew Relic Logsと連携するときには、フィルタを指定した状態で呼び出すことができるので、独自のLogs in Context[※25]として原因追及をよりスムーズに行うための機能を付加できるようになります。

開発環境の準備

New Relic OneアプリケーションはNode.jsベースでReactを使って開発します。

まずは開発環境を準備します。本書では、Node.js/npmはすでにインストールされているものとして説明していきます。

1. 画面上部の［Apps］をクリックしてから［New Relic One catalog］セクションの［Build your own app］をクリックし、［Quick start］の画面を開きます。
2. 画面に表示される「Quick start」に従ってNew RelicのCLIとnerdpackをセットアップしていきます（図4.35）。

Quick startの手順1で［Select or create an API］をクリックしてAPIキーを選択または生成すると、手順4のコマンドに自動的にAPIキーが入ります。いずれもコピー＆ペーストで利用することができます。

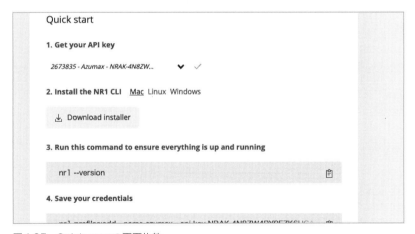

図4.35　Quick startの画面抜粋

※25　Logs in Contextの詳細については、5.8節を参照してください。

開発・動作確認はじめの一歩

開発の準備ですべてのコマンドをコピー＆ペーストすると、「my-awesome-nerdpack」というプロジェクトが手元にできています。はじめに2つのフォルダについて覚えておいてください。

- lanchers：New RelicのAppsに出てくるホームページタイル
- nerdlets：アプリケーションのコード

試しに画面を少し修正してみましょう（**リスト4.2**）。今回は、画面上に「初めてのNerdlet開発！」と表示されるようにしてみたいと思います。

リスト4.2　修正例（nerdlets/my-awesome-nerdpack-nerdlet/index.js）

```
import React from 'react';

// https://docs.newrelic.com/docs/new-relic-one/use-new-relic-one/build-new-relic-one/buil➡
d-custom-new-relic-one-application/

export default class MyAwesomeNerdpackNerdletNerdlet extends React.Component {
    render() {
        return <h1>初めてのNerdlet開発！</h1>;
    }
}
```

上記のように、render関数のreturnに画面に表示したい文字列を書いてみてください。ファイルの修正を行ったあとで、次のURLにアクセスしてください（**図4.36**）。

https://one.newrelic.com/?nerdpacks=local

図4.36　Your apps

[Your apps]の[MyAwesomeNerdpackLauncher]をクリックすると、**図4.37**のように変更した修正点とともに画面が表示されます。

図4.37 「初めてのNerdlet開発！」と表示された

アプリケーションの登録・公開

動作を確認できたところで、アプリケーションを登録していきましょう。

まず、ビルドしたソースコードをNew Relic Oneにアップロードします。my-awesome-nerdpackプロジェクトのルートディレクトリに移動し、次のコマンドを実行します。

```
$ nr1 nerdpack:publish
...
Deployed ed284d9b-cb9a-4a87-94a0-f627cab7aa36 version 1.22.1 to the STABLE channel.
```

STABLEチャネルに発行（publish）されました。その後、公開するために次のコマンドを実行します。

```
$ nr1 nerdpack:deploy -c STABLE
✓  Deployed ed284d9b-cb9a-4a87-94a0-f627cab7aa36 version
```

これで、アプリケーションが登録されました。

他のユーザーから見ると、図4.38のようにNew Relic Oneカタログの中にタイルが出てきます。

図4.38　New Relic Oneカタログにmy-awesome-nerdpackのタイルが表示される

New Relic One 開発支援ドキュメント

開発していくためのドキュメントやソースコードがOSSとして公開されています。いくつかのドキュメントを紹介します。これらを参考にして、より強力なアプリケーションを開発してみてください。

- **New Relic Developers**[26]
New Relicに関わる開発者に向けた資料です。「Build Apps」「Explore docs」にはNew Relic Oneアプリケーション開発の説明やコンポーネント一覧があります。開発を行うときに一番利用できるドキュメントです。

- **NR1 Workshop**[27]
New Relic Oneアプリケーションをステップバイステップで学習するための演習問題（lab）を多数用意しています。アプリケーション開発の前に何ができるかを、手を動かして確認したい場合は、このワークショップを先に試してみるのがおすすめです。

- **NR1 Community**[28]
New Relic Oneアプリケーションを開発するためのライブラリやコンポーネントを提供しています。こちらにもすぐ使える強力なコンポーネントがありますので活用してください。

- **New Relic Open Source**[29]
オープンソースのプロジェクトです。[All categories] を [New Relic One] に絞り込むと、アプリケーションとそのソースコードへのリンクがわかります。作り方やコンポーネントの使い方など、複数のシーンで活用できると思うのでぜひ参考にしてください。

本章ではNew Relic Oneアプリケーションの開発はじめの一歩を紹介しました。リアルタイムにシステム・ビジネスの状況を把握するのが得意なNew Relicをさらにアレンジすることで「攻めの運用」にシフトしていくことが可能になります。

---

[26] https://developer.newrelic.com/build-apps
[27] https://github.com/newrelic/nr1-workshop
[28] https://github.com/newrelic/nr1-community
[29] https://opensource.newrelic.com/explore-projects

Part 2 | New Relicを始める

第5章

Full-Stack Observability

この章の内容

- ◉ 5.1 Full-Stack Observabilityの概要
- ◉ 5.2 New Relic APM
- ◉ 5.3 New Relic Infrastructure
- ◉ 5.4 New Relic Synthetics
- ◉ 5.5 New Relic Browser
- ◉ 5.6 New Relic Mobile
- ◉ 5.7 Serverless
- ◉ 5.8 Logs in Context
- ◉ 5.9 Distributed Tracing（分散トレーシング）

5.1 Full-Stack Observabilityの概要

Full-Stack Observability（FSO）は、テレメトリーデータを自動的に集約、関連付け、評価し、可視化することによって、クラウドサービスやオンプレ、コンテナ、アプリケーション、ブラウザやモバイルアプリに至るまで、デジタルシステムを構成するソフトウェアスタックすべてを1つにまとめます。いかなる場所で問題が発生しても、効率的に原因と影響の把握や解決をすることを可能にします。

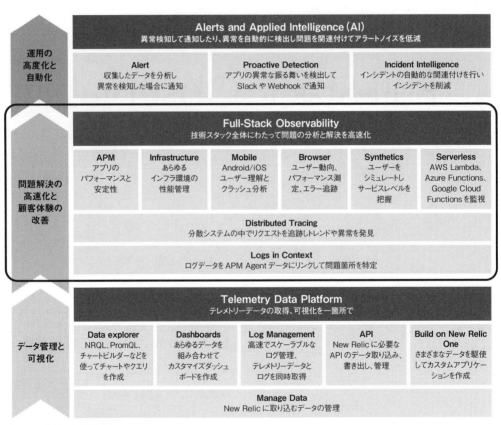

図5.1　本章の解説範囲

第4章で説明したTelemetry Data Platformは非常に強力なデータレイクです。あらゆるデータを蓄積、高速に検索し、また用途に応じて可視化することを可能にします。一方で、デジタルシステムの各所から収集したデータを効果的に活用するためには越えなければならない大きな壁があります。

システムの状態を把握するにはどのような種類のデータを見るべきか、散在するデータ同士の関係はどのようなものか、システムの状態の変化の原因やその影響を知るためにはデータをどうたどればよいのか、問題の把握や原因の特定をするためにデータをどう加工・集約すればよいのか。

これらの問いを手元にある生データをもとに解決するには、高度なスキルと膨大な時間を必要とします。システム構成が複雑化している昨今においては尚更です。加えて、見るべきデータを誤ったり、関連付けや加工が正しく行われないと重要な情報を見落としてしまうリスクもあります。このような問題があっては迅速な問題解決など期待できません。

これらの問題をFull-Stack Observabilityは解決します。New Relicが長年培った経験とノウハウに基づき、収集したデータの関連付けや集約を自動的に行い、分析に最適化されたビューによって迅速なトラブルシューティングを実現します。Full-Stack Observabilityによって得られる効果として以下のものがあります。

- インフラから、アプリケーション、モバイルやブラウザ、ログに至るまでソフトウェアスタックを横断したシームレスな分析により、問題の検知と解決を効率化する
- ツールやデータのサイロによる死角（blind spot）がなくなり、重要なデータの見逃しがなくなる
- 専門知識のないユーザーでもトラブルシューティングが可能になり、人的コストおよびトレーニングコストを低減する

Full-Stack Observabilityが提供する機能群について以降で紹介していきます。各機能を連携させ、シナジーを生むことで、スタック全体での状態の把握とシームレスな分析によるトラブルシューティングが可能になります。

5.1.1 バックエンドアプリケーションのパフォーマンス計測に関する機能

New Relic APM

オンプレやクラウド上で動作するアプリケーションのパフォーマンスを計測し、ソースコードやデータベースのクエリの詳細なレベルで問題の特定を可能にします。詳細については、5.2節で説明します。

New Relic Infrastructure

アプリケーションの実行基盤であるオンプレやクラウドサービスのOS、クラウドサービスやサードパーティソフトウェアのパフォーマンスを計測し、アプリケーションのパフォーマンスに

影響を及ぼす問題の特定を可能にします。詳細については、5.3節で説明します。

Serverless

サーバーレスのアプリケーションのパフォーマンスを計測し、ソースコードやデータベースのクエリの詳細なレベルで問題の特定を可能にします。詳細については、5.7節で説明します。

5.1.2 フロントエンドアプリケーション・顧客体験の計測に関する機能

New Relic Browser、New Relic Mobile

ブラウザで動作するWebアプリやモバイルアプリなど、クライアントサイドで実際にユーザーが体感しているパフォーマンスやエラーを計測し、顧客体験を改善することができます。詳細については、5.5節（New Relic Browser）と5.6節（New Relic Mobile）で説明します。

New Relic Synthetics

外部からシステムにアクセスして、システムのユーザーやAPIのアクセスをシミュレートし、システムが健全に稼働しているかを定期的にチェックします。これにより、実ユーザーへ影響を及ぼす問題が顕在化する前にシステムの異常を検知して対処することが可能になります。詳細については、5.4節で説明します。

5.2 New Relic APM

APM（Application Performance Management：アプリケーションパフォーマンス管理）とは、Webサイトや社内システムなどのアプリケーションの稼働状況をユーザー視点で監視し、ユーザーに影響を与える可能性のある問題を解決したり、パフォーマンスを改善したりすることです。ユーザー視点での監視とは、アプリケーションの稼働率や利用時の応答性能、スループット、エラーの発生率など、アプリケーションがユーザーに対して提供するサービスの品質に直結する指標を監視することです。

5.2.1 APMが必要である理由

問題検知の迅速化

APMはなぜ必要なのでしょうか。ユーザー視点でアプリケーションのパフォーマンスを把握していないと何が起きるか想像してみましょう。たとえば、Webサイトのユーザー数が急激に増加したものの、システムが増加するリクエストをさばき切れずに処理が遅延しているとします。

システムの応答性能が悪いため、Webページにアクセスしたユーザーが必要以上に待たされてしまうことになりますが、ユーザー視点で監視していないためWebサイトの提供側はそれに気づくことができません。結果、ユーザーからの連絡やクレームを受けるというインシデントが発生して初めて問題を把握し、あわてて原因の調査や対策を講じるということになります。このように問題の検知が遅れ、対応が後手になると、結果としてユーザー満足度が低下し、ビジネス機会の損失につながります。ユーザーに影響を与えている問題をいち早く検出して対策を講じるためには、ユーザー視点でアプリケーションを監視することが重要になってくるわけです。

　もちろん、ユーザー視点での監視をすることなく、アプリケーションが稼働しているインフラのメトリクス、たとえばホストのCPUやメモリの使用率などを監視することでユーザーに影響を及ぼし得る問題を発見することは不可能ではないかもしれません。しかしながら、監視対象の候補となり得るメトリクスの数は膨大であり、それらすべてを監視することは現実的ではありません。仮にCPU使用率が増えたとしてもユーザー影響がなければむしろ効率的にリソース活用できているといえるため、実は対策が必要な状態ではない可能性もあります。

　また、ユーザーに影響を及ぼしている直接的な原因であるかどうかが明らかでないため、どうしても対症療法的な対応にならざるを得ず、最悪の場合、別の対策を繰り返し実行して問題を収束させなければならなくなり、解決に時間がかかってしまうことになります。そのような点からもユーザーの影響を適切に把握できるAPMは必要なのです。

問題の原因特定の迅速化

　ところで、ユーザーに影響を及ぼし得る問題が検知できたとしてそれで十分でしょうか。その問題の分析や原因の特定が遅れてしまった場合、ビジネスへの悪影響は避けられません。問題を発生させている原因の特定を迅速に行えることもまた非常に重要です。

　APMは、すでに説明したとおり、ユーザー視点での問題の有無を明らかにするだけでなく、ユーザーからのリクエストを処理しているシステムの構成要素やその依存関係、内部のビジネスロジックを詳細に掘り下げ、問題の原因箇所への到達を迅速に行うことを可能にします。たとえば、性能ボトルネックとなっている冗長なビジネスロジックやデータベースクエリを特定したり、エラーが発生している箇所をソースコードレベルで特定したりすることが簡単にできます。APMがない場合は、ソフトウェアごとの個別のツールを使い分け、それらから得られる情報をつなぎ合わせて原因を特定する必要があるため、相当な労力がかかります。さらに、運用コストがかさんで利益率が下がるだけでなく、問題解決に時間がかかることでビジネス上の損失を生むことになります。加えて、ツール間や管理者間での情報伝達による人的ミスの誘発や、情報の不透明性による異なる管理者間（よくあるのはアプリケーション管理者とインフラ管理者）の不健全なコミュニケーションの原因にもなり得ます（**図5.2**）。

 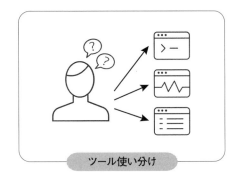

図5.2　APMがない場合

　APMは、ユーザー視点での監視によってユーザーに影響のある問題を検知し、その問題の原因となっているアプリケーション内の構成要素や処理を迅速に特定し、問題の解決までの時間を短縮化します。これを一般的な用語で言い換えると、システムの可用性を表す重要な指標であるMTTD[※1]やMTTR[※2]の短縮を実現するために必要不可欠なピースであるわけです。

5.2.2　今、APMの重要性が増している理由

　これまでの説明でAPMの重要性については理解していただけたと思います。加えて、昨今の技術革新や開発プラクティスの変化など、システムを取り巻く変化によってAPMの重要性は増しているのです（図5.3）。

アーキテクチャの変化

　従来のようなモノリシックなシステムである場合、CPUやメモリの利用率など、インフラの個々のメトリクスを見ることにより、アプリケーションのパフォーマンスへの影響をある程度予測できたかもしれません。システム構成が単純であるため、アプリケーションに問題を及ぼし得るシステム内の構成要素が局所化され、それらのメトリクスが性能に直接影響することが多いからです。しかし、昨今のシステムは技術革新によって構成が複雑になり、インフラのメトリクスを見ているだけではアプリケーションの問題を検知するのは難しくなっています。

[※1]　MTTDはMean Time to Detectの略で、問題検知までの時間を表します。平均検出時間。
[※2]　MTTRはMean Time to Repairの略で、復旧までの時間を表します。平均修復時間。

図5.3 システムを取り巻く変化

　具体的な変化の1つは、マイクロサービスアーキテクチャの台頭です。モノリシックなアプリケーションとは異なり、マイクロサービスアーキテクチャでは、複数の小さな独立したサービスを組み合わせた分散システムとしてアプリケーションが構成されます。このためアプリケーションを監視するには、マイクロサービスごとの稼働状況とマイクロサービス間の依存関係を適切かつリアルタイムに把握する必要があります。しかし、インフラのメトリクスだけでは十分ではありません。管理対象のアプリケーションの数が増えたり、アプリケーションの規模が大きくなったりすると、管理対象となるマイクロサービスの数が膨大になる傾向があり、問題を特定するのはさらに難しくなります。

　昨今では、サーバーレスなどインフラが隠蔽されているサービスや、クラウド事業者を含めた他社のサービスを活用してアプリケーションを構築するケースも増えています。そのため、それらも含めたアプリケーション全体像の把握が必要不可欠になっています。

開発プロセスの変化

　今やアプリケーション開発プロセスの主流は、従来のウォーターフォール型開発からアジャイル型開発に変わっています。ウォーターフォール型開発が開発初期段階の設計や前提を是としていたプロセスであるのに対し、アジャイル型開発はリリース後にフィードバックサイクルを回して改善していくことを重視します。すなわち、いかに迅速に改善のサイクルを回せるかがアジャイルでの生命線となります。

　これはアプリケーションのパフォーマンスチューニングや問題対策においても同様であり、性能が悪化している箇所や障害箇所をいち早く検知し、原因へと導くソリューションなくして、アジャイル型開発の迅速なサイクルの実現は不可能と言えるでしょう。また、アジャイル型開発は

変化を前提としたプロセスであるため、アプリケーションの変更と性能の依存関係を適切に管理し、リリースが無事に行えているかを継続的に監視できることもアプリケーション管理に必要な要件になってきます。

前置きが長くなりましたが、APMが必要である背景を説明しました。次に、APMの機能を提供するNew Relic APMについて説明します。

5.2.3 New Relic APMとは

New Relic APMは、New Relicが提供する機能群において、本節の対象とするAPMの部分を担うコア機能です。New Relic APMによって以下のようなことを実現できます。

1. サービスレベル指標の可視化

ユーザー視点でのサービスレベル指標（応答性能、スループット、エラー率など）を計測、可視化することで、アプリケーションのサービスレベルを把握し、サービスレベルを安定して維持できます。また、当該指標に対してアラートを設定することにより、ユーザー影響のある問題をプロアクティブに検知して対応することができます。

2. エンド・ツー・エンドでの構成の可視化

外部のサービスを含めたアプリケーション全体の構成要素とそれらの依存関係を可視化し、複雑化するシステム構成においても迅速に問題箇所を特定することができます。

3. トランザクションの詳細なトレースやエラーの可視化

Webのトランザクションや、バッチなどの非Webのトランザクションの内部処理を詳細にトレースし、ビジネスロジックやデータベースクエリ、外部サービス呼び出しなど、アプリケーション処理でパフォーマンスが悪化している箇所や、エラーの原因となっている箇所をピンポイントで容易に特定することができます。また、サーバーレスやコンテナ環境でも横断的にトレースやエラー情報を可視化できるため、新しいプラクティスの必要なモダンなアーキテクチャを採用するアプリケーションでも問題箇所の特定を容易に行うことができます。

4. インフラ監視・フロントエンド監視との統合

アプリケーションが稼働しているOSやクラウドサービスなどのインフラストラクチャからアプリケーションを利用するクライアントに至るまで、シームレスに性能を分析します。これで、複数ツールの使い分けや管理者間でのコミュニケーションによるオーバーヘッド、ミスコミュニケーションがなくなり、問題解決をさらに迅速に行えるようになります。

5. アプリケーションのリリースや構成変更の記録

アプリケーションの修正やシステム構成の変更を記録し、アプリケーションのパフォーマンスやエラーの情報と関連付けることによって、リリース前後のサービス品質の変化を管理・可視化できるようになり、安定的にアジャイルなリリースサイクルを実現することができます。

なおNew Relic APMは、本書執筆時点で、アプリケーション開発で使われる主要な8つのプログラミング言語と75を超えるフレームワークに対応しており、多種多様なアプリケーションに対応しています。以降では、New Relic APMのそれぞれの特徴について説明していきます。

5.2.4 New Relic APM機能概要

サービスレベル指標の可視化

これまで説明してきたように、アプリケーションのサービスレベルを安定して維持するには、ユーザー視点でのサービスレベル指標（応答性能、スループット、エラー率など）を計測し、改善していく必要があります。これらのサービスレベル指標は、SRE[3]のゴールデンシグナル[4]としても扱われているものであり、非常に重要な指標です。

アプリケーション全体のサービスレベルの把握

アプリケーションの実行環境で稼働するNew Relic APM Agentはアプリケーションで処理されるWebやバッチのトランザクションの情報を自動的に収集し、New Relic APMが可視化します。図5.4はNew Relic APMのメイン画面です。New Relicによって監視されているアプリケーションの応答性能、スループット、エラー率といったサービスレベル指標が可視化され、現在の状況や過去からの変化を簡単に把握し、それらを踏まえて対応要否を迅速に判断できます。

---

[3]　Site Reliability Engineering
https://ja.wikipedia.org/wiki/サイトリライアビリティエンジニアリング
[4]　SREゴールデンシグナルは、モニタリングにおいて重要な指標と定義されています。レイテンシー、トラフィック（スループット）、エラー、サチュレーション（リソース利用率）の4つがあります。

図5.4　New Relic APMのメイン画面

どのような問題が発生しているのか明らかでない場合には、以下の流れで確認していきます。これは優先順位となっています。

1. サービスが稼働しているか（スループット）
2. 正しく機能しているか（エラー率）
3. 満足のいくユーザー体験（User Experience：UX）を提供できているか（応答性能、スループット）

これらのサービス指標の監視は、New Relic APMだけでも十分可能ですが、外形監視やクライアントサイドの監視と組み合わせると、もっと確実に問題を捕捉することができます。また、これらの指標に対して、アラートを設定することによって目標値（閾値）を下回る場合や平常時と異なる振る舞いをする場合に自動的に通知することができます。アラート設定に関しては、6.2節を参照してください。

トランザクションごとのサービスレベルの把握

アプリケーション全体のサービスレベルになんらかの問題が見受けられる場合、アプリケーションの機能（トランザクションの種類）ごとにサービスレベルを細分化して確認することによ

り、どこに問題があるかを特定できます。図5.5は、トランザクションごとのサービスレベル指標を表している画面です。アプリケーションのサービスレベルに問題がある時間帯においてレスポンスが悪化しているトランザクションや呼び出し頻度の多いトランザクションなどが簡単に特定できるようになっています。

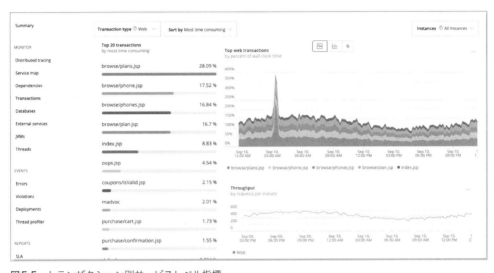

図5.5 トランザクション別サービスレベル指標

なお、New Relic APMでは、トランザクションごとにサービスレベルが確認できることに加え、特に重要なトランザクション（キートランザクション）に対して個別にサービスレベルの目標値を設定したり、アラートによる監視を行うことができます。たとえば、エンドユーザー向けの画面と管理者用の画面では求められる品質は異なるでしょうし、ビジネスKPIであるコンバージョン率の達成に重要なログインや決済の処理などは特に注視すべきものでしょう。そのような要件が厳しい（もしくは緩い）トランザクションには、その特性に応じて監視の条件を設定することがおすすめです。

Apdexによるユーザー満足度の計測

　Apdex（Application Performance Index）[5]とは、Webアプリケーションやサービスの応答性能について、ユーザーの満足度を計測するための業界標準の客観的かつ定量的な指標です。Apdexはトランザクションの応答性能とその目標値、エラーの発生状況をもとに次の計算式で算出します。

※5　https://en.wikipedia.org/wiki/Apdex

$$\mathrm{Apdex} = \frac{\left(\langle 満足 \rangle レベルのリクエスト数 + \left(\frac{\langle 許容可能 \rangle レベルのリクエスト数}{2}\right)\right)}{全リクエスト数}$$

※〈満足〉や〈許容可能〉は、応答性能の目標値（T）に対して実際の計測値がいくらかであったかによって以下のように決まります。

- 満足：応答性能がT以下である場合
- 許容可能：応答性能がTを超過したが、Tの4倍以下である場合
- 不満：応答性能がTの4倍を超過したか、サーバーサイドエラーを返した場合

　Apdexは、応答性能やエラー率などのサービスレベル指標をまとめてユーザー満足度として評価できます。さらに、トランザクションによって要件（つまり、応答性能の目標値）が異なる場合でも同じ尺度（最小0～最大1）で扱えます。図5.6はApdexの値の推移を表すグラフです。サーバーサイド、クライアントサイドそれぞれ応答性能の目標値を設定することにより、Apdexを定義および監視することができます。

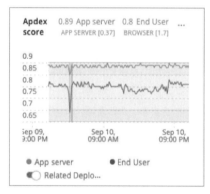

図5.6　Apdexの値の推移

　ここまでサービスレベル指標の可視化とそれを活用した性能の分析について説明しました。実際は、時系列データとして収集されるそれらの値に問題があるかは、周期性や分布などいろいろな観点で判断します。

周期性の確認

アプリケーションのパフォーマンスに問題が見受けられた場合、いきなりドリルダウンするのではなく時間帯や周期性を確認することによって、原因の推測や対応要否の判断の手助けになるケースがあります。

たとえば、毎晩もしくは毎週末の特定の時間に決まってアクセス性能が悪い場合は、バックエンドで実行されるバッチ処理のデータベースアクセスと競合しているかもしれません。もしくは、毎週月曜の朝にスループットが高騰してレスポンスが悪化している場合などは、ユーザーの行動パターンを踏まえ、アクセスが増える時間帯にスケールアウトなどによってシステムの処理能力を増強するような対応が必要ということを示唆します。

図5.7は時系列データに周期性が認められるケースです。このように画面に表示している時系列グラフの時間軸を3日、1週間と変更して周期性を確認してみましょう。

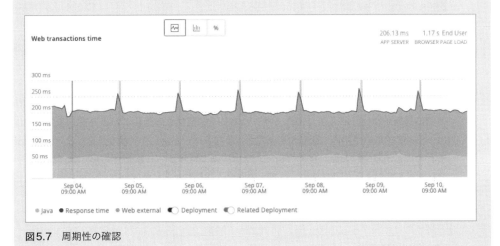

図5.7　周期性の確認

平均だけではなく、分布や偏りも確認

アプリケーションの処理はアクセスユーザーや扱うデータなどのコンテキストによって変わりますから応答性能も均一にはなりません。応答性能などのサービスレベル指標を平均で測ると問題が見えなくなることがあります。したがって、分析する際は平均だけでなく、測定値の分布や偏りもあわせて確認することが重要です。New Relicでは計測値の平均だけでなく、ヒストグラムやパーセンタイルを確認することができます。

図5.8は、応答性能をヒストグラムで見た例です。ヒストグラムを活用することで全ユーザーに対して問題が起きているのか、一部のユーザーでのみ遅延が発生しているかを知ることができます。全ユーザーへの影響が出ているのであれば対応の優先度は上がってくるでしょう。

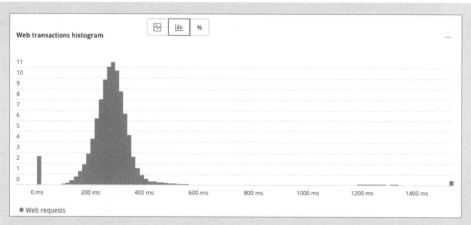

図5.8　ヒストグラム

図5.9は、応答性能をパーセンタイルで見た例です。パーセンタイルは統計で利用される測定値の考え方ですが、小さい順に並べた場合にX%に位置する測定値を「Xパーセンタイル」と言います。

たとえば、95パーセンタイルは応答性能の悪い上位5%の測定値です。95パーセンタイルの測定値に問題がなければ大部分のユーザーに対して問題なく応答していると言えます。逆に、95パーセンタイルの測定値に問題がある場合に下位5パーセントを無視できるかどうかはビジネスモデルにもよるでしょう。多くのケースでは無視できるかもしれませんが、有料課金のヘビーユーザーを持つようなアプリケーションの場合、これをケアしなければビジネス機会損失につながるでしょう。

図5.9　パーセンタイル

エンド・ツー・エンドでの構成の可視化

　サービスレベル指標の可視化によってアプリケーションに問題があることがわかったとしても、その問題の原因を特定するのは容易ではありません。大規模なシステムや従来のようにレイヤごとに管理者が分かれている場合はもちろんのこと、昨今のマイクロサービス化による分散システムではさらに難しくなり、MTTRを短縮するときの阻害要因となり得ます。

　New Relic APMは、アプリケーションの実行環境にNew Relic APM Agentを導入するだけで、システムを構成するコンポーネントのつながりを自動的に抽出し、性能情報とあわせてサービスマップとして可視化します。図5.10はサービスマップの例です。アプリケーションが稼働するサーバーだけでなく、そのアプリケーションが利用する他のアプリケーションやデータベース、外部のサービスなど、システムに関連するコンポーネントを可視化することによってシステム全体を俯瞰し、容易に問題箇所を特定できるようになります。

　なお、5.5節と5.6節で説明するNew Relic BrowserやNew Relic Mobileを導入している場合は、ブラウザやモバイルアプリケーションなどのクライアントサイドについても同様にサービスマップを構成するコンポーネントとして可視化されるため、エンドユーザーに影響が出ているか否かも把握することができます。

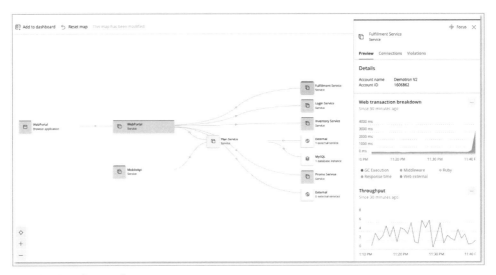

図5.10　サービスマップ

トランザクショントレースの可視化

　これまで説明した内容で、アプリケーションに発生している問題の検知、問題が発生しているトランザクションやコンポーネントの特定が容易に行えることがわかりました。残すは、MTTR

の削減にとって重要な根本原因の特定です。

　New Relic APMでは、問題が発生しているトランザクションの内部処理を詳細にトレースし、アプリケーションロジックやデータベースのクエリの分解能で性能ボトルネックを特定します。また、マイクロサービスによって構成されるアプリケーションである場合でも、連携先のマイクロサービスにシームレスにドリルダウンしてボトルネックを特定できます。このような解決手段がない場合、各アプリケーションのログレベルを上げ、アプリケーションが稼働するホストからログをそれぞれ取得し、アプリケーションの処理と経過時間をその都度計測して問題箇所を特定する必要があります。あるいは、異なるツールを使い分けて情報を組み合わせなければなりません。この結果、問題箇所の特定に大きなコストがかかってしまいます。それがNew Relic APMでは数クリックで原因の特定が可能になるため、MTTRの大幅な削減に寄与します。

　図5.11は、あるトランザクションの応答性能と内部の処理時間の内訳を表しています。トランザクション全体処理における内部の処理時間の占める割合から、どの箇所に時間がかかっているかを容易に判別できます。単純に時間がかかっているか否かだけでなく、処理の実行回数によって冗長に（非効率に）実行されている処理がわかるため、パフォーマンスのチューニングが容易になります。

図5.11　トランザクションの応答性能と内部処理の内訳

　Apdexの低下の原因になる応答性能の遅いトランザクションについては、トランザクショントレースを詳細に確認することで、アプリケーションロジックやデータベースのクエリレベルで問題の特定が可能になります。

　図5.12は、トランザクショントレースの例です。アプリケーションロジックの呼び出し階層

5.2 New Relic APM

とともに全体の処理時間に対する割合が把握できるため問題箇所を容易に特定することができます。

WebTransaction/Action/App\Http\Controllers\GetPlansController@getPlans
Plan Service | Thu Sep 10 2020 23:50:19 GMT+0900 [日本標準時] | Trace ID: c8eed6572eae0c0d7c9c9e6949448fe5

| | RESPONSE TIME | CPU BURN | GC TIME |
| | 771 ms | 0 ms (0%) | 0 ms (0%) |

Summary　**Trace Details**　Database Queries

Collapse all | Expand all

		RESPONSE TIME	
○	App\Http\Controllers\GetPlansController@getPlans	771 ms	771 ms (100%)
95	App\Http\Controllers\GetPlansController@getPlans	771 ms	771 ms (100%)
> 9	5 fast calls	29 ms	29 ms (3.76%)
82	#Illuminate\Foundation\Http\Kernel::handle	733 ms	733 ms (95.07%)
81	#Illuminate\Foundation\Http\Kernel::sendRequestThroughRouter	733 ms	733 ms (95.07%)
80	#Illuminate\Foundation\Http\Kernel::bootstrap	75 ms	75 ms (9.73%)
> 79	#Illuminate\Foundation\Application::bootstrapWith	75 ms	75 ms (9.73%)
4	#Illuminate\Foundation\Bootstrap\LoadEnvironmentVariables::bootstrap	4 ms	4 ms (0.52%)
3	#Dotenv\Dotenv::safeLoad	3 ms	3 ms (0.39%)
2	#Dotenv\Dotenv::load	3 ms	3 ms (0.39%)
1	#Dotenv\Loader\Loader::load	3 ms	3 ms (0.39%)
	#Dotenv\Loader\Loader::processEntries	2 ms	2 ms (0.26%)
4	#Illuminate\Foundation\Bootstrap\LoadConfiguration::bootstrap	13 ms	13 ms (1.69%)
3	#Illuminate\Foundation\Bootstrap\LoadConfiguration::loadConfigurationFiles	11 ms	11 ms (1.43%)
	#Illuminate\Foundation\Bootstrap\LoadConfiguration::getConfigurationFiles	3 ms	3 ms (0.39%)
1	#Illuminate\Support\Str::slug	3 ms	3 ms (0.39%)
	#Illuminate\Support\Str::ascii	3 ms	3 ms (0.39%)

図5.12　トランザクショントレース

　トランザクショントレースを使えば、トランザクション内でのデータベースアクセスに時間がかかっている場合、どのクエリの処理が問題なのか容易に検出できます。インデックスのない列に対するクエリや、インデックスの効かないクエリ、非効率に発行されたクエリなどは性能を悪化させる原因となります。

　図5.13はデータベースクエリの例です。実際に発行されているデータベースクエリをもとに、アプリケーションパフォーマンスの悪化の解決策を検討することができます。

図5.13　実行の遅いデータベースクエリ

分散トレーシングによるマイクロサービスの分析

　先ほど見たように、トランザクショントレースは問題の原因特定の迅速化に寄与します。一方、マイクロサービス化による分散アーキテクチャにおいては、トランザクションの処理をアプリケーション横断で解析できる必要があります。それを実現するのが分散トレーシングです。
　New Relicはマイクロサービスアーキテクチャを採用したアプリケーション、ブラウザなどのクライアントサイドを含めた分散トレーシングによる問題分析をサポートしています。
　分散トレーシングの詳細については、5.9節で説明します。

サーバーレスアプリケーションの監視

　昨今、AWS[6] Lambda[7]に代表されるサーバーレス技術が活用されています。サーバーレスは、従来IaaS (Infrastructure as a Service)でユーザー側に委ねられていた計算機リソースの管理をクラウド事業者側が担うことでユーザーがアプリケーション実装に専念することを可能にするマネージドサービスです。
　New Relic APMは、サーバーレス技術を活用したアプリケーションの監視もサポートします。New Relic APMのサーバーレス監視では、サーバーレス関数の実行回数や実行時間、エラーなどのメトリクスによりアプリケーションが正常に稼働しているかを監視することができます。サーバーレスアプリケーションの監視の詳細については、5.7節で解説します。

---

[6]　Amazon Web Services
　　https://aws.amazon.com/jp/
[7]　AWS Lambda
　　https://aws.amazon.com/jp/lambda/

トランザクションエラーの可視化

アプリケーションのパフォーマンスに関する問題と同様に、アプリケーションでエラーが発生した場合もアプリケーションのユーザーに影響を及ぼし、ひいてはビジネスに甚大な損失を与えかねません。そのため迅速な原因の特定と解決が必要です。

New Relic APM Agentはトランザクションの処理中に発生したエラーの情報を収集し、ソースコードレベルで分析や原因の特定を可能にします。New Relic APMはエラー分析をサポートするため、以下の機能を備えています。

- エラーの各種属性（クラス、メッセージ、ステータスコード）やホスト、リクエストの情報などの観点でのエラーの傾向分析
- 各エラーのソースコード（スタックトレース）レベルでの問題箇所の特定

図5.14はエラー分析画面の例です。エラーのクラスやメッセージ、実行時のリクエストパラメータなどの軸でそれぞれの発生タイミングや頻度を表示し、問題となっているスループット低下やエラー率の増加につながるエラーを発見できます。

図5.14　エラー分析

図5.15は、エラーの詳細画面の例です。エラーの発生箇所を、その際のリクエストパラメータとともにソースコードレベルで特定することができます。

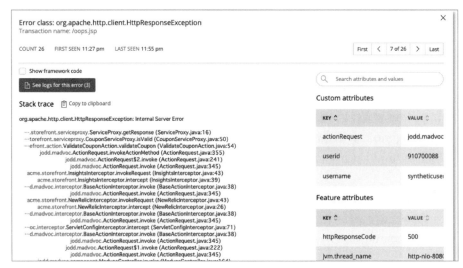

図5.15　エラーの詳細画面

インフラ監視・フロントエンド監視との統合

　これまでNew Relic APMによって、アプリケーションで発生している問題の検知、原因の特定が迅速に行えることを説明してきました。その問題がインフラで発生しているのか、それともフロントエンドに起因するものなのかを把握することで、より正確に問題を捕捉し、適切な優先順位で的確な対策を講じることができます。

　New Relic APMは、フロントエンド監視機能であるNew Relic BrowserやNew Relic Mobile、インフラ監視機能であるNew Relic Infrastructureとの連携によって、アプリケーションが稼働しているOSやクラウドサービスなどのインフラストラクチャから、アプリケーションを利用するクライアントに至るまでシームレスな性能分析を可能にします。複数ツールの使い分けや管理者間でのコミュニケーションによるオーバーヘッドやミスコミュニケーションをなくし、問題解決をさらに迅速に行えるようになります。

インフラ監視との統合

　New Relic APM Agentが導入されている環境に、5.3節で説明するNew Relic Infrastructure Agentが導入されている場合、アプリケーションとインフラストラクチャの関連付けが自動で行われるため、アプリケーションの性能分析のコンテキストを維持したまま、インフラ

ストラクチャの性能分析をシームレスに行うことができます。

図5.16はNew Relic APMにおいて特定のアプリケーションからNew Relic Infrastructureの画面に遷移した場合の画面です。アプリケーションに関連するホストが自動的にフィルタされ、当該ホストのCPU利用率など各種メトリクスを分析できます。ホストだけでなく、コンテナやKubernetesに関しても同様です。

図5.16 インフラ監視へのドリルダウン

フロントエンド監視との統合

New Relic APMで監視されているアプリケーションのサービスレベルが低下している場合、エンドユーザーにどのような影響を及ぼしているか、実際のブラウザやモバイルで体感している性能を確認できます。

図5.17は、New Relic APM Agentが導入されている環境において、5.5節で説明するNew Relic Browserによるフロントエンド監視が有効になっている場合の画面です。サーバーサイドの応答性能に加えて、ブラウザ側のページロードタイムやApdexを確認できるため、サービスレベルが低下している場合にユーザーに及ぼしている影響の程度が把握できます。

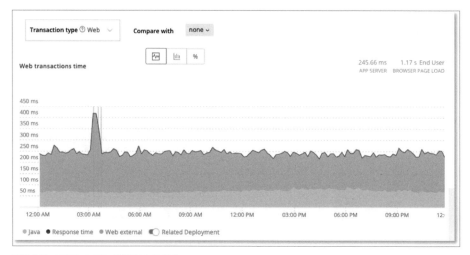

図5.17　フロントエンド監視との統合

　図5.18は、図5.17のNew Relic APMの画面からNew Relic Browserの画面にドリルダウンした際に表示される画面です。アプリケーションや分析の時間に関わる設定を維持したままブラウザ側の性能分析や、フロントエンドとバックエンドの問題箇所切り分けを効率的に行うことを可能にします。

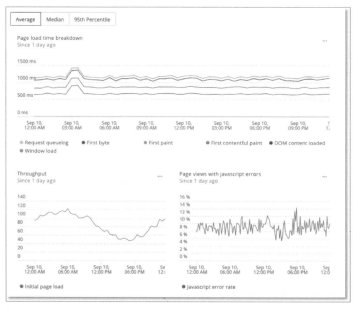

図5.18　ページロード時間

アプリケーションのリリースや構成変更の記録

　アプリケーションの修正やシステム構成の変更を記録し、アプリケーションのパフォーマンスやエラーに関する情報と関連付ければ、リリース前後のサービス品質の変化を管理・可視化できます。この結果、安定的にアジャイルなリリースサイクルを実現できます。New Relic APMではこのような記録をDeployment Markerと呼んでいます。

　図5.19はDeployment Markerがどう見えるかを示す画面の例です。Deployment Markerは時系列グラフでは特定の時間に縦線で表示されます。これにより、Deployment Markerを境界として前後で応答性能やエラー率などのサービスレベル指標にどのような影響が起きているかを視覚的に把握することができます。

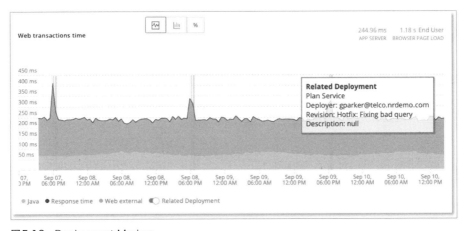

図5.19　Deployment Marker

　登録されたDeployment Markerは、図5.20に示すようにそれぞれの期間で取得されたサービスレベル指標（応答性能、スループット、Apdex）とともに一覧できます。この一覧を見れば、リリースを安定的に継続できているかどうか確認できます。

Deployments　Show instructions

Our deployments feature reveals the impact of deployments on your application's performance. You'll quickly see whether the deployment had a positive or negative impact on Apdex, response time, throughput, or errors.

‹ Previous　1　2　3　Next ›

		End user			App server				
Time	Deployer	Apdex score	Resp. time	Throughput	Apdex score	Errors	Resp. time	Throughput	Revision
Today, 13:13	jenkins	$0.92_{1.7}$	1.01 sec	155 ppm	$0.91_{0.37}$	1.05%	186 ms	496 rpm	1234582
02/17, 21:24	jenkins	$0.92_{1.7}$	1.02 sec	112 ppm	$0.92_{0.37}$	1.12%	179 ms	371 rpm	1234581
02/03, 21:35	jenkins	$0.84_{1.7}$	1.23 sec	110 ppm	$0.91_{0.37}$	1.17%	192 ms	361 rpm	1234580
01/26, 23:09	jenkins	$0.84_{1.7}$	1.24 sec	104 ppm	$0.92_{0.37}$	1.04%	187 ms	353 rpm	1234579
01/16, 20:48	jenkins	$0.84_{1.7}$	1.23 sec	107 ppm	$0.92_{0.37}$	1.36%	184 ms	369 rpm	1234578
01/08, 23:06	jenkins	$0.78_{1.7}$	1.32 sec	104 ppm	$0.91_{0.37}$	1.33%	187 ms	361 rpm	1234577
09/11/19, 19:51	jenkins	$0.82_{1.7}$	1.28 sec	84 ppm	$0.92_{0.37}$	1.33%	181 ms	294 rpm	1234576
09/06/19, 23:48	jenkins	$0.83_{1.7}$	1.26 sec	117 ppm	$0.93_{0.37}$	1.14%	170 ms	414 rpm	1234575
08/23/19, 16:19	jenkins	$0.80_{1.7}$	1.31 sec	117 ppm	$0.93_{0.37}$	1.24%	177 ms	407 rpm	1234574
08/15/19, 22:41	jenkins	$0.80_{1.7}$	1.29 sec	108 ppm	$0.92_{0.37}$	1.25%	183 ms	371 rpm	1234573
07/24/19, 18:28	jenkins	$0.79_{1.7}$	1.32 sec	110 ppm	$0.92_{0.37}$	1.29%	185 ms	376 rpm	1234572
05/20/19, 18:29	jenkins	$0.78_{1.7}$	1.35 sec	110 ppm	$0.92_{0.37}$	1.31%	188 ms	377 rpm	1234571
04/19/19, 16:48	jenkins	$0.79_{1.7}$	1.32 sec	109 ppm	$0.92_{0.37}$	1.3%	187 ms	372 rpm	1234570
04/11/19, 16:05	jenkins	[illegible]	1.3 sec	110 ppm	0.92[illegible]	[illegible]	185 ms	373 rpm	1234569

図5.20　Deployment履歴

APMがテレメトリーデータを送信する仕組み

New Relic APMはアプリケーションからテレメトリーデータを収集し、NRDBに送信します。アプリケーションから収集する仕組みは、アプリケーションの実装および実行に使われている言語ごとの開発キット（SDK）やランタイムに依存しています。たいていの場合、New Relic APM Agentと呼ばれるものをアプリケーションプロセスの中で動かしてデータを収集しています。New Relic APM Agentは収集したデータを定期的にNRDBに送信しています。

New Relic APM Agentはアプリケーションプロセス内で動くため、アプリケーションそのものへの影響が最小限になるよう設計・実装されています。また、言語やランタイムの更新に合わせて、あるいは新しい計測機能を追加するため、他のソフトウェアと同様にバージョンアップされます。バージョンアップはアプリケーションプロセスに読み込ませる対象を古いAgentから新しいAgentに切り替えることで行います。

5.2.5 まとめ

本節では、APMが必要である理由から、それがNew Relic APMによってどう実現されるかについて説明してきました。マイクロサービスへのアーキテクチャの変化、サーバーレス技術の普及、他社と連携したサービスの拡大などを背景としてシステム構成が複雑化する一方で、高いサービスレベルを維持しながら、より迅速にビジネスのニーズに応え続けることがITシステムに求められています。New Relic APMは、上記の課題を解決するためにサービス信頼性保証と運用効率化を実現することを可能にします。

5.3 New Relic Infrastructure

インフラストラクチャモニタリングとは、アプリケーションが動く基盤となる環境の監視を行うことです。具体的にはアプリケーションが動作するサーバーOS、ミドルウェアと呼ばれるソフトウェアそしてサーバー同士をつなぐネットワーク機器のリソース状況や負荷状況を測定し監視します。近年では、Dockerコンテナやクラウドコンピューティング環境も活発に利用されるようになっており、インフラエンジニアと呼ばれる人々は、これらの幅広い環境の状況把握が求められています。

これらのインフラストラクチャモニタリングを実現するため、New RelicではInfrastructure AgentとOn Host Integration（OHI）プラグイン、クラウドインテグレーション機能、サードパーティ連携機能を提供してさまざまなインフラストラクチャデータの収集を可能としてます。

5.3.1 インフラストラクチャモニタリングが必要である理由

アプリケーションがコンピュータプログラムである以上、そのアプリケーションが正しく動作するためには、正しいコンピューティング環境が必要です。さらに、ビジネスの利益を最大限得るためにはインフラストラクチャリソースの最適化が必要です。

インフラストラクチャモニタリングを行い、CPUやメモリ、ディスクIOやネットワークトラフィックを観測することによってインフラストラクチャのボトルネックを把握できるようになります。

APMによってアプリケーションのロジックやコーディングに基づく性能の問題点を検知することはできますが、ハードウェア性能の上限やボトルネックを検知するにはインフラストラクチャモニタリングが欠かせません。

さらに、アプリケーション構成に合わせた適切なリソースサイズを設計するためにもAPMだけではなく、インフラストラクチャモニタリングが必要となります。

ボトルネックの特定

New Relic Infrastructure（以下、Infrastructure）では、Agentをインストールするだけで、CPU、メモリ、ストレージ、ネットワークインターフェースに関するメトリクスを自動的に収集します。[System]タブを選択すると、CPU稼働率、メモリの使用率などの情報を表示します（図5.21）。

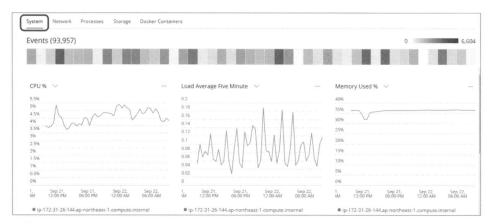

図5.21 ［System］タブ

　［Network］タブを選択すると、ネットワーク送受信量やエラーパケット数を表示します。

　［Storage］タブを選択すると、ディスク使用料や読み取り／書き込み量などのストレージ情報がまとめて表示されます。

　Infrastructureでは、関連性があるリソース情報をまとめて表示するため、インスタンスサイズを増強するべきなのか、ストレージ容量やIOPSを増強するべきなのか、ネットワーク性能を増強するべきなのか的確に判断できるようになります。

リソースサイズの設計

　Infrastructureでは、単純なインフラ監視ではなくアプリケーションが動作する基盤をモニタリングします。特徴的な機能として、単にサーバーのリソースを可視化するのではなく、そのサーバーの上で実際にどのプロセスがリソースを消費しているのかを可視化できます。［Processes］タブを選択すると、プロセスごとにCPU、ストレージIO、メモリ利用量が表示されます（**図5.22**）。

　これによって単にサーバーのリソースの過不足だけではなく、目的のプログラムやミドルウェアがどれだけリソースを利用しているのか可視化されます。たとえば社内のセキュリティ規定によりアンチウイルスソフトやIPS (Intrusion Prevention System) ／IDS (Intrusion Detection System) Agentを導入している場合にあまりにも小さいインスタンスを利用していると、スケールアウトによってインスタンス数をいくら増やしても、増やしたリソースの半分はこれらの目的外のリソースによって消費されているということになりかねません。

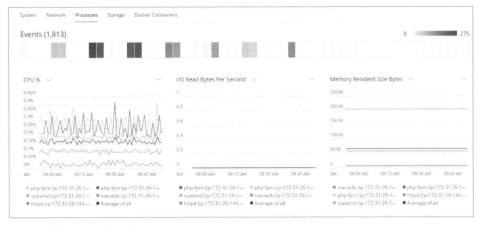

図5.22 ［Processes］タブ

　Infrastructureでプロセスのリソース使用量を把握することによって、アンチウイルスソフト等の必須ツールのリソース使用率が相対的に十分に小さくなるようにインスタンスサイズを選定し、スケールアウトすることができます（図5.23）。そうすることで、リソースへの投資効率がより高まります。

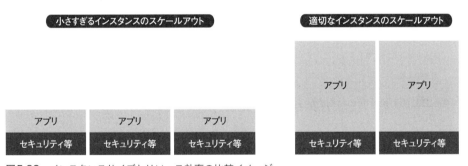

図5.23　インスタンスサイズとリソース効率の比較イメージ

5.3.2 New Relic Infrastructureのインストール

　Infrastructureをインストールするには、New Relic画面の上部の［Infrastructure］をクリックし（図5.24）、画面が切り替わったら［Add hosts］または［Add more data］をクリックして（図5.25）、インストールしたいOSのアイコンをクリックします（図5.26）。

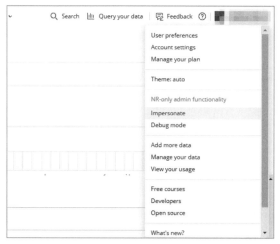

図5.24 Userメニューからのホスト追加

図5.25 Infrastructure画面からのホスト追加

図5.26 AgentインストールOS対象の選択

　データを登録するアカウントを選択してOSのバージョンを選択すると、そのままコピー＆ペーストできるインストールコマンドが表示されたインストール手順が表示されます。
　Infrastructure Agent は x86 プロセッサに対応しています。ARM プロセッサ（AWS

Graviton 2プロセッサ[※8])への対応は限定的です。

Infrastructureはシステム全体へのインストールを推奨します。大規模なシステムであれば、AnsibleやChef、Puppetなどの構成管理ツールを利用してインストールの自動化を行うことを検討してください。

Linux環境へのインストール

Infrastructure Agentは、表5.1に挙げているLinux OSをサポートしています（OS自体のサポートが終了した場合はNew Relicでのサポートも終了します）。

表5.1　Infrastructure AgentのサポートLinuxバージョン

ディストリビューション	バージョン
Amazon Linux	すべてのバージョン
CentOS	バージョン7以降
Debian	バージョン8（Jessie）以降
Red Hat Enterprise Linux	バージョン6以降
SUSE Linux Enterprise Server	バージョン11.4、12
Ubuntu	LTSバージョン14.04.x、16.04.x、18.04.x

以降のインストールの流れは次のとおりです。

1. ライセンスキーを記載した/etc/newrelic-infra.yml構成ファイルを作成します。
2. InfrastructureのGPGキーを有効化します。
3. Infrastructure Agentのリポジトリを登録します。OSのバージョンごとにリポジトリが異なるため、公式ドキュメント[※9]やインストールガイドページで確認してください。
4. OSのパッケージマネージャーでリポジトリを更新します。
5. sudoコマンドを利用してAgentをインストールします。

- Debian、Ubuntuの場合

```
sudo apt-get install newrelic-infra -y
```

- Amazon Linux、CentOS、Red Hat Enterprise Linuxの場合

```
sudo yum install newrelic-infra -y
```

※8　https://docs.newrelic.com/jp/docs/infrastructure/install-infrastructure-agent/get-started/requirements-infrastructure-agent/#processors
※9　https://docs.newrelic.com/jp/docs/infrastructure/install-infrastructure-agent/linux-installation/install-infrastructure-monitoring-agent-linux/

Part 2　New Relicを始める

- SUSE Linuxの場合

```
sudo zypper -n install newrelic-infra
```

　上記のコマンドではInfrastructure Agentはrootユーザーで動作します（推奨）。もしrootユーザー以外でAgentを動作させたい場合は、libcapライブラリを利用してNRIA_MODEを変更します。詳細は公式ドキュメント[9]を参照してください。ガイド付きインストール[10]により、対話形式でインストールすることもできます。

Windows環境へのインストール

　Infrastructure Agentは、**表5.2**に挙げているWindows OSをサポートしています。

表5.2　Infrastructure AgentのサポートWindowsバージョン

OS	バージョン
Windows Server	2012、2016、2019およびそのサービスパック

　Windows AgentはZIP形式もしくはMSI形式で提供されます。ただし、**MSIをダブルクリックしてインストールしないでください。** ダブルクリックしてインストールしようとした場合、インストールが不完全になり権限の問題が発生する場合があります。

　管理者権限で起動したPowerShellウィンドウの画面上に表示されるインストールコマンドを実行してください。

```
$LICENSE_KEY="xxxxxxxxxxxxxxxxxxxxxxxxxxxxxxxxxxxxxxxxxx"; `
(New-Object System.Net.WebClient).DownloadFile("https://download.newrelic.com/infra➡
structure_agent/windows/newrelic-infra.msi", "$env:TEMP\newrelic-infra.msi"); `
msiexec.exe /qn /i "$env:TEMP\newrelic-infra.msi" GENERATE_CONFIG=true LICENSE_KEY=➡
"xxxxxxxxxxxxxxxxxxxxxxxxxxxxxxxxxxxxxxxxxx" | Out-Null; `
net start newrelic-infra
```

※➡は行の折り返しを表す

　あるいは、MSIファイルをダウンロードして、公式ドキュメント[11]に記載されているステップバイステップコマンドを管理者権限で起動したコマンプロンプトで実行してください。

　大規模環境のようにミドルウェアモニタリングなどを同一構成で複数インストールする必要がある場合には、ZIP形式ファイルをダウンロードしその中に含まれているinstaller.ps1を編集し

※10　https://docs.newrelic.com/jp/docs/infrastructure/install-infrastructure-agent/get-started/install-infrastructure-agent/#quick

※11　https://docs.newrelic.com/docs/infrastructure/install-infrastructure-agent/windows-installation/install-infrastructure-monitoring-agent-windows#step-by-step-instructions

100　第5章　Full-Stack Observability

て管理者権限で実行するとインストールを自動化できます。ガイド付きインストール[※12]により、対話形式でインストールすることもできます。

Docker環境へのインストール

Infrastructure Agentが動作しているLinux環境でDocker version 1.12以降を動作させた場合、Infrastructureは自動的にDockerコンテナをモニタリングします。

管理上の設計などにコンテナイメージ以外を管理したくないような環境では、カスタムイメージを作成し、コンテナ化されたInfrastructure Agentを展開することによりコンテナホストと他のコンテナを監視できるようになります。ホストOS上で一度に実行できるAgentは、OSにインストールされたInfrastructure Agentもしくはコンテナ化されたInfrastructure Agentのいずれか1つのみとなります。

5.3.3 New Relic Infrastructureによるクラウドモニタリング

Infrastructureでは、信頼関係を設定してパブリッククラウドのモニタリング情報を連携することができます。クラウドインテグレーションを行うために新たなAgentの導入などは必要ありません。クラウドインテグレーションを行うことでIaaSだけではなく、PaaSやSaaSなどの情報もあわせて確認できるようになります。

AWS環境のモニタリング

IAMロールを作成することでAWSのさまざまなメトリクスをInfrastructureに統合できます。

1. New Relic Infrastructureでの操作

Infrastructureの［AWS］タブを選択し、AWSサービスアイコンもしくは［Add an AWS Account］をクリックすればAWSアカウントを登録または追加することができます。

スクリーンショットが含まれた手順が表示されるので、Infrastructureの画面に表示される指示に従って操作すれば登録できます（**図5.27**）。

具体的に解説します。

[※12] https://docs.newrelic.com/jp/docs/infrastructure/install-infrastructure-agent/get-started/install-infrastructure-agent/#quick

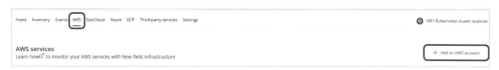

図5.27　AWSアカウントの追加メニュー

2. アカウントIDと外部キーの確認

　Infrastructureでは、AWSアカウント連携の際にセキュリティを確保するために外部キーを利用しています。InfrastructureのAWSアカウントIDと外部キーを、IAMロールの作成時に入力します（図5.28）。

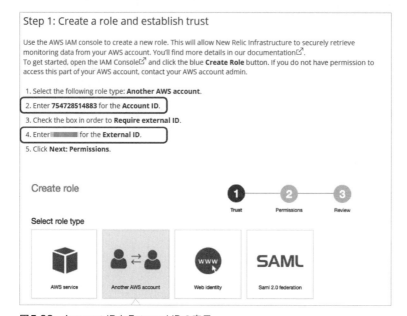

図5.28　Account IDとExternal IDの表示

3. IAMロールの作成

　AWSのマネジメントコンソールにアクセスし、IAMロールの作成画面を開きます（図5.29）。

図5.29　AWS IAMロールの作成画面

　AWS側でIAMロールを作成します。IAMロールにはリードオンリー権限とAWS Budgetの読み取り権限を付与してください（図5.30）。

図5.30　IAMロールへの権限付与

4. IAMロールARNの登録

　作成したIAMロールARNをInfrastructureに登録すると、AWSとの連携が行われます。

　コピーアイコン（📋）をクリックしてIAMロールARNをコピーし（図5.31）、Infrastructureの設定画面の［Paste the ARN created in the previous step］の下のボックスにペーストします（図5.32）。

図5.31　IAMロールARNのコピー

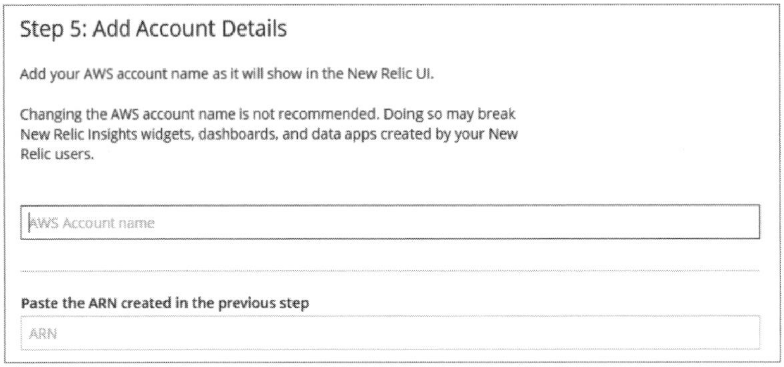

図5.32　InfrastructureへのARNの登録

5. モニタリング対象サービスの選択

　ARNを登録したら、メトリクスを収集するAWSサービスにチェックを付けて選択します。（図5.33）。

5.3 New Relic Infrastructure

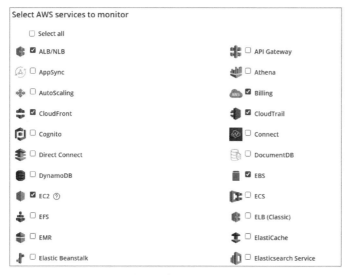

図5.33　メトリクス収集対象サービスの選択

6. モニタリング対象サービスのフィルタリング

　Infrastructureではバルクゲットなどの仕組みを使い、効率的にAWSの情報を収集するように設計されています。しかし不要なリクエストを行うと、AWSのAPIリクエスト課金により意図せずAWSの利用料が高額になってしまうことがあります。コスト上昇を抑えるには、AWS連携登録後にサービスごとに設定を変更する必要があります。それには、サービス一覧画面で［Configure］をクリックします（図5.34）。その後、表示された画面でサービスの同期頻度を調整したり、収集対象リージョンを選択するなどの設定を行うことができます（図5.35）。

図5.34　サービス設定

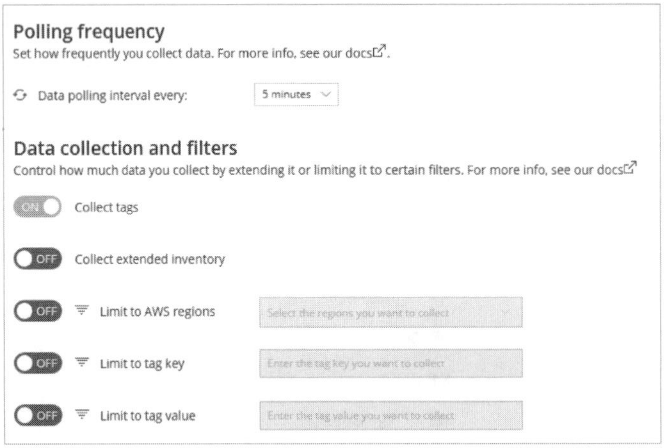

Part 2　New Relicを始める

図5.35　収集対象フィルタリング設定

AWS Metrics Streams[13] により Amazon CloudWatch の値を収集することもできます。Metrics Streamsの場合は、AWS側でフィルタリングを行う必要があります。

Azure環境のモニタリング

Azure Active Directoryにアプリケーションを登録し、モニタリング対象サービスへの読み取り権限を許可すると、AzureのさまざまなメトリクスをInfrastructureに統合できます。

先ほどの「AWS環境のモニタリング」と同じように、Infrastructureで [Azure] タブを選択し、サービスアイコンをクリックするか、[Add an Azure Account] をクリックします。ステップバイステップの手順が表示されるので、手順に従って設定していきます。詳細については、「New Relicファーストステップガイド」を参照してください[14]。

Google Cloud Platform環境のモニタリング

Infrastructureは、Google Cloud Platform (GCP) のプロジェクトから情報を収集します。InfrastructureがGCPから情報を収集するためには、Infrastructureをサービスアカウントとして登録する、あるいは任意のユーザーアカウントの認証処理を行い、特定のユーザーとしてGCPにアクセスします。

先ほどの「AWS環境のモニタリング」と同じように、Infrastructureで [GCP] タブを選択し、サービスアイコンをクリックするか、[Add a GCP project] をクリックします。ステップ

※13　https://docs.newrelic.com/docs/integrations/amazon-integrations/aws-integrations-list/aws-metric-stream/

※14　https://newrelic.com/jp/blog/how-to-relic/new-relic-faststep-guide

106　第5章　Full-Stack Observability

バイステップの手順が表示されるので、手順に従って設定していきます。詳細については、
「New Relicファーストステップガイド」を参照してください[※15]。

5.3.4 New Relic InfrastructureによるKubernetesモニタリング

Kubernetes環境のモニタリング

　Kubernetesの運用は決して楽ではありません。Kubernetes自体の仕組みが複雑だからです。Kubernetes標準ではコマンド実行による断片的な情報取得の方法しか提供されていません。そのため、クラスタがどのような状態なのかその上で動くアプリケーションがどのような状態なのかを直感的に把握し続けることが難しいのです。

　そのためInfrastructureでは、Kubernetes Cluster Explorerを用意し、Kubernetesクラスタのさまざまな情報を収集し、可視化するようにしています。これでクラスタ全体の状態を直感的に把握できるようになります。さらにドリルダウンし、詳細情報までたどり着くこともできます。

　Kubernetes Cluster Explorerでは、「ノード」＞「ポッド」＞「アプリ」を同心円状に配置し、クラスタの健全性やリソースへの影響を把握することができます（図5.36）。Kubernetes Cluster Explorerの見方については、第3部の「04　Kubernetesオブザーバビリティパターン」（p.226）で解説します。

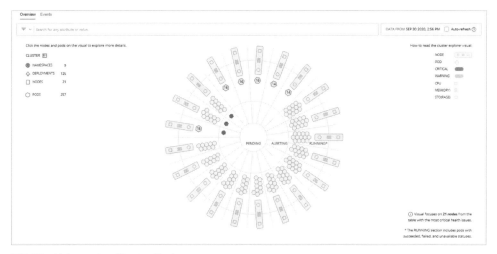

図5.36　Kubernetes Cluster Explorer

※15　https://newrelic.com/jp/blog/how-to-relic/new-relic-faststep-guide

Part 2　New Relicを始める

Kubernetes Cluster Explorerのセットアップ

　Kubernetes Cluster Explorerの設定はドキュメントページ[16]から自動インストーラーを起動します（**図5.37**）。

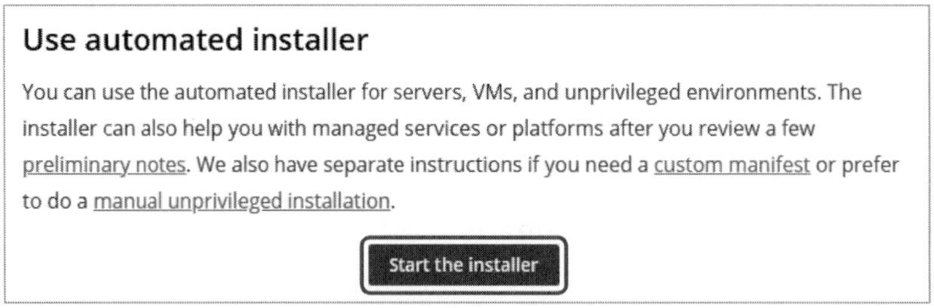

> **Use automated installer**
>
> You can use the automated installer for servers, VMs, and unprivileged environments. The installer can also help you with managed services or platforms after you review a few preliminary notes. We also have separate instructions if you need a custom manifest or prefer to do a manual unprivileged installation.
>
> **Start the installer**

図5.37　Kubernetes統合インストーラー

　インストーラーで必要な項目を選択すると、自動的にマニフェストファイルが生成されます。その後、生成されたマニフェストファイルをダウンロードし、Kubernetes環境で実行してください。数分後にKubernetes Cluster Explorerを見ると、データが反映されています。

5.3.5　New Relic Infrastructureによるミドルウェアモニタリング

　アプリケーションはコードだけではなく、各種のミドルウェアを利用して実装されます。ミドルウェアにはデータベースやWebサーバー、アプリケーションサーバーなど、各種ソフトウェアが利用されます。Infrastructureではこのようなミドルウェアの統計情報をOn Host Integration（OHI）として追加の設定を行うことで、さまざまな情報を収集できるようになります。

　Linux、Windowsの場合は追加のパッケージをインストールします。「nri-」で始まるパッケージはLinuxのパッケージマネージャーを使ってインストールができます。「nr-」で始まるパッケージはGitHubからダウンロードしてください。

　MSIファイルは公式ドキュメント[17]上にリンクがあるので、ドキュメントからダウンロードしてください。

　Kubernetes、Amazon ECS（Elastic Container Service）、Amazon EC2（Elastic Compute Cloud）の場合は、追加のYAMLファイルを設定すればモニタリングを開始できます。YAMLファイルはドキュメントやGitHubで公開されています。利用する場合はドキュメントを参照してください。

※16　https://docs.newrelic.com/docs/integrations/kubernetes-integration/installation/kubernetes-integration-install-configure/

※17　https://docs.newrelic.com/docs/integrations/host-integrations/host-integrations-list

108　第5章　Full-Stack Observability

5.3 New Relic Infrastructure

　Infrastructure OHIでモニタリングできるミドルウェアは**表5.3**のとおりです。

　ミドルウェアのモニタリングの設定方法やOHIの内容を確認する場合は、[Third-party services]タブを選択し、目的のミドルウェアをクリックします（**図5.38**）。

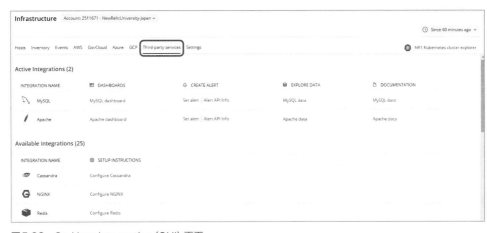

図5.38　On Host Integration（OHI）画面

Part 2　New Relicを始める

表5.3　On Host Integration（OHI）の一覧

アプリケーション	Linuxパッケージ名	Windowsパッケージ名
Apache	nri-apache	—
Cassandra	nri-cassandra	—
Couchbase	nri-couchbase	nri-couchbase-amd64.msi
CollectD	nr-collectd-plugin	—
Elasticsearch	nri-elasticsearch	nri-elasticsearch-amd64.msi
F5 BIG-IP	nri-f5	nri-f5-amd64.msi
HAProxy	nri-haproxy	nri-haproxy-amd64.msi
HashiCorp Consul	nri-consul	nri-consul-amd64.msi
JMX	nri-jmx	nri-jmx-amd64.msi
Kafka	nri-kafka	nri-kafka-amd64.msi
Memcached	nri-memcached	nri-memcached-amd64.msi
MongoDB	nri-mongodb	nri-mongodb-amd64.msi
Microsoft SQL Server	—	nri-mssql-386.msi（32bit）または nri-mssql-amd64.msi(64bit)
MySQL	nri-mysql	—
Nagios	nri-nagios	nri-nagios-amd64.msi
NFS	追加インストールは不要	—
NGINX	nri-nginx	—
Oracle Database	nri-oracledb	—
PostgreSQL	nri-postgresql	nri-postgresql-amd64.msi
Windowsパフォーマンスモニター	—	nri-perfmon-release-x64.zip または nri-perfmon-release-x86.zip
ポート監視	nr-port-monitor	—
RabbitMQ	nri-rabbitmq	nri-rabbitmq-amd64.msi
Redis	nri-redis	—
SNMP	nri-snmp	—
StatsD	newrelic-statsdファイルを生成して動作 させる	—
Varnish Cache	nri-varnish	nri-varnish-amd64.msi
VMware vSphere	nri-vsphere	nri-vsphere-amd64.msi
Zookeeper	zookeeper-plugin-linux-amd64.tar.gz	—

5.3.6　New Relic Infrastructureによるカスタムモニタリング

Infrastructure AgentにはFlexプラグインがバンドルされています。Flexとは、特定のミド

ルウェア向けではなく、HTTP、ファイル、シェルコマンドで取得できる任意の情報を、設定ファイルを作成するだけでInfrastructure Agent経由で送信できる機能です。**リスト5.1**のような設定ファイルを作成することで、uptimeコマンドの結果をInfrastructureに送信できます。

リスト5.1　/etc/newrelic-infra/integrations.d/flex-uptime.yml

```yaml
integrations:
  - name: nri-flex
    config:
      name: linuxUptimeIntegration
      apis:
        - name: Uptime
          commands:
            - run: 'cat /proc/uptime'
              split: horizontal
              split_by: \s+
              set_header: [uptimeSeconds,idletimeSeconds]
```

　Flexを活用すれば、Infrastructureの可観測性を大きく拡張することができます。GitHubには、Flexを使ってさまざまな情報を収集する設定ファイルが200種類以上公開されています。

5.3.7　New Relic Infrastructureによる構成管理

　InfrastructureではAgentをインストールしたサーバーの設定値やソフトウェアパッケージの情報を自動的に収集します。[Inventory] タブをクリックして確認します（**図5.39**）。

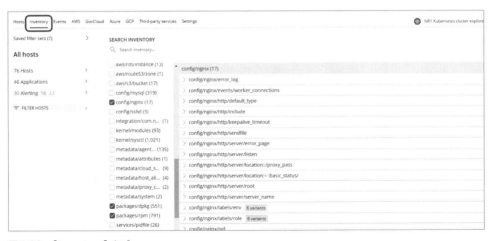

図5.39　[Inventory] タブ

インフラ管理では変更管理や脆弱性管理などが重要となってきます。Infrastructureは複数のサーバーの設定を横断的に把握できます。また、複数のミドルウェアバージョンや設定が混在している環境では、同じバージョンごとにグルーピングを行い、特定のバージョンがインストールされているサーバーの一覧を表示することができます。

たとえばミドルウェアで脆弱性が発見された場合、特定のバージョンのパッケージがインストールされているサーバーをすぐに把握できるため、作業対象の洗い出しをスムーズに行うことができます。図5.40では、特定のミドルウェアのどのバージョンが何台のホストにインストールされているかを簡単に確認できます。

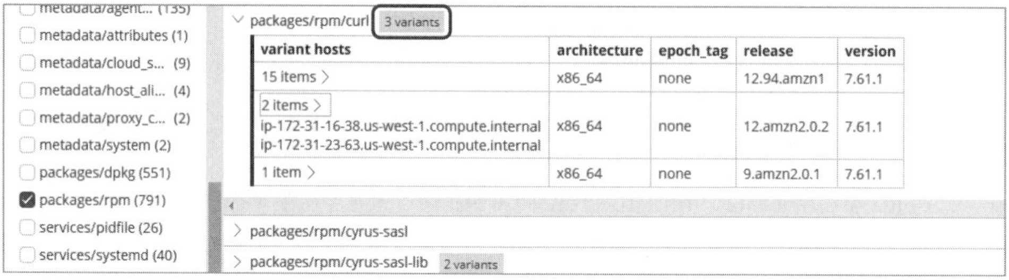

図5.40　インベントリのバリエーション表示

また、アップデートなどの変更処理は日時情報を含めてイベントとして記録されます。これは［Events］タブをクリックして確認します（図5.41）。この記録は変更管理情報として利用することもできます。

図5.41　［Events］タブ

5.3.8 New Relic Infrastructureによるプロセスモニタリング

5.3.1項の「リソースサイズの設計」で紹介したとおり、Infrastructure Agentはサーバー内で動作しているプロセスのリソース使用情報を収集します。ただし、2020年7月20日以降に作成されたNew Relicアカウントではデータ送信量を抑制するために、デフォルトではプロセス情報の送信が無効化されています。プロセス情報の送信を有効化するには、設定ファイルを次のように修正します[18]。

修正前

```
#enable_process_metrics: false
```

修正後

```
enable_process_metrics: true
```

設定ファイルの保存場所は以下のとおりです。

- Linux：/etc/newrelic-infra.yml
- Windows：C:¥Program Files¥New Relic¥newrelic-infra¥newrelic-infra.yml

5.3.9 New Relic Infrastructureによるリソースアラート

Infrastructureは、収集した各種メトリクスに対して閾値を設定して通知できます。閾値を設定するには［Settings］タブを選択してから［Create alert condition］をクリックします（図5.42）。

図5.42　アラートコンディションの作成

InfrastructureのAlertでは、フィルタを設定しない場合はすべてのホストやプロセスを対象とした汎用的な閾値になります。フィルタを設定して特定のホストやプロセスを指定した場合は、そのフィルタ対象固有の閾値として動作します。フィルタ設定では［Include］や［Exclude］

※18　ガイド付きインストールを利用した場合は、自動的に有効化されます。

を指定できるので、除外設定なども柔軟に行えます。

通知設定にはRunBook URLを設定できます。これにより、通知を受け取ったエンジニアがそのままRunBook（手順書）を見ながら障害対応を開始できます。

5.4 New Relic Synthetics

New RelicはAPMやInfrastructureのAgentを利用してシステムを内部から監視するだけではなく、システムに対して実際に外側からアクセスして稼働状況を確認する「外形監視」も可能です。外形監視を行うサービスがNew Relic Synthetics（以下、Synthetics）で、次のような処理を実施できます。

- Webサービスの死活監視
- 世界中からのアクセス速度測定
- SaaSサービスのユーザー操作シナリオ監視
- APIの応答監視

5.4.1 外形監視が必要な理由

アプリケーションやインフラストラクチャの監視だけですべての問題を検知できるわけではありません。皆さんはCDN（Content Delivery Network）やDNS（Domain Name System）で障害が発生し、ユーザーがアプリケーションに到達できなくなった場合、その問題にどのように気づきますか？　エンドユーザーからの問い合わせを待つのではなく、実際に外部から常時アクセスしてWebアプリケーションが正常にアクセスできているかを確認し続ける。それが外形監視の役割となります。

5.4.2 New Relic Syntheticsのモニター

Syntheticsでは、監視のための設定を「モニター」と呼びます。Syntheticsには5種類のモニターがあり、このモニターを使い分けて各種モニタリングを実現します。**表5.4**では、5つのモニターそれぞれの特徴を紹介しています。

114　第5章　Full-Stack Observability

5.4 New Relic Synthetics

表5.4 New Relic Syntheticsのモニターの種類

種類	説明
Ping	• Pingモニターは、最も単純なタイプのモニター。アプリケーションがオンラインかどうかを確認する • 単純なJava HTTPクライアントを使用してサイトにリクエストを送信する • アクセスログで他のモニタータイプと互換性を持たせるため、ユーザーAgentはGoogle Chromeとして識別される • Pingモニターはフルブラウザではないため、JavaScriptを実行しない。URLの死活監視に利用することができる
Simple Browser	• Simple Browserモニターは、Google Chromeのインスタンスを使用してサイトにリクエストする • 単純なpingモニターと比較すると、実際の顧客訪問のより正確なエミュレーションを行う • ユーザーAgentはGoogle Chromeとして識別される。ランディングページなど簡単なページの性能監視を行うことができる
Script Browser	• Script Browserモニターは、シナリオ監視に利用される • Webサイトで操作を実行し、挙動を確認するカスタムスクリプトを作成できる • モニターはGoogle Chromeブラウザを使用する。さまざまなサードパーティモジュールを使用して、シナリオScriptを作成することもできる。Webサービスのログイン確認などユーザーの操作をシミュレートした稼働監視、性能監視を行うことができる
Step monitor	• Step monitorモニターは、コードを記述することなく、Script Browserのように高度なシナリオ監視を実現する • 次の6つのアクションを組み合わせてシナリオを作成することができる • URLに移動、テキストを入力、要素をクリック、テキストを検出、要素を検出、クレデンシャルを確保
API Test	• API Testモニターは、APIエンドポイントを監視するために使用される。Webサイトだけでなく、アプリサーバーやAPIサービスを監視することが可能になる • New Relicはhttp-requestモジュールを使用しエンドポイントへのHTTP呼び出しを行い、結果を検証する。APIサービスの正常性監視を行うことができる

それでは、それぞれのモニターの設定方法について見ていきましょう。まず、[Synthetics]タブを選択し、[Create monitor]をクリックします（図5.43）。

図5.43　モニターの作成

Pingモニター

SyntheticsのPingモニターはICMP Pingではありません。HTTPクライアントとしてWebページのHTMLソースを取得します。

基本設定項目

Pingモニターの設定は、モニター名とターゲットURLを指定するだけです（図5.44）。

Part 2　New Relicを始める

図5.44　Pingモニターの設定画面

オプション設定

　オプション設定として、成功とみなす条件を設定することができます（**図5.45**）。Pingモニターのオプション項目の設定内容を**表5.5**に挙げておきます。

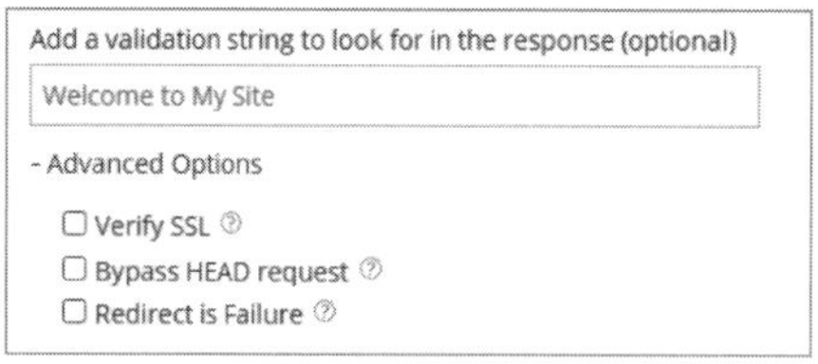

図5.45　Pingモニターのオプション項目

表5.5　Pingモニターのオプション項目

オプション名	設定内容
Add a validation string to look for in the response (optional)	検証文字列：読み込んだサイト上に指定した文字列があるかどうかを検証する。指定した文字列が存在しない場合はエラーになる
Verify SSL	チェックを付けた場合：SSL証明書チェーンの有効性を検証する※
Bypass HEAD request	チェックを付けた場合：HEADリクエストをスキップしてGETリクエストを行う
Redirect is Failure	チェックを付けた場合：リダイレクト先を追跡せずリダイレクトが発生した場合はエラーとする

※SSL証明書チェーンの判定内容は次のコマンドの結果と一致する。コマンドの結果が0以外の場合はエラーになる

```
openssl s_client -servername {YOUR_HOSTNAME} -connect {YOUR_HOSTNAME}:443 -CApath /etc/ssl ➡
/certs -verify_hostname {YOUR_HOSTNAME} > /dev/null
```

※➡は行の折り返しを表す

116　第5章　Full-Stack Observability

5.4 New Relic Synthetics

モニターの実行場所

モニターの実行場所にチェックを付けます（**図5.46**）。世界中のロケーションからモニタリングを実施することができます。イントラネット内の社内サービスなどインターネットからアクセスできないサービスに対してもプライベートロケーションを利用することでチェックを実行することができます。

```
3. Select monitoring locations
☐ All public locations
☐ AFRICA              ☐ NORTH AMERICA
☐ Cape Town, ZA       ☐ Columbus, OH, USA
                      ☐ Montreal, Québec, CA
                      ☐ Portland, OR, USA
                      ☐ San Francisco, CA, USA
                      ☐ Washington, DC, USA
☐ EUROPE              ☐ ASIA
☐ Dublin, IE          ☐ Hong Kong, HK
☐ Frankfurt, DE       ☐ Manama, BH
☐ London, England, UK ☐ Mumbai, IN
☐ Milan, IT           ☐ Seoul, KR
☐ Paris, FR           ☐ Singapore, SG
☐ Stockholm, SE       ☐ Tokyo, JP
☐ AUSTRALIA           ☐ SOUTH AMERICA
☐ Sydney, AU          ☐ São Paulo, BR
```

図5.46 モニターのロケーション選択

モニタリング周期

モニタリングを行う周期をスライドバーで指定します（**図5.47**）。

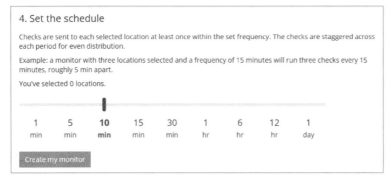

図5.47 モニタリング周期の設定

Simple Browserモニター

基本設定項目

　Simple Browserモニターの設定項目はPingモニターの設定項目とほぼ同じです。ただし、Simple Browserモニターでは[Bypass HEAD request]と[Redirect is Failure]の設定はありません。

モニタリング周期

　Simple Browserモニターのモニタリング周期設定では、スライドバーの下にチェックカウントが表示されます（**図5.48**）。利用可能なチェック数は契約プランによって異なります。契約件数と現在の設定（ロケーション数とチェック周期）で消費するチェック数を見ながら設定を行うことができます。

　なお、Simple Browserモニターと異なり、Pingモニターではチェック数を消費しません。

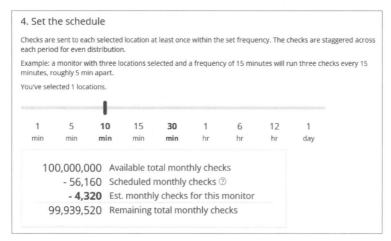

図5.48　消費チェック数の表示

Script Browserモニター

　Script Browserモニターの基本設定では、名前、モニターの実行場所、モニタリング周期のみを設定します。

Script

　Script Browserモニターで利用するスクリプトはSelenium WebDriverJSによって動作します。スクリプト例を**リスト5.2**に示します。具体的なスクリプト関数については公式ドキュメ

ント[※19]を確認してください。

リスト5.2　Script Browserモニターのスクリプト例

```
$browser.get("https://my-website.com").then(function(){
    return $browser.findElement($driver.By.linkText("Configuration Panel"));
}).then(function(){
    return $browser.findElement($driver.By.partialLinkText("Configuration Pa"));
});
```

Script BrowserモニターのスクリプトはSerenium IDEを利用してGUIで作成することもできます。ベースとなるスクリプトを作成し、細かな変更はコード修正で行うなどの柔軟な編集を行うことができます。

Secure credentials

ログインスクリプトなどで必要となる認証情報はSecure credentialsとして不可視の変数とすることができます。

Secure credentialsとして登録した情報をスクリプト編集画面で呼び出すことによってスクリプト自体をセキュアに保つことが可能です。さらに定期的なパスワード変更などにも、スクリプトそのものを変更せずにSecure credentialsの値を変更するだけで対応することができます。

スクリプト上にテキストカーソルを置き、画面右側の［Secure credentials］をクリックすればテキストカーソル上に自動的にSecure credentialsが入力されます（**図5.49**）。

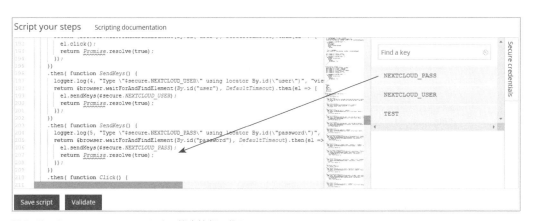

図5.49　Secure credentialsによる機密情報の代入

※19　https://docs.newrelic.com/docs/synthetics/synthetic-monitoring/scripting-monitors/introduction-scripted-browser-monitors

Part 2　New Relicを始める

API Test モニター

基本設定項目

API Testモニターの設定項目はScript Browserモニターと同じです。

Script

API TestモニターではHTTP request clientを利用してAPIエンドポイントに対してリクエストを送信します。GETリクエストやPOSTリクエストを送り、その戻り値の評価を行います。想定した戻り値ではない場合はエラーになります。スクリプト例を**リスト5.3**に示します。

リスト5.3　API Testモニターのスクリプト例

```
//Define your authentication credentials.
var myAccountID = '{YOUR_ACCOUNT_ID}';
var myInsertKey = '{INSERT_KEY}';
//Import the `assert` module to validate results.
var assert = require('assert');

var options = {
    //Define endpoint URL.
    url: "https://insights-collector.newrelic.com/v1/accounts/"+myAccountID+"/events",
    //Define body of POST request.
    body: '[{"eventType":"SyntheticsEvent","integer1":1000,"integer2":2000}]',
    //Define insert key and expected data type.
    headers: {
        'X-Insert-Key': myInsertKey,
        'Content-Type': 'application/json'
        }
};

$http.post(options, function(error, response, body) {
    //Log status code to Synthetics console. The status code is logged before the `assert` ➡
function,
    //because a failed assert function ends the script.
    console.log(response.statusCode + " status code")
    //Call `assert` method, expecting a `200` response code.
    //If assertion fails, log `Expected 200 OK response` as error message to Synthetics ➡
console.
    assert.ok(response.statusCode == 200, 'Expected 200 OK response');
        var info = JSON.parse(body);
    //Call `assert` method, expecting body to return `{"success":true}`.
    //If assertion fails, log `Expected True results in Response Body,` plus results as ➡
error message to Synthetics console.
    assert.ok(info.success == true, 'Expected True results in Response Body, result was ' ➡
+ info.success);
});
```

※➡は行の折り返しを表す

120 | 第5章　Full-Stack Observability

5.4.3 New Relic Syntheticsのモニター結果

Syntheticsのモニター結果を図5.50に示します。主な項目について解説します。

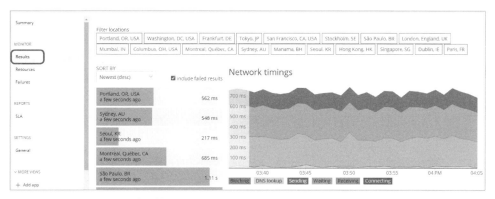

図5.50　Syntheticsのモニター結果

Summary

各モニターからの応答時間が可視化されます。複数の実行場所からモニターしている場合、どの地域からのリクエストが速いのか、遅いのかといった地域ごとのユーザー体験が可視化されます。

Result

それぞれのモニタリングの情報が可視化されます。遅いロケーションや失敗したリクエストなどの確認ができます。また、応答時間だけでなく、DNS名前解決時間、TCPコネクション確立時間、コンテンツ受信時間などが可視化されます。

Resources

Resourcesでは、JavaScriptやイメージファイルなど、各ページ要素のサイズや所要時間が可視化されます。外部リソースの応答が悪い場合などサイト構成の問題点を把握することもできます。Pingモニターでは、対象URLのHTMLファイルのみを取得します。

Failures

Failuresでは失敗したリクエストが表示されます。失敗したリクエストの日時、モニター、失敗時のエラーメッセージを確認することができます。

SLA

SLA（Service Level Agreement）では日次、週次、月次のコンテンツSLAを表示することができます。[Public SLA]をオンにすると共有URLを取得できます。このURLを公開することでサービスSLAをユーザーに示すこともできます。

5.4.4 プライベートロケーション

インターネットからはアクセスができないイントラネット内のWebサービスや、New Relicが用意している地域ではなく、国内の特定の地域からアクセスを測定したい場合には、利用者のローカル環境にDocker環境として実行場所を作成するプライベートロケーションを利用できます。

画面上でプライベートロケーションを作成すると、コンテナを作成するためのコマンドが表示されます。表示されたコマンドを実行することで利用者が管理するKubernetes上、あるいはDockerコンテナとして実行場所を起動することができます。

5.5 New Relic Browser

New Relic Browserは、Webサイトにおけるエンドユーザーモニタリングを可能とします。Webサイトの初期描画までの時間、Webサイトからどのようなリクエストを発行しているか、JavaScriptの処理実行時間など、Webサイトがどのようにエンドユーザーに使われているのかを可視化します。快適に利用できているか、エラーが発生していないか把握し、インターネットビジネスの成否に関係するユーザー体験の向上に努めるようにします。

5.5.1 New Relic Browserによる可観測性が必要な理由

エンドユーザーモニタリングの重要性

2000年代以前、Webサイトは簡単なフォームを持っているだけのものが多く、動的なコンテンツでもページ遷移しなければならず、サーバーサイドでHTMLを生成するものがほとんどでした。2005年頃からJavaScriptへの注目が急速に高まり、エンドユーザーが利用するPC・モバイル端末の性能も飛躍的に高まったことより、現代ではAjaxを利用して非同期でサーバーサイドと通信したり、Canvas要素を使ってJavaScriptのみでアニメーションを作ったりと、より高速でリッチなコンテンツを提供するようになりました（図5.51）。

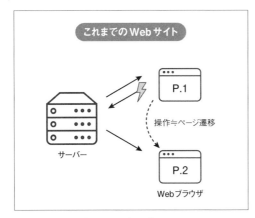 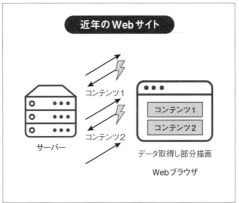

図5.51　サーバーとの通信の違い

　ブラウザ上でJavaScriptを用いてデータ操作・画面操作を行うことで、ユーザーに高速にリアクションを返せるようになり使い勝手が良くなった反面、サーバーサイドで取得できるログやメトリクスだけではユーザー体験がどうなっているのか、全貌を見ることができなくなってしまいました。

　そんな中、Webサイトに「タグ」を組み込んで情報を収集するサービスが出てきました。どのように画面を遷移したか、どの機能を使ったのかといった情報を見えるようにし、ユーザーの行動分析ができるようになりました。ユーザーの行動の傾向が見られるので、コンバージョンレートが高いのかどうか、キャンペーン企画は成功したかなど分析できるようになりました。

　しかし、タグ情報からキャンペーンがうまくいっていないと分析できる場合、はたして打ち切ればいいのでしょうか。それともそのまま継続してよいのでしょうか。情報が収集できていない場合、分析が難しくなります。たとえばキャンペーン中でもアクセスの伸びが悪いのはキャンペーン企画に問題があったのではなく、ちょうどそのときにシステム障害が発生し、ユーザーがアクセスできない状況にあった可能性もあります。コンバージョンレートが落ちてきたのは、顧客のニーズが落ちたのではなくバージョンアップ後に前よりもWebサイトのパフォーマンスが落ちたことがユーザーの離脱の原因かもしれません。

　ユーザーの行動分析とシステム管理を融合し、双方の因果関係を分析し、情報をこれまでよりも正確に把握した上で次の一手を打つ。システムの安定稼働に加え、Webサイトでのビジネスチャンスを逃さず加速させていくために、リアルタイムユーザーモニタリングの導入は非常に重要となっています（図5.52）。

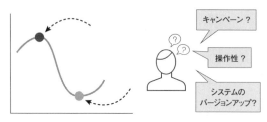

図5.52 トレンドとシステムとの因果関係

Webサイトの運用保守の難しさ

　Webサイトに動的なコンテンツが増えてきたことで、バックエンドのサーバーのログやインフラではなく、フロントエンドだけで問題が発生することも増えてきました。フロントエンドで起こった問題を調べる際には、バックエンドと同様にエラーログや利用している端末のOSの種類など、ユーザー側の情報が重要となってきます。しかし、問い合わせをしてくるユーザーも、その問い合わせを受けるコールセンターの担当者も詳しい情報については知りません。また、技術者同士であっても実際に画面を見たり、ログをそのまま手に入れたりしない限り、正確な判断が難しい場合がほとんどです。

　Webサイトにアクセスできる OSやブラウザの種類やバージョンなどを考えると、組み合わせは非常に多岐にわたります。フロントエンドで発生するエラーには、特定のブラウザの特定バージョンで、ある操作を行ったときにしか起こらないような問題もあります。一方、いくら品質を上げたいからといって、リリース前にすべての組み合わせでテストを行うのは時間もコストも現実的ではありません。

　それゆえ、構築後十分にテストを行ったとしても、Webサイトが継続的にサービスを提供できているのかどうか、リリース後もモニタリングしていくことが運用保守では重要な課題となっています。

5.5.2　New Relic Browserでできること

New Relic Browserがテレメトリーデータを送信する仕組み

　New Relic Browserは、Webページからテレメトリーデータを収集してNRDBに送信します。Webページのテレメトリーデータは HTMLで記述されたWebページを表示するブラウザのJavaScript実行環境上で収集します。そのため、他のJavaScriptライブラリ同様New Relic Browser Agentもインターネット経由でライブラリをブラウザに読み込ませます。このため、New Relic Browserを有効化するためのコードをHTMLに追加しておく必要があります。

5.5.3 New Relic Browserの機能概要

エンドユーザーモニタリングやWebサイトの運用保守における課題に対して、New Relic Browserでのモニタリングは非常に強力な武器となります。ユーザーが操作した際のOS、ブラウザの種類とバージョン、どんな処理が何秒実行されていたのかを一瞬で把握できるようになります。これまで苦労していた問題発生時のヒアリングをすることなく情報を手に入れることができ、ユーザーからクレームを受ける前にプロアクティブに問題に対処できるようになります。

さらに、タグを組み込むサービスと同様、ユーザーの操作や購入した商品数などの付加情報を追加することができます。ビジネスとシステムがどう結びついているのかを観測するなど、サービスを戦略的に管理していくための武器にもなるでしょう。

New Relic Browserを使えば、以下のような機能で可観測性をWebサイトに持たせることができるようになります。

Webサイトのフロントエンドのサービスレベルの可視化

ユーザー視点でのサービスレベル指標（応答性能、スループット、エラー率など）を計測、可視化することで、アプリケーションのサービスレベルを把握し、サービスレベルの安定・維持に活用できるようになります。また、当該指標に対してアラートを設定することにより、ユーザー影響のある問題をプロアクティブに検知して対応することができます。

それではサマリー情報を表示している画面でサービスレベルに関連する情報を確認しましょう。図5.53は［Summary］画面の例です。［Summary］画面は、画面上部の［Browser］をクリックし、確認したいアプリケーションをクリックすると表示されます。

画面上部には、Web運用でエンジニアが重要視している、「Webの主要指標」があります。1回きりの計測の数値ではなく、まさにリアルタイムで計測されている数値を確認できます。2段目では、「描画までの時間」をラインチャートによって直近で変な動きがなかったかの確認、問題切り分けのため「フロントエンドとバックエンド」どちらに処理時間がかかっていたのかの確認ができます。また、「処理時間詳細」では、処理ごとのパフォーマンスがわかるので、ユーザーの目にどう映っているのかを理解することができます。その他にもエラーやスループットを確認することができ、Webアプリケーション全体のパフォーマンスがどうなっているのか、はじめに何を見ればよいのかを把握するための指標が［Summary］画面には準備されています。

Part 2　New Relicを始める

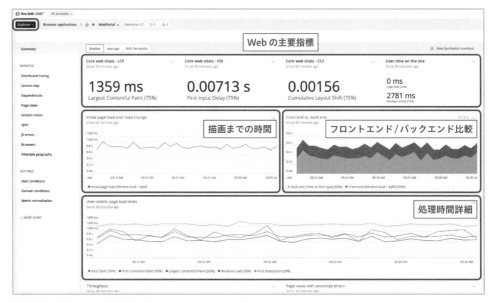

図5.53　［Summary］画面の例

> **Column　New Relic Browserを組み込むことによるパフォーマンスオーバーヘッド**
>
> New Relicでは、影響がごくわずかとなる設計となっています。
>
> - New Relic APMによる自動設定ではヘッダーにJavaScriptを直接書き込む
> - 手動で導入する場合も、ヘッダー内部に直接組み込むようにする
> - ユーザーへの影響を考え、データはローカルに収集しタイミングを見計って送信する
>
> 　特に、ページロード時のオーバーヘッドは合計で15ミリ秒未満にとどめています。一般ユーザーは200ミリ秒未満の差は違いを把握できないと言われていますが、それをはるかに下回るオーバーヘッドとなっています。

フロントエンドのパフォーマンスの可視化と分析

　Webサイトにアクセスして画面が描画されるまでにどれだけ時間がかかったか、バックエンドの処理時間、HTMLのDOM（Document Object Model）の処理時間、JavaScriptの処理時間などフロントエンドのパフォーマンスを把握する上で欠かせない処理時間を把握することができます。Webサイトが遅いときにどこから手をつければよいのかフロントエンドの情報も含めて対策を考えることができます。

　各画面でどのような処理がされているのかは、Session tracesの機能を使います。各セッショ

ンの処理時間を確認できます。Session tracesを使うには、［Summary］画面の左のメニューから［Session traces］を選択します（図5.54）。

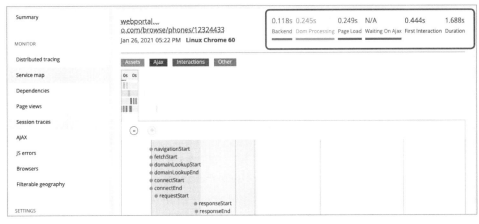

図5.54　Session tracesの例

Session tracesでは、以下のような指標を利用できます。

- Backend：リクエストが開始されてから、バックエンドのアクティビティが終了し、DOMの読み込みが開始されるまでの時間
- Dom Processing：リクエストが始まってからDOM処理が終了するまでの時間
- Page Load：リクエストが始まってからページロードイベントが発生するまでの時間
- Waiting On AJAX：リクエストが始まってからAjax処理が終了するまでの時間
- First Interaction：リクエストが始まってから、マウスクリックやスクロールのような最初のユーザー活動が記録されるまでの時間
- Duration：セッションの維持時間

これらの指標を利用すると、フロントエンドでの速度についての問題を見ていくことができます。たとえば図5.55のような数値となったとします。バックエンドの処理も速くはありませんが、4秒以上（Dom Processing - Backend）もDOM処理だけに費やしています。DOMのデータ量が大きいことや複雑なDOM構造となっていることなどが原因だと考えられるので、初期描画に必要十分な情報のみになっているかなど、フロントエンドの最適化を行う必要があるということがわかります。

Part 2　New Relicを始める

webportal......o.com/browse/phones/99912353	2.341s	6.399s	6.416s	N/A	6.476s	7.58s
May 5, 2020 07:15 AM　Linux Chrome 14	Backend	Dom Processing	Page Load	Waiting On Ajax	First Interaction	Duration

図5.55　DOM Processingに時間がかかっている例

✎Column　**URLを意味のある単位でまとめてメトリクスを管理する**

　New Relic BrowserではURLごとにページビューやセッションをまとめ、情報を管理しています。URLはそのパスの構造も非常に考えられているものではありますが、パスの一部が商品のIDであるようなパスパラメータを採用しているケースがあります。

　このような場合でも [URL segment allow lists] で設定すれば、New Relicによって自動的にまとめられたメトリクスを分割することができます（**図5.56**）。

　New RelicによってたとえばURLが /user/* とまとまってしまっているが /user/bam というパスで切り分けてメトリクスを見たい場合、"edit"という単語を登録すると、/user/bamはまとめられることなく分割されるようになります。

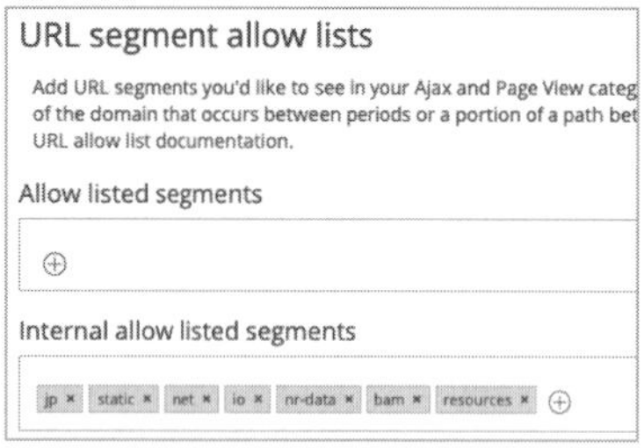

URL segment allow lists

Add URL segments you'd like to see in your Ajax and Page View categ
of the domain that occurs between periods or a portion of a path bet
URL allow list documentation.

Allow listed segments

⊕

Internal allow listed segments

| jp × | static × | net × | io × | nr-data × | bam × | resources × | ⊕ |

図5.56　URL segment allow listsの設定例

フロントエンドから見たバックエンドのパフォーマンスの可視化

　動的コンテンツを提供している場合、Ajaxでの通信は欠かせません。また、そのパフォーマンスもユーザー体験を測るための非常に重要な指標となります。Webサイトから複数のAPI提供サイトにアクセスすることもあります。問題の切り分けとして、運用保守が対処できるものなのかそうでないのか、正しく状況を把握した上で対応していけるようになります。

　サーバーを監視して通常に動いている場合でも、利用しているユーザーからすると不満がたまってしまうことがあります。たとえば、たくさんの画像情報を読み込んでしまうようなページ構成になっていたとします。サーバー側で見ている限りでは、1画像あたりの応答時間は悪くないかもしれませんが、ユーザーは何枚もの画像の取得の処理で長い時間待たされているかもしれません。スループットが上がって利用者数が上がったと思いきや、アクティブユーザー数は増

128　第5章　Full-Stack Observability

えておらず、バージョンアップ後フロントエンドからの通信回数が増えただけだったということもあるかもしれません。

Ajax通信を分析するには、[Summary]画面の左のメニューから[AJAX]を選択します（図5.57）。この画面では、バックエンドと通信したときの統計情報を確認することができます。どのAPIでどれくらい通信しているのか、パフォーマンスは問題ないのか、フロントエンドからの視点で見ることができます。

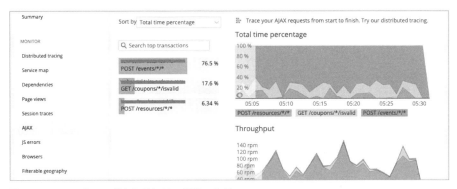

図5.57　フロントエンドから見たAjax通信の分析

Ajaxページ以外に、呼び出しているAPIをドメインやURLごとに確認することもできるため、問題が起こったと言われた場合に外部サービスが原因なのかそうでないのかの判断にも使えます。便利なAPIを安心して利用するためにも、ユーザーの満足度をコントロールしていくためにも、Ajaxを観測していきましょう。

JavaScriptのエラーの可視化

Webサイトで発生したエラーを収集し、New Relic Browserが分析します。どんなエラーが多いのか、エラーは一部のページで発生しているのかそれともサイト全体でエラーが発生しているのかなど、エラーの傾向を確認することができます。エンドユーザーからの問い合わせではなくプロアクティブに、またインパクトの大きなエラーは何かを確認し、すぐ対応しないといけないエラーがあるのかどうか判断できるようになります。

JavaScriptの実行状況を分析するには、[Summary]画面の左のメニューから[JS errors]を選択します（図5.58）。

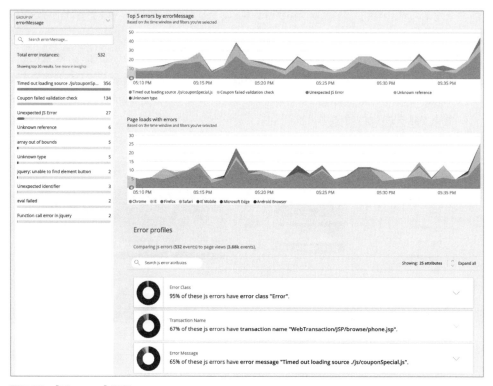

図5.58 [JS errors] 画面

　発生頻度の高いエラーは対応が必要となった場合、エラー発生前にどのようなイベントが発生していたかという手がかりとともに、エラーとなったJavaScriptのファイルや行数がわかるようになっています（図5.59）。

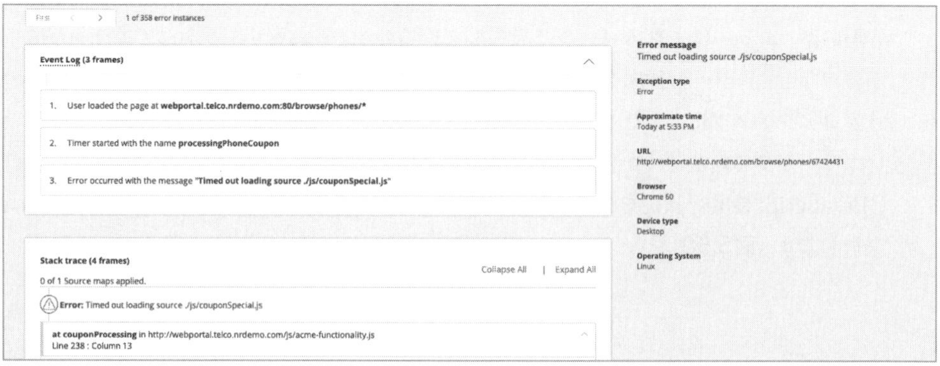

図5.59 エラーの詳細

エンドユーザーの行動の可視化

たとえば、ユーザーが「商品のページ」にアクセスした形跡があった場合でも、ユーザーがキャンペーンのトップページからアクセスしたのか、わざわざ検索してその商品にたどり着いたのかではユーザーの行動が違います。ユーザーがスムーズに目的のページにたどり着いているのか、どのくらい機能を利用しているのかを把握することで、キャンペーンに効果があったのか、ユーザー体験（User Experience：UX）を向上できたかどうかなどの把握に役立てられます。

フロントエンドの観測として特徴的なことの1つが、エンドユーザーの行動の可視化です。New Relic BrowserのPage Actionイベントを使うと、エンドユーザーの行動をトラッキングすることができます。どのボタンを押したのか、どのくらいの時間アイコン上をホバーしていたのかなど、ユーザーの操作を記録し、New Relic上で確認できます。タグを埋め込むタイプのサービスに似ていますが、ページ全体の速度やバックエンドと統合できるため、システムの状態との因果関係までを深掘りできます。

可視化を行うためには、New Relic BrowserのJavaScript APIを利用します。たとえば**リスト5.4**はEC（E-Commerce）サイトのドロップダウンメニューが開かれたということをPage Actionとして記録する例です。

リスト5.4　Page Actionの追加例

```
//Add Hover effect to menus
jQuery('ul.nav li.dropdown').hover(function () {
    jQuery(this).find('.dropdown-menu').stop(true, true).delay(100).fadeIn();
    newrelic.addPageAction("showCatalogueInNavbar", {
numInCart: numItemsInCart
});
}, function () {
    jQuery(this).find('.dropdown-menu').stop(true, true).delay(200).fadeOut();
});
```

ここで使われているaddPageActionメソッドの定義は以下のとおりです。

`newrelic.addPageAction( PageAction 名 , [ 付加情報 ])`

- PageAction名：ここで指定した名称でPageActionが記録される
- 付加情報：JSON形式で情報を追加する

なお、**リスト5.4**ではカートに入っている商品点数を付加情報として記録しています。

このPage ActionはNRQLを使ってデータを確認することができます（**図5.60**）。ダッシュボードとしてPage Actionのパネルを組み込むことで、ユーザーの行動をシステムとともに把

握できるようになります。

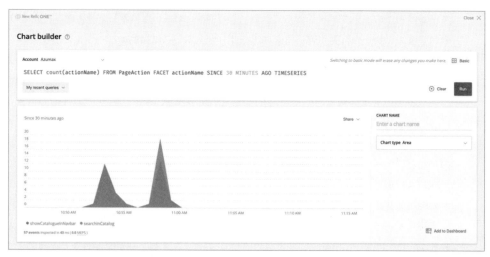

図5.60　Page Actionの確認

　本節では、Webサイトを取り巻くユーザーの動向観測・アーキテクチャの移り変わりから、New Relic Browserでどのようなことが具体的に実現できるのかについて説明してきました。Webの世界は新しい技術が絶えず登場し、顧客満足度レベルを維持し続けていくのは簡単なことではありません。運用保守しているWebサイトから必要な情報を把握し、改善し続けるためにも、New Relic Browserを用いたWebサイトのエンドユーザーモニタリングは必須の取り組みと言えるでしょう。

5.6　New Relic Mobile

　2008年にApp Store（Apple）とAndroid Market（Google）が登場して以来、スマートフォンやタブレットのアプリ市場は拡大を続けています。今やあらゆるビジネスにおいて、ブランド価値の創出から収益の柱になるものまで、さまざまなアプリが作られています。アプリは多くのビジネスにおいてユーザーとのタッチポイントになっているため、その信頼性やパフォーマンスはとても重要です。繰り返しクラッシュするアプリや遅いパフォーマンスのアプリはどちらもユーザーにとって悪いユーザー体験を与えてしまいます。これが長い間続くとコンシューマー向けのアプリであればそのアプリはデバイスから削除されてしまい、競合のサービスやアプリを使われてしまいます。B2B（Business to Business）や社内向けのアプリであればその不満

はサービス提供者や開発者、つまり皆さんに対する不満やクレームという結果になりかねません。クラッシュやパフォーマンスを統合的に観測し改善をしていくことが大切になります。

しかしアプリをリリースする前にあらゆる通信やデバイス環境において完全なテストを実施したり、パフォーマンスが快適であるか検証したりすることはとても困難です。現実にはリリース後にアプリストアのレビューやサポートへの問い合わせをもとにクラッシュの原因を調査し、パフォーマンスを改善していきます。

5.6.1 New Relic Mobileとは

リリースされたアプリが正常に動いているか、新しいリリースで新しいクラッシュ要因が発生していないか、パフォーマンスは想定どおりかを効率的に観測するのにNew Relic Mobileは有用です。すべてのアプリに組み込まれるため、ユーザーの利用している国、キャリア、OS、デバイスメーカー、デバイス種類から利用したHTTPリクエストまでリアルタイムに把握できるようになります。さらに組み込んだSDKに用意されているメソッドを利用すればより詳細な操作履歴やユーザーIDや課金状況などのユーザー属性、ビジネスに直接結びつく独自なデータも同時に収集することができます。これによりアプリのクラッシュ、パフォーマンス管理という世界からアプリのパフォーマンスとビジネスのパフォーマンスを並行して把握できる、高いオブザーバビリティを手に入れることができます。

New Relic Mobileでは、発生している課題がアプリにあるのか、通信先のシステムにあるのか統合的に見通すためのオブザーバビリティを提供します。これにより問題が顕在化した段階で原因を突き止め、改善の着手に優先順位をつけて対応することが可能になります。

リアクティブな対応からプロアクティブな改善へ、アプリおよびサービスの運用を進化させるプラットフォームを提供します。

動作すること：クラッシュの観測

多くのテストをすり抜けてクラッシュしてしまうアプリは残念ながら存在します。クラッシュする理由はさまざまで変数の取り扱い不備や通信結果の例外処理に不具合があるなどわかりやすいものから、特定のOSバージョン、一部のメーカーデバイスにのみ発生するものなどがあります。

毎年新しいデバイスが数十〜数百種類発売され、数か月に1回のペースでOSのアップデートが行われる現代では、すべての組み合わせをテストすることは事実上不可能です。そのためターゲットとなる市場やユーザー層を最大限カバーできるようなテストを実施することが多いのですが、残念なことにそれでも不測のクラッシュというものは発生してしまいます。

世に出たアプリのクラッシュを管理する上で大事なことは発生頻度や条件、それにより実現

できなかったユーザー体験が何かを正しく観測し、改修の優先づけを行うことです。複数のクラッシュ原因がある中で限られた開発リソースをどの修正に投入するかの正しい判断をするインサイトを得るのは大切です。より広範囲に影響がある、ビジネスに直接影響がある、あるいはユーザー体験を下げてしまうクラッシュの優先づけをするには状況の全貌を把握する必要があります。

　通常のクラッシュレポートを見ればスタックトレースから大体の現象を推測することができますが、根本原因を突き止めるのは困難なケースが多数を占めます。クラッシュの再現性、再現手順というのは開発者にとって重要な情報です。それらを正確に得られることは改修における効率性を向上する手助けとなります。

　New Relic MobileではAgentをアプリのプロジェクトに組み込むことによりすべてのユーザーの利用環境、通信環境、クラッシュ発生状況を詳細に把握できます。全数をチェックすることによりクラッシュ数の統計、発生箇所を観測でき、たとえば特定メーカーの特定デバイスで起きるクラッシュを把握するようなことも可能になります。

快適に動作すること：パフォーマンスの観測

　ストアに存在するほとんどのアプリは通信を行い、アプリによっては通信がなければ成立しないものも多くあります。あなたがアプリを起動したときや、ログインをした際に表示されるインジケーターがくるくると回っている裏では多くの通信処理が走っています。そして、通信した結果を表示できるデータに変換したり、最初の画面に出すべきコンテンツを新たに取得してきたりしています。そのインジケーターの多くは一瞬で終わりますが環境によっては数秒、あるいは十秒以上かかるようなケースもあるでしょう。利用中に一度や二度であればよいですがそれがアプリ利用中頻繁に起きるとユーザーの不満は蓄積され、やがてクラッシュするアプリと同様使われなくなってしまう可能性があります。

　ユーザーインターフェース上、操作を待たせてしまうパフォーマンス問題の多くはこの通信パフォーマンスが悪いことが原因です。スマートフォンの登場以降、内部パフォーマンスは初期の数十倍から数百倍に高速になっています。そのためネイティブコードで記述された内部的な処理にかかる時間は十分に高速になっていますが、携帯通信ネットワークのターンアラウンドタイムは環境によって十分高速とは言えない状況がいまだにあります。

　アプリをリリースする前にパフォーマンスのテストは行われますがクラッシュと同様にさまざまなキャリア、電波環境、デバイス環境を完全に網羅するのは不可能です。たとえば電波環境が悪い山奥でのテストはオフィスにいてはできませんし、そういった環境でアプリが使われた場合にどのようなパフォーマンスであるか把握することは困難です。

　パフォーマンスが悪い通信の原因がサーバー側にあった場合にアプリ開発者がその根本原因、たとえばAPI側の内部処理まで把握していることはまれです。アプリ側で対応できない問題があ

る場合は適切な改善を依頼するため、適切な情報を連携する必要があります。

アプリにNew Relic Mobileを組み込むと多くの通信処理を自動的に計測し、通信の成否やレスポンス時間を計測することができます。複数の通信が発生する画面があるとして、ユーザーの操作が可能になるまでの時間が長い原因がどのサーバーなのか、外部サービスなのか切り分けて改善に結びつけることも可能になります。

5.6.2 New Relic Mobileの導入

モバイルアプリを観測するためにはリリースするアプリのプロジェクトにNew RelicのSDKを導入およびビルドする必要があります。New RelicではAppleプラットフォーム（iOS）用とAndroid用にプロプライエタリのSDKを準備しています。観測したいモバイルアプリにNew Relicを導入する前に互換性や要件について確認してください。また、これらのSDKは定期的にアップデートされ問題の修正や新機能の追加がされているので最新バージョンの導入を検討してください。

互換性と要件のガイドラインは以下のURLで確認できます。

- New Relic Mobile for Android：
  Android agent compatibility and requirements
  https://docs.newrelic.com/docs/mobile-monitoring/new-relic-mobile-android/get-started/new-relic-android-compatibility-requirements
- New Relic Mobile for iOS：
  iOS agent compatibility and requirements
  https://docs.newrelic.com/docs/mobile-monitoring/new-relic-mobile-ios/get-started/new-relic-ios-compatibility-requirements/

新しくNew Relic SDKを導入するにはNew Relic ONEトップページの［Add more data］を選択し、対象のモバイルOSをクリックします（**図5.61**）。

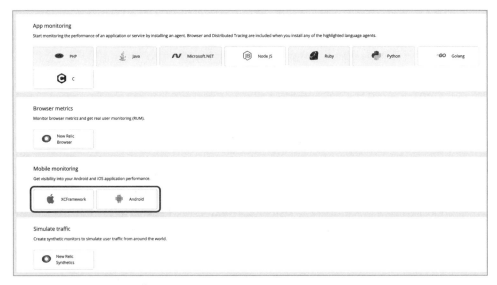

図5.61　New Relic SDKの導入

　iOS（XCFramework）、Androidともにアプリ名を設定したあとは、画面の手順に従ってプロジェクトに組み込みビルドします。アプリをビルドし実行すると、すぐにNew Relicへデータが連携するようになります。

5.6.3 New Relic Mobileの機能概要

Summary：全体像を確認

　さっそくNew Relic上でクラッシュとパフォーマンスがどのように観測できるか見てみましょう。New Relic Mobileは、AndroidやiOSアプリケーションのパフォーマンスを分析し、クラッシュのトラブルシューティングを行う際により深い観測性を取得できます。New Relic Mobileインターフェースを開くには、New Relic画面上部の［Mobile］をクリックします（図5.62）。

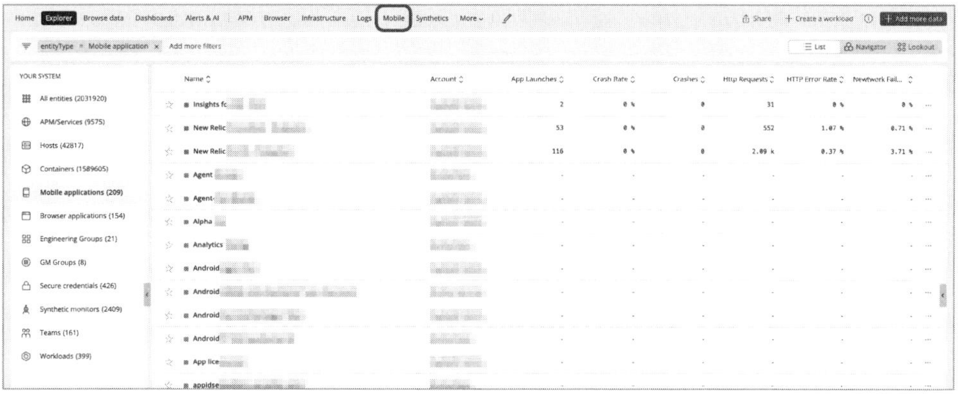

5.6 New Relic Mobile

図5.62 モバイルアプリの一覧

　Mobileのトップ画面を表示すると、まずアプリの全体像を確認できます。ここではNew Relicにデータを送信している各アプリの起動回数、クラッシュ率、HTTPレスポンス時間などを総合的に見ることができます。[NAME]列からアプリを選択すると各アプリにフォーカスした情報を表示します（図5.63）。

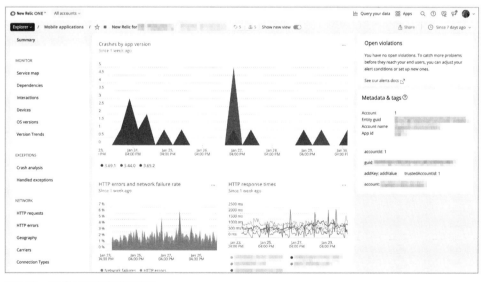

図5.63 アプリの詳細情報を表示

　New Relic APMやNew Relic Browserなどと同様に、New Relic Mobileの［Summary］画面では最も大切な指標が表示されています。New Relic Mobileの場合は［Crashes by app version]（アプリバージョンごとのクラッシュ数）、[HTTP errors and network failure rate]（HTTP通信エラーとネットワークエラー率）、[HTTP response times]（通信ドメイン別HTTP通信のレスポンス時間）、[App Launches]（アプリ起動数）です。これらの指標はタイトルをクリックするとより詳細な情報を見ることができます。

Exceptions：クラッシュと例外を観測

Crash analysis

　New Relicを導入したアプリでクラッシュが起きるとクラッシュに関するデータが自動的にNew Relicに送られます。[Summary]画面に表示されているクラッシュ数で最新のバージョンリリース前後での数に着目してみましょう。1つ古いバージョンでの傾向と異なる場合は注意が必要です。以前より減っている場合は最新のリリースで改善が成功したかもしれませんが増えている場合は新しい原因でクラッシュが起きている可能性があります。

　[Crashes by app version]をクリックするか、画面左側のメニューから[EXCEPTIONS]→[Crash analysis]を選択すると、クラッシュの詳細を観測することができます（図5.64）。

図5.64　Crash analysisの画面

上部の［VERSIONS］からアプリバージョン別に、さらに［FILTER］を使ってさまざまな条件でクラッシュ発生のフィルタリングが可能です。たとえば最新バージョンの特定通信キャリアのみで起こっているクラッシュ数などを絞り込めます。

また［GROUP BY］で、クラッシュを発生させたソースファイル別、クラス・メソッド別などで集計を分類することができます。［FILTER］と［GROUP BY］を利用して分析したい視点を絞り込んだ状態で［Total］に表示されるクラッシュ数の上位を確認しましょう（図5.65）。

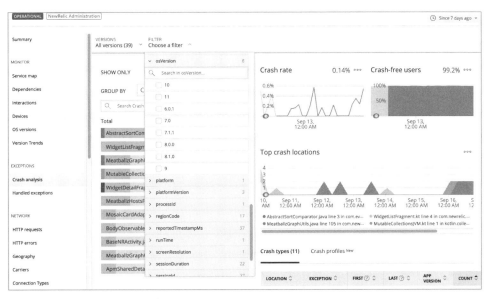

図5.65 クラッシュ情報をさまざまに分類・解析

最新のOSがリリースされたので改修の優先順位をつけたいのであれば［VERSIONS］を［All versions］、［FILTER］の［osVersion］から対象のバージョンを選択し、右上の時間軸選択で適切な期間を選択します。これでフィルタリングされた結果から対応すべき対象のクラッシュに目星をつけることができます。

対応すべきクラッシュが決まれば右下の［Crash types］から個々のクラッシュ原因の詳細を見ることもできます。この表ではクラッシュした位置、Exception、発生し始めた日付と最後に発生した日付、発生数などを確認することができます。

表の中から詳細を確認したいクラッシュを選択すると、そのクラッシュにまつわる各種情報を確認できます（図5.66）。

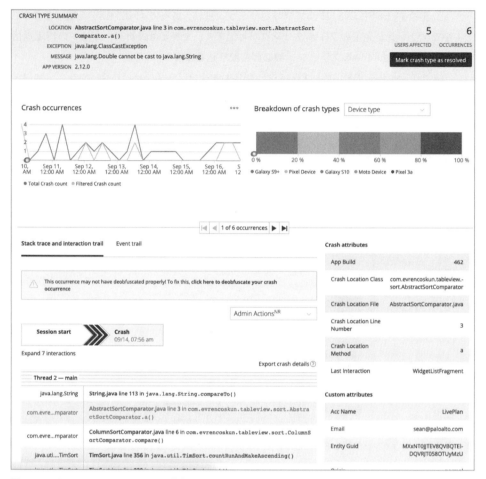

図5.66　クラッシュにまつわる詳細情報を確認

　ここでは標準的なクラッシュレポートツールと同様に、スタックトレースやデバイスの詳細情報を見ることができます。New Relic Mobileの特徴的な機能として、Interactions[20]を観測しているためクラッシュに至るまでにユーザーがたどった画面遷移を確認できます。クラッシュまでの大まかなユーザー画面遷移を追うことで、ユーザーがどのような操作をしたのかイメージすることが可能になります。

---

[20] New Relic Mobile SDKはiOS/Androidの画面描画までにかかった時間（ViewController/Activities）やデータアクセス（CoreData/Database）、イメージ描画（UIImage/image loadings）やJSONパース（NSJSON/JS parsing）などのパフォーマンスを自動集計します。
https://docs.newrelic.com/docs/mobile-monitoring/mobile-monitoring-ui/mobile-app-pages/interactions-page

[Stack trace and interaction trail]を選択し、[Session start]と[Crash]の画像の下にある[Expand N interactions]（Nは数値）をクリックすると画面遷移イメージを確認できます（図5.67）。

図5.67　画面遷移イメージ

New Relic Mobileでは自動で画面遷移のほかHTTPリクエストを取得しており、さらにクラッシュしては困るような処理については、独自にBreadcrumbs[※21]をコード内に埋め込むことでより詳細なクラッシュに至るアプリの挙動を記録できます（図5.68）。

図5.68　Breadcrumbsをコード内に埋め込む

※21 New Relic Mobile SDKに用意されているCustom Breadcrumbs APIを利用することでクラッシュ分析に役立つ「パンくず」をソースコード上から記録できます。InteractionsやHTTPリクエストなどでは追いきれないアプリ特有のタイミングを記録することでクラッシュ再現手順をより詳細に把握できるようになります。
https://docs.newrelic.com/docs/mobile-monitoring/new-relic-mobile/maintenance/add-custom-data-new-relic-mobile#custom-breadcrumbs

このようにしておけば、ドライブレコーダーのようにクラッシュまでのユーザー操作、アプリ挙動を記録してクラッシュを再現することが可能になります。

Breadcrumbsを画面上での操作やアプリ内のステータス変化などのタイミングで記録して詳細なクラッシュ情報を取得できます。[Event trail]を選択すると、アプリが起動してからクラッシュするまでの間に起きたHTTPリクエスト、画面遷移や仕込んだBreadcrumbsを時系列に把握できます。

この高度なクラッシュ解析機能と、デバイス情報の組み合わせを利用してビジネス上インパクトの大きいクラッシュ原因の迅速な発見と改善が可能になります。

Handled exceptions

致命的ではないけれども記録しておきたい例外処理がある場合にはSDKに用意されたメソッドを使ってNew Relicに送信することもできます。

[EXCEPTIONS]の[Crash analysis]には集められた例外が集計されています。クラッシュと同じように発生回数や全体のうちどの程度のユーザーが影響を受けているのかなどを総合的に評価できます。

Network：ネットワークパフォーマンスを観測

HTTP通信や他のネットワークパフォーマンスも観測してみることにします。予期せぬ通信遅延がないかどうかを調べて、バックエンドチームとの連携を効率的に実施していきましょう。

HTTP requests、HTTP errors

アプリがHTTPリクエストを送信したとき、その結果は多種多様です。高いパフォーマンスでリクエストが戻る場合もあれば、エラーが戻るときや、そもそもネットワーク通信に失敗することもあります。偶然にも悪い結果がすべて通信環境の原因であればよいのですが、原因がバックエンドや、ネットワーク通信周りの設計不備である可能性を考慮しなければなりません。

HTTP requestsの画面では通信先ドメインやURLはもちろん、デバイス、通信キャリアやOSバージョン別など、さまざまな観点でメトリクスを時系列に観測することができます（図5.69）。これにより、たとえば通信キャリアごとの平均レスポンス時間から遅い環境に合わせてレスポンス目標時間を再設計したり、ドメインごとに観測し遅い外部APIやサービスの利用を再検討したりすることも可能です。

すべてのアプリユーザーの結果から観測できるので、「レスポンスが悪い」というユーザーフィードバックを全体から比較し可視化したり、問題が端末やOS、回線環境などどこにあるのかを発見するのを強力にサポートします。

5.6 New Relic Mobile

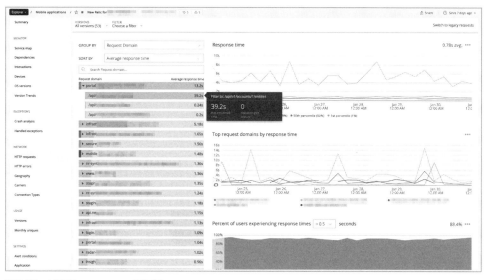

図5.69　HTTP requestsの画面例

　HTTP errorsの画面でも、エラーと通信失敗という観点からHTTP requestsと同様な分析ができます（図5.70）。通信エラーは、エンドユーザーに必要のない情報であるエラーコードや原因を画面に表示せずに発生します。偶然に悪い通信環境で1、2回起きる程度であればよいですが頻度が高くなると、理由がわからないためユーザーの不満が大きくなってしまいます。このため、HTTP errorsの画面で状況を確認することは大切です。

　[Errors and failures]からは実際に何が原因だったかを確認できます。通信キャンセルなどであれば問題ありませんが、400系や500系エラーが多く出ている場合はバックエンドチームと会話する必要があるでしょう。その際には、実際に影響が出ている回数や具体的なレスポンス内容、起きているユーザーの詳細な環境まですべて情報が揃っているためチーム横断で同じ情報を見ながら問題解決を進めることができます。

図5.70　HTTP errorsの画面例

5.6.4　New Relic Mobileをもっと使いこなそう

アプリとバックエンドのパフォーマンス改善

　クラッシュ解析のためだけのツールではなく、New Relic MobileとNew Relic APMやInfrastructureなどを組み合わせればモバイル環境で起きているHTTPパフォーマンスの悪化やサーバーエラーからバックエンドのパフォーマンス、インフラの障害情報まで一気通貫でシステムの品質を観測し改善していくことができます。その際はダッシュボードを作成してパフォーマンス、サービス提供状態のデータを可視化、チーム共有することをおすすめします。

　アプリが通信する先のシステムは常に変化することがあります。バックエンドアプリのデプロイやエンドポイントの変更、ネットワーク経路の変更などでアプリのパフォーマンス全体に影響がないか継続的に監視していくことが重要になります。

本当のユーザーが体験していること

　New Relic Mobileを使えば、ユーザーが体験していることをリアルタイムに観測できるようになります。実際のエンドユーザーの行動や環境を分析して、ロード時間、可用性、エラーなどのメトリクスを正確に把握すると同時に、これらのデジタル体験を最大限高めていくことができます。

デジタル体験向上をビジネス向上につなげる

クラッシュを改善し、パフォーマンスをチューニングする。その目的はアプリによってもたらされるビジネス価値を高めることです。アプリの中でそれらの指標を取得できるのであればメトリクスと一緒にNew Relicに送り込みましょう。アプリの起動セッションごとに標準的に取得されるデータ以外にアプリ独自のカスタム属性をCustom Attributes[22]として、またアプリ内の変数などを利用して複数のKey-Valueセットを独自のCustom Event[23]としてNRDBに登録することができます。

これらを利用してビジネスデータをNew Relicに送ることで、New Relic MobileやNew Relic APMなどから収集したデータと一緒にダッシュボード上で観測できるようになり、情報を共有し改善活動に結びつけることが可能になります。

5.7 Serverless

サーバーレスアーキテクチャの台頭により、俊敏にスケーラブルなアプリケーションを効率よく開発できるようになりました。そのメリットをもたらした要因の1つとして、クラウドプラットフォームがインフラストラクチャを管理し、開発者から分離しているというものがあります。そのメリットは反面、アプリケーションのデバッグと計測が困難になるという新しい複雑さを生み出しています。

Full-Stack Observabilityでは、Infrastructureのクラウドインテグレーション機能を利用することによって、AWSのAWS Lambda、AzureのAzure Functions、GCPのCloud Functionsの各種メトリクスと連携することができます。さらに、AWS Lambdaに関しては、Serverless Monitoring for AWS Lambda（以降、サーバーレスモニタリング）という製品でLambda関数の可観測性をサポートします（**表5.6**）。本節では、サーバーレスの計測の必要性を解説するとともに、サーバーレスモニタリングをどのように実現するのか、何ができるのかを解説します。

---

[22] 標準で登録されるアプリ起動セッション単位のMobile Sessionイベントに独自のKey-Valueペアを追加します。ログインが可能なアプリであればUser-IDなどを登録すると、特定のユーザーに発生している問題などを特定することも可能になります。
https://docs.newrelic.com/docs/mobile-monitoring/new-relic-mobile/maintenance/add-custom-data-new-relic-mobile

[23] アプリの中で発生するさまざまなユーザーのアクティビティを複数の独自Key-Valueセットとともに記録することができます。標準で送信される情報以上にアプリ特有のデータセットを登録することでより詳細なユーザーの状況を観測できるようになります。
https://docs.newrelic.com/docs/mobile-monitoring/new-relic-mobile/maintenance/add-custom-data-new-relic-mobile#custom-events

表5.6 サーバーレスサポート状況

対象クラウド	サーバーレスサービス名称	連携機能
AWS（Amazon Web Services）	AWS Lambda	クラウドインテグレーション
		Serverless Monitoring for AWS Lambda
Microsoft Azure	Azure Functions	クラウドインテグレーション
GCP（Google Cloud Platform）	Cloud Functions	クラウドインテグレーション

5.7.1 サーバーレスの計測がなぜ必要なのか？

近年のマイクロサービス化ではサーバーレスアーキテクチャが利用されることが増えてきています。AWS Lambdaはその役割を担っているビジネストランザクションの1つです（図5.71）。APMの節（5.2節）で解説したように、アプリケーション全体を計測することが最も重要なコンセプトであるにもかかわらず、AWS Lambda部分だけ欠落してしまっては意味がありません。漏れなく計測し、一連のアプリケーションの挙動の詳細を把握することが大切になるのです。

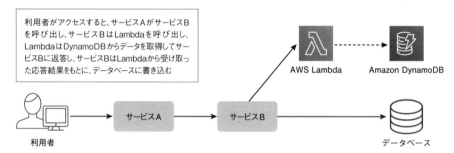

図5.71 ビジネストランザクションにAWS Lambdaが含まれるイメージ

5.7.2 サーバーレスモニタリングでできること

サーバーレスモニタリングは単純なInfrastructureのクラウド連携で取得できるメトリクスだけでなく、APMと同じようにファンクション内のトランザクショントレースやログのコンテキスト化（Logs in Context）、他のコンポーネントとの分散トレーシングに対応しています。また、マイクロサービスにおけるビジネストランザクションの1コンポーネントとして詳細な情報を取得し、可視化することができます。

AWS Lambda関数内の所要時間の計測・可視化

Lambda関数の1実行あたりの全体実行時間（Duration）だけでなく、Lambda関数内の

コールスタックごとの実行時間を自動的に計測します。パフォーマンスが悪い場合などに、実際にLambda関数内のどの処理に時間がかかっているのかを一瞬で特定できます（図5.72）。

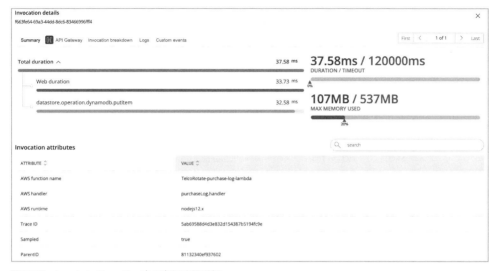

図5.72　Lambda Function内の実行時間詳細

Distributed Tracing（分散トレーシング）

他コンポーネントと統合して一連のトランザクションを表現することができます（図5.73）。ただ単にLambda関数のパフォーマンスが悪いかどうかという観点ではなく、一連のビジネストランザクションに要している時間との関連性を見ることができ、改善に向けた適切な優先順位を判断することが可能になります。

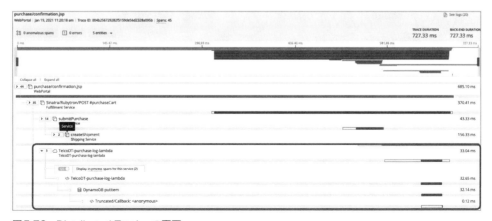

図5.73　Distributed Tracingの画面

Logs in Context

　Distributed Tracingの画面右上の［See logs］を、一連のトランザクションの1構成要素として実行されたLambda関数のログを確認できます。これにより、問題となったトランザクションの全体のうち、Lambda関数がどのように影響しているかがわかります。Lambda関数に問題があった場合には、そのトランザクションに関連付けられたログに一瞬でたどり着くことができるので、トラブルシューティングを迅速化できます（図5.74）。

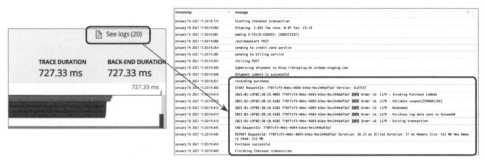

図5.74　Logs in Contextの画面

5.7.3 サーバーレスモニタリングの仕組み

　サーバーレスモニタリングを実現するには、New Relic Lambda Layer[24]とNew Relic Lambda拡張機能[25]を使用することで計測が可能になります。その仕組みは図5.75のとおりです。

図5.75　サーバーレスモニタリングの仕組み

❶ 計測対象のLambda関数のLambda LayerにFull-Stack ObservabilityのAPM Agentに類似したプラグアンドプレイを提供するNew Relic Lambda Layerを登録します。

---

[24] New Relic Lambda Layer
　　https://github.com/newrelic/newrelic-lambda-layers
[25] New Relic Lambda拡張機能
　　https://github.com/newrelic/newrelic-lambda-extension

❷ この状態でLambda関数が実行されると、New Relic Lambda LayerがLambda関数のパフォーマンスに関するデータを収集します。
❸ Lambda関数が終了する前にNew Relic Lambda拡張機能にデータを送信します。
❹ New Relic Lambda拡張機能は、これらのデータをNew Relicのデータベースへ送信します。

5.7.4 サーバーレスモニタリングの設定方法

サーバーレスモニタリングの仕組みは一見複雑そうに見えるので、設定するのも難しいと感じるかもしれませんがそんなことはありません。既存のLambda関数のコードを変更する必要はありませんし、すべてを手動で設定する必要もありません。newrelic-lambda-cliというコマンドラインツールを利用することで簡単に導入することができます[※26]。なお、最新の手順や使用言語による条件の詳細などは、公式ドキュメント[※27]やNew Relicのユーザーインターフェースから確認することができます（図5.76）。

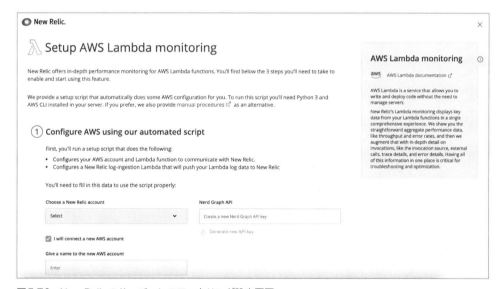

図5.76　New Relicのサーバーレスモニタリング設定画面

※26　この他にも、Serverless Frameworkを使った手順もあるため、Lambda開発にServerless Frameworkを使っている場合はこちらを参考にしてください。
https://github.com/newrelic/serverless-newrelic-lambda-layers
※27　Lambdaモニタリング設定手順（公式ドキュメント）
https://docs.newrelic.com/docs/serverless-function-monitoring/aws-lambda-monitoring/enable-lambda-monitoring/

5.8　Logs in Context

すでに前章4.4節でLog Managementについては解説しました。ただ、実際のところ本当にたどり着きたい問題にログからだけでたどり着くのは難しいケースが多いのが現実です。New RelicでもLog Managementによって高速なログ分析を実現しているため、ログから対応すべき問題のログにたどり着くのは容易になっていますが、システム全体の問題の優先順位をみたいとなった場合にはログ分析だけでは困難です。

そこでNew Relicでは、アプリケーションで出力されるログをAPMのパフォーマンス情報やエラー情報と紐づけて参照できるようにするLogs in Contextを提供しています。この機能を利用することで、何かアプリケーションに問題が発生したときに、最初の対応としてログの調査から開始するのではなく、APMのError Analytics内で特定されているエラーの詳細や、後述するDistributed Tracingから直接ログにたどり着くことができます。原因特定にログも必要なときにエラー情報に加えてアプリケーションが出力したログを自動的にフィルタして確認することが可能になります（図5.77）。

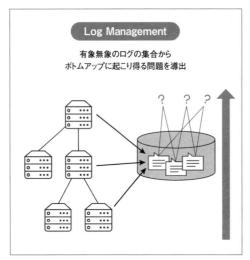 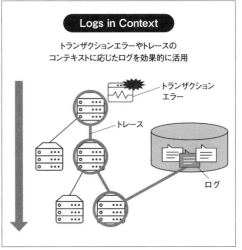

図5.77　Logs in Context概要

5.8.1　Logs in Contextの仕組み

Logs in Contextの仕組みをもう少し詳細に見てみましょう。仕組みがわかれば今どの部分を設定しているのかを理解しやすくなります（有効化するための設定は後述します）。

まず、アプリケーションがログを出力する処理を行う際に、New RelicのAPM Agentに

よってTransactionのデータを付与してログを出力するようになります。そして、ログフォーマッターによってNew Relicに取り込める形式のログを出力します。そして、TransactionやTraceと紐づいたログがNew Relic側に取り込まれます（図5.78）。

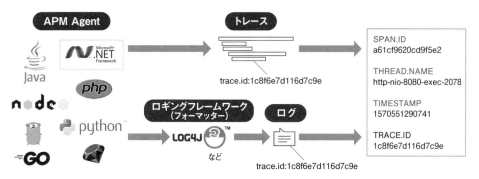

図5.78　Logs in Contextの仕組み

こうすることで、APMのError AnalyticsやDistributed Tracingなどから、直接該当のログにたどり着くことができるようになるのです（図5.79、図5.80）。

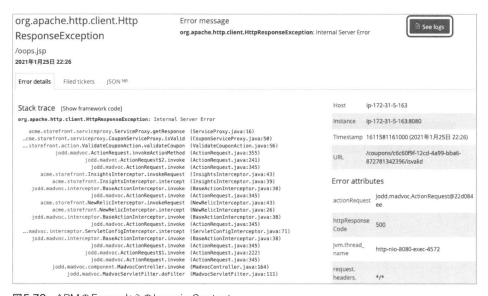

図5.79　APMのErrorsからのLogs in Context

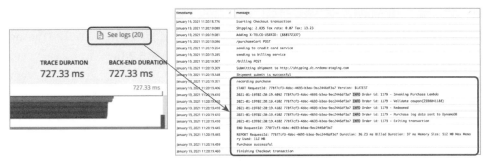

図5.80 Distributed TracingからのLogs in Context

5.8.2 Logs in Contextの有効化

　Logs in Contextの仕組みを理解できたら、さっそく有効化しましょう。当然ながら、Logs in Contextを有効化するには、Log Managementによるログ転送とDistributed Tracingが有効化されている必要があります。Log Managementにおけるログ転送の有効化については4.4節を、Distributed Tracingについては5.9節を参照してください。

ロギングフレークワークの確認

　Logs in Contextは、APMがサポートしているすべての言語の多くのロギングフレームワークがサポートされています（表5.7）。念のため、使用しているロギングフレームワークとバージョンがサポートされていることを確認してください。

表5.7　サポートされている言語とロギングフレームワーク一覧

言語	サポートされている ロギングフレームワーク
Go	logrus 1.4 以降
Java	Dropwizard 1.3 以降
	Log4j 1.x
	Log4j 2.x
	Logback
	java.util.logging

言語	サポートされている ロギングフレームワーク
.NET	log4net
	NLog
	Serilog
Node.js	Winston
PHP	Monolog
Python	Python logging
Ruby	Ruby logger

ログフォーマッターの設定

　ログフォーマッターの設定方法は、利用言語とロギングフレームワークによって手順が異な

ります。詳細については公式ドキュメント[※28]を参照してください。本書ではPythonのloggingフレームワークを例に設定方法を解説します。

　PythonのloggingモジュールでLogs in Contextを有効化するのはとても簡単です。ログフォーマッターをインポートしてインスタンス化し、ログハンドラーに追加するだけです（**リスト5.5**）。

リスト5.5　ログフォーマッターをインポートしてログハンドラーに追加する例

```
# logging と New Relic log formatter を Importする
import logging
from newrelic.agent import NewRelicContextFormatter
# ログハンドラーをインスタンス化する
handler = logging.StreamHandler()
# ログフォーマッターをインスタンス化し、ログハンドラーに追加する
formatter = NewRelicContextFormatter()
handler.setFormatter(formatter)

# Get the root logger and add the handler to it
root_logger = logging.getLogger()
root_logger.addHandler(handler)
```

ログデータの確認

　すべてが正しく構成され、データが報告されている場合、New Relic Logsの画面にデータログが表示されます。正しく構成されていることを確認するには、アプリケーションを実行し、構成したログにtrace.idとspan.idフィールドが含まれていることを確認します（**図5.81**）。

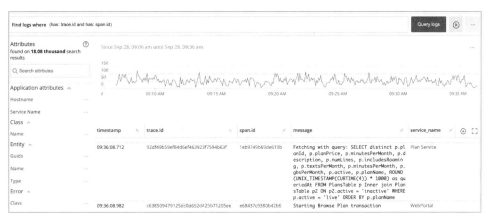

図5.81　ログデータの確認

※28　https://docs.newrelic.com/docs/logs/enable-log-management-new-relic/configure-logs-context/configure-logs-context-apm-agents#enable-logs

Part 2　New Relicを始める

　いかがでしたか？　Logs in Contextは非常に強力なログ活用方法です。ぜひ一歩先をゆくトラブルシューティング方法を習得しましょう。

5.9　Distributed Tracing（分散トレーシング）

5.9.1　分散トレーシングが必要になった背景

　従来のソフトウェア環境は、少数の大きなサービスから構成されていることがほとんどでした。そのため、単一のアプリケーション内でトランザクションを詳細に分析していけば、重大なボトルネックやエラーを見つけることができました。それに加えて、あるアプリケーションから呼び出される外部サービスのパフォーマンスがわかればそれで十分という状況でした。

　近年、クラウドプラットフォーム、コンテナ化、コンテナオーケストレーション、サーバーレス、SPA（Single Page Application）といった最新の技術が登場しています。これらの技術は先進的なソフトウェア組織がビジネスに不可欠なアプリケーションをより迅速に構築、スケーリング、運用するのに役立ちます。ビジネスのニーズが複雑になっているため、求められる実装も複雑になり、その結果、先ほどの技術を使って構築されるシステムは、莫大な数のアプリケーションを持つことになっています。そして、あるアプリケーションへのリクエストはその前後で何十もの別のアプリケーションを通過することになります。ある1つのアプリケーションに問題があるだけで、多数のリクエストが影響を受けることになり、サービス全体に影響を与えます。すると、顧客体験は悪化し、最悪の場合、別のサービスを使ってしまうかもしれません。

　1つのアプリケーションが多数のリクエストに悪影響を与える環境で作業しているエンジニアは、パフォーマンスが悪化している多数のリクエストが存在する状況から原因となるアプリケーションを特定する必要があります。これを実現できるのが「分散トレーシング」です。分散トレーシングでは、あるアプリケーションが別のアプリケーションを呼び出すという一連のつながりを「トレース」と呼びます。トレースは、全体の経過時間に加えアプリケーションごとの経過時間を持っています。経過時間の大きいトレースを見つけること、あるトレースの中でどのアプリケーションの経過時間が大きいか見つけること、アプリケーションの経過時間が大きいトレースの中で他にどのアプリケーションを呼び出しているか知ること、分散トレーシングではこのようなことが可能になります。この様子を**図5.82**に示しています。

154　第5章　Full-Stack Observability

5.9 Distributed Tracing（分散トレーシング）

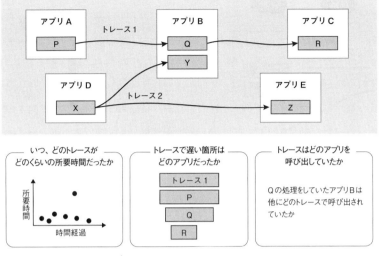

図5.82　分散トレーシングによってわかること

5.9.2　分散トレーシングの仕組み

　実際に分散トレーシングを設定しそのデータを見る前に、分散トレーシングの仕組みを知っておくことは重要です。今見ているデータが本当に自分の見たいデータなのかどうか確信が持てます。分散トレーシングは分散システムにおけるリクエストを**計測**し、Trace Contextを**伝搬**させ、**記録**し、**視覚化**という4つのステップで構成されています（図5.83）。New Relicはこの4つのステップをすべて提供していますが、アプリケーションと一緒に動作する計測と伝搬のステップのみを提供するツールや、別のツールが送信したデータを記録し可視化するステップに特化するツールもあります。この場合、Traceデータの互換性により利用できる組み合わせが決まります。

計測

　Full-Stack ObservabilityのAPM Agentは何百もの異なるライブラリやフレームワークをサポートし、アプリケーションコードを計測できます。Agentは、アプリケーション内の操作のタイミングを記録し、分散トレーシングのために測定された各操作を「スパン（Span）」という形式で記録し、スパンの特性に合わせて重要な情報を自動的に追加します。たとえばデータベースクエリ操作を含む場合、データベース接続情報とSQLクエリを追加します。外部アプリへの通信操作を含む場合、通信先の情報を追加します。スパンのつながりがトレースデータとなります。AgentはNRDBに記録するためにTraceデータを送信します。

155

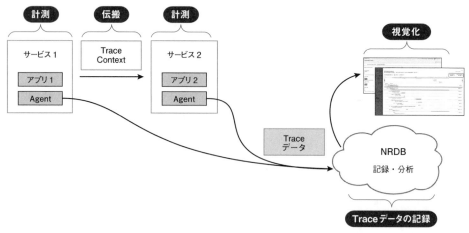

図5.83　分散トレーシングの仕組み

伝搬

　トレースを図5.82に示したように一筆書きのように追跡するにあたって、トレースを識別するための一意なTrace IDを発行します。発行したTrace IDとその他の必要な相関情報を「Trace Context」と呼びます。異なるコンポーネント間のトレースを一筆書きとしてつなげるには、このTrace Contextを伝搬し共有する必要があります。これがないと、たとえばアプリケーションAがアプリケーションBを呼び出したときに、アプリケーションAのAgentが記録したスパンとアプリケーションBのAgentが記録したスパンを結びつけることができません。そのため、たとえばHTTPで呼び出す場合、AgentはTrace ContextをHTTPヘッダーに追加します。APM AgentではTrace Contextの生成と伝搬の管理を自動化しているため、HTTPヘッダーに追加したり読み取ったりする処理をコードで記述する必要はありません。Agentが自動で伝搬できないケースもあるため、APIにより手動による伝搬も可能にしています。たとえばメッセージキューを経由してつながるアプリケーションの例を第3部「02　メッセージキューでつながる分散トレーシング」(p.209)で取り上げています。

　また、Trace Contextの形式としてNew Relic独自のものが使われてきましたが、2020年に初期草案が提出されたW3C Trace Contextにも対応しています。これにより、New Relic AgentとW3C準拠のAgentが混在する環境でもトレースがつながるようになりました。利用できるツールについては5.9.3項で簡単に説明します。具体例については、第3部「06　W3C Trace Contextを使ったOpenTelemetryとNew Relic Agentでの分散トレーシングパターン」(p.244)で取り上げます。

記録

分散トレーシングのトレースデータを記録し、必要に応じてクエリできるように保管することは、分散トレーシング機能の利用者にとっては重要なポイントです。大量のメトリクス、イベント、その他のテレメトリー同様、TraceデータもNRDBというスケーラブルなプラットフォームに取り込んで保存しています。

トレースの視覚化

特定のリクエストが遅い理由、エラーが発生した場所、コードを最適化してエンドユーザーの体験を改善できる場所を素早く理解できるように設計された視覚化ツールをFull-Stack ObservabilityのDistributed Tracingで提供しています。また、NRQLを使い直接クエリしてカスタムダッシュボードで視覚化することも可能です。本章では特にデフォルトで提供しているUIについて説明します。

> **Tips クロスアプリケーション**
>
> Full-Stack Observabilityには「クロスアプリケーション」という、分散トレーシングと似たようなことができる機能もあります。しかし、この機能は分散トレーシング以前に提供された機能です。これから新たにFull-Stack Observabilityを使う方は分散トレーシングを使うことをおすすめします。以前からクロスアプリケーショントレーシングを使っていた方は、分散トレーシングへの移行を検討してみてください。

5.9.3 Distributed Tracingの有効化

Distributed Tracingは複数のアプリケーションを可視化する機能であるため、すべてを可視化するためにはすべてのアプリケーションでDistributed Tracingを有効にする必要があります。しかし、だからといって、すべてのアプリケーションで有効化するまで効果がない、というわけではありません。まずは、ビジネスにおいて重要な影響を与える可能性のあるアプリケーションから有効化することで十分に効果が得られます。この項を読み、まず重要なところから導入を進めていきましょう。

Distributed Tracingを実現するには計測、Trace Contextの伝搬、記録、視覚化が必要です。このうち、計測はアプリケーションのコードとともに動作します。伝搬はアプリケーション間で共有する仕組みが必要です。記録、視覚化は可観測性プラットフォームが提供するものです。Full-Stack ObservabilityのDistributed Tracingは、計測に関してはNew Relic APMやNew Relic BrowserのAgentに加え、OSSのツールやクラウドサービスが計測したデータ

をAPIで取り込むことができます。伝搬はNew Relic Agent同士、もしくはW3C Trace Contextの規格で伝搬することができます。まず、計測可能な対象でどうやって有効化するのか説明したあと、複数のコンポーネント間での伝搬について説明します。

Distributed Tracingの計測の有効化

　Full-Stack Observabilityが提供するAgentのうち、Full-Stack ObservabilityでDistributed Tracingを記録し、可視化できる対象は、本書執筆時点ではAPM AgentおよびNew Relic monitoring for AWS Lambda、New Relic BrowserとNew Relic Mobileです。サードパーティのサービスではAWS X-Ray[29]に対応しています。加えてOSSであれば、分散トレーシングの計測と伝搬を行うツールであるIstio[30]、Kamon[31]、OpenCensus[32]、OpenTelemetry[33]などがNew Relicの提供するインテグレーションツール[34]を使うことでNRDBにTraceデータを送信しDistributed Tracingの機能を利用できます。また、これらのインテグレーションツールが利用するAPIはサービスとして公開されているため、その他のツールでもAPIを呼び出すことで計測可能になります。例としてeBPF[35]を利用したPixieによるインテグレーション[36]があります。順にツールごとに有効化の方法を説明します。

　APM AgentでDistributed Tracingを有効にする場合、通常は設定ファイルで有効化します。Agentの種類によって環境変数やソースコードを用いて有効化することもできます。なお、各言語向けのAgentがサポートしていないフレームワークを利用している場合は、手動による計測が必要になります。詳細については、APMの公式ドキュメントのページ[37]から利用している言語の説明を参照してください。

　New Relic Monitoring for AWS Lambdaの場合、そのセットアップ手順に統合されています。Distributed Tracingを有効化するのに必要な設定も説明されているので、5.7.4項を参照してください。

　New Relic Browserの場合、初期設定を行うときに、あるいは行ったあとにNew Relicの画面から設定します。Browser Pro with SPAを有効にし、［Application Settings］で［Distributed Tracing］を有効化します。もし、CORS（Cross-Origin Resource Sharing）が

※29　https://docs.aws.amazon.com/ja_jp/lambda/latest/dg/services-xray.html
※30　https://istio.io/
※31　https://kamon.io/
※32　https://opencensus.io/
※33　https://opentelemetry.io/
※34　https://docs.newrelic.com/jp/docs/integrations/open-source-telemetry-integrations/istio/istio-adapter/ など
※35　https://ebpf.io/
※36　https://newrelic.com/blog/nerd-life/pixie-developer-first-observability
※37　https://docs.newrelic.com/jp/docs/agents/manage-apm-agents/agent-data/custom-instrumentation/

5.9　Distributed Tracing（分散トレーシング）

適用されるようなケースであれば設定が必要なので注意してください。New Relic Mobileについてはデフォルト有効になっています。

　インテグレーションツールでは、ソースコードとともに設定方法をGitHub上で提供しています。これらを使ったDistributed Tracingの有効化についてはそれぞれのGitHubのドキュメントを参考にしてください。またAPIでDistributed TracingのトレースデータをNRDBに送信する方式では、New Relicが定めた形式のトレースデータに加えて、オープンソースの分散トレーシング計測ツールであるZipkin[38]が定めるフォーマットのデータもサポートしています。このため、Zipkin形式でDistributed Tracingを計測している場合、その送信先にNew RelicのAPIを追加するだけでNew RelicでのDistributed Tracingを開始することができます。

Distributed Tracingの見方

　Distributed Tracingを有効化したら、さっそく画面上でどのように見えるか確認してみましょう。Distributed TracingはNew Relic Oneの［Apps］にある［tracing］を選択すると表示されます（**図5.84**）。この画面では、自分のログインしているアカウントがアクセス可能なすべてのDistributed Tracingのトレースデータを閲覧することができます。これ以降の画面の説明は原則としてこちらの画面を使っています。

　また、New Relic APMやNew Relic Browser、AWS Lambda functionsのメニューにも［Distributed tracing］があります。この画面では、そのアプリケーションに関連するDistributed Tracingのトレースデータを閲覧することができます。

※38　https://zipkin.io/

Part 2　New Relicを始める

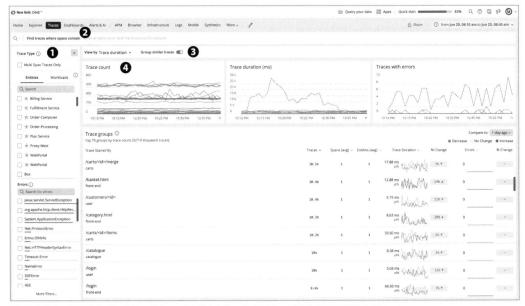

❶ 組み込みで用意されているフィルタ　　❸ 似たトレースをグループ化して表示するオプション
❷ 詳細な条件式によるフィルタ　　❹ トレースを表示するエリア

図5.84　［Distributed tracing］のGlobal view画面

　　Distributed TracingのUIは大まかに図5.84で示されるように、あらかじめ用意されているフィルタのオプション（❶）と、より詳細で複雑な条件でフィルタするクエリバー（❷）、およびトレースを表示するエリア（❹）から構成されています。図5.84は似たTraceをグループ化するオプション（❸）をオンにしている状態です。オフにすると図5.85のように散布図が表示されます。また、グループ化されたトレースを選択した場合は該当のトレースのみを対象にした散布図が表示されます。まずは、❶に表示されているフィルタで自分の調べたい対象のトレースを絞り込んでいきます。より具体的であったり、複雑な条件でフィルタしたりしたい場合はクエリバーを使います。たとえば、特定の2つのサービスを経由したトレースを見つける場合やカスタム属性で追加した値で検索する場合です。

5.9 Distributed Tracing（分散トレーシング）

図5.85　散布図

散布図を表示したあと、カーソルを移動して時間軸で絞ったり、トレースの経過時間で絞り選択します。すると図5.86のトレース詳細画面が表示されます。

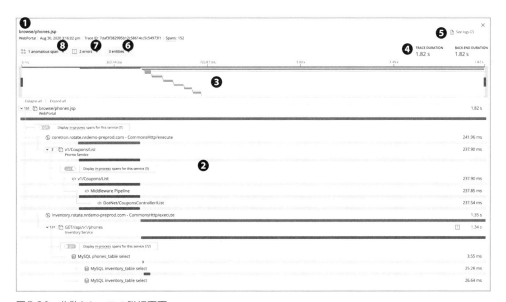

図5.86　分散トレースの詳細画面

それぞれの項目を少し細かく見ていきます。

❶ トレースの詳細。ルートスパンの名前、アプリ名、発生時刻、トレースID、スパン数が表示されています。

❷ Anomalous spanと呼ばれる異常な計測値を示すスパンの数。クリックすると該当スパンの詳細とそのスパンに移動するメニューが表示されます。

❸ Error spanの数。クリックすると該当スパンの名前と移動するメニューが表示されます。

❹ Spanを含んでいるエンティティの数。クリックするとエンティティの名前とどの色で表しているかを表示します。

❺ Logs in Contextを有効にしている場合、この分散トレースに対応するログの件数。クリックするとそのログ一覧を表示する画面に移動します。Logs in Contextの詳細は5.8節を参照してください。

❻ トレース全体の経過時間と、その経過時間のうちバックエンドサービスでの経過時間です。

❼ スパンを呼び出し順に、横軸を発生時刻と経過時間で並べた図です。横軸を選択することで拡大することができます。

❽ スパンの一覧です。

スパンの一覧は、エンティティごとに❹で表示される色分けがされているため、色が違うスパンはアプリケーションが異なっています。スパンには属性や状態を示すアイコンが表示されることがあります。アイコンの詳しい説明は公式ドキュメント[39]を参照してください。

ここまで機能ベースでDistributed Tracingの見方を説明してきました。実際のアプリケーションへの分散トレーシングの導入戦略については、第3部のW3C Trace Contextの利用[40]、メッセージキューをはさんだケース[41]もあわせて参照してください。

Infinite Tracing

ここまで見てきたように、Distributed Tracingというのは非常に大量のスパンの中から目的に応じたスパンを探す作業です。通常は、サービスのトランザクションの大部分は問題なく完了しており、ほとんどのトレースデータは統計的には面白くなく、問題を迅速に解決する役にはあまり立たないでしょう。なにより実際にリアルタイムですべてのトレースを分析するのは人間にはおそらく不可能です。そこで、多くの分散トレースツールは大量に取得したトレースデータを全量保管し分析対象とするのではなく、取捨選択した一部のみを対象とするサンプリングを行います。

現在のFull-Stack ObservabilityのデフォルトのDistributed Tracingを含め多くの分散トレーシングツールは、トレースが完了するタイミングではなく、開始する時点でどのトレースを分析対象とするか取捨選択します。トレースの先頭でサンプリングするため伝統的に「head

---

[39] https://docs.newrelic.com/jp/docs/distributed-tracing/ui-data/understand-use-distributed-tracing-ui/#trace-details

[40] 第3部「06 W3C Trace Contextを使ったOpenTelemetryとNew Relic Agentでの分散トレーシングパターン」(p.244)

[41] 第3部「02 メッセージキューでつながる分散トレーシング」(p.209)

ベースのサンプリング」と呼ばれています。この方式は導入が容易で、迅速にDistributed Tracingのメリットを享受できます。しかし、トレースが完了する前にサンプリングするため、エラーが発生したトレースを分析対象にできない可能性があります。特に高スループットで高いSLAを求められるようなミッションクリティカルなサービスではごくわずかに発生したエラートレースにこそ注目したいのですが、headベースサンプリングではサンプリングできず問題になることがあります。

そこで、トレースが完了してからサンプリングを行う「tailベースサンプリング」が考えられました（図5.87）。

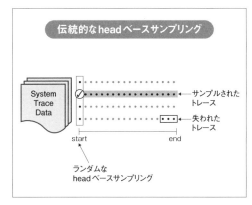
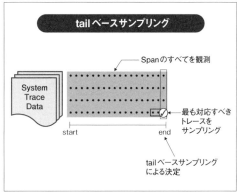

図5.87　headベースサンプリングとtailベースサンプリング

tailベースサンプリングは、エラーの発生したトレースなど分析の対象にすべきトレースを確実に分析することができます。しかし、すべてのトレースを完了するまで記録してから取捨選択する必要があるため、個別のAgent単位でサンプリングの判断はできず、サンプリングするための計算リソースが別に必要になります。また、そこにトレースデータを送信するためのネットワークコストも無視できません。そのため、多くのケースではアプリケーションの近くにサンプリングするための計算リソースをエッジとして配置します。すると、今度はそのエッジを可用性を維持しつつトレースデータの量に応じてスケールさせながら運用するためのコストがかさむようになります。

そこで、New Relicは業界初の、完全にマネージドなリソースとしてエッジを展開でき、tailベースのサンプリングによるDistributed Tracingを利用可能にするInfinite Tracingを公開しました。Infinite Tracingではサンプリングするためのエッジを「Trace Observer」と呼びますが、New Relic Oneの画面でTrace Observerの作成や設定などを管理することができます。そして、有効化するためには、基本的にはこのTrace Observerの接続先を追加でAgentに設

定するだけで十分です。詳細については、公式ドキュメント[42]を参照してください。

---

[42] https://docs.newrelic.com/jp/docs/distributed-tracing/concepts/how-new-relic-distributed-tracing-works/#tail-based

Part 2 | New Relicを始める

第6章

Alerts and Applied Intelligence (AI)

この章の内容

◉ 6.1　Alerts と Applied Intelligence (AI)

◉ 6.2　New Relic Alert の設定

◉ 6.3　Applied Intelligence (AI) の概要

6.1　AlertsとApplied Intelligence（AI）

　New Relicは、Alerts機能が異常を検知したときに、柔軟に通知することができます。何をもって異常と判断するか、どこに通知するかなどは、柔軟に設定できます。ただ、このアラート機能を多用すると非常に負荷が高くなります。対象のアプリケーションが複雑化し多数のエンティティから構成されるようになると、アラートをさまざまな箇所に設定するようになります。それ自体悪いことではありません。しかしアラートの本来の目的は、問題に気づき、その問題に対して適切なアクションを取るためのものなのに、それほど意味のないアラートを多数受信し、本来の業務が滞ってしまっては本末転倒です。そんな問題を改善するために、New RelicはApplied Intelligence（AI）を提供しています。本章では、AlertsとAIを使用して、運用をより高度化するための手法を解説します。

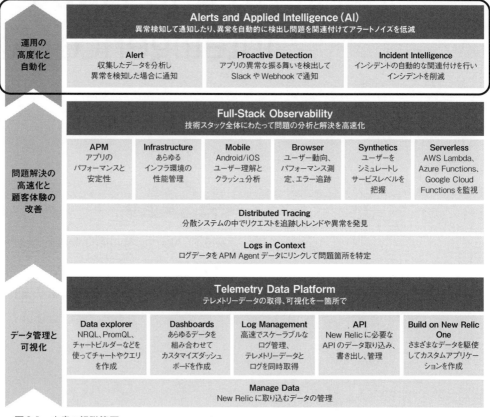

図6.1　本章の解説範囲

6.2 New Relic Alertsの設定

New RelicではTelemetry Data PlatformやFull-Stack Observabilityを用いてさまざまなメトリクスを収集します。Full-Stack Observabilityやダッシュボードを使ってシステムに可観測性を与え、多くの洞察を得ることができます。

しかし常にダッシュボードを目視で確認していては、本来の目的である開発や問題解決を行うことができません。ダッシュボードを見ていないタイミングでもシステムの問題を見落とさないよう通知を行う仕組みがNew Relic Alertsの役割となります。

6.2.1 New Relic Alertsの構成

New Relic Alertsの設定は、次の3つで構成されています（図6.2）。

- ポリシー（判定条件および通知先設定の集合）
- コンディション（判定条件）
- Notification channel（通知先および通知方法）

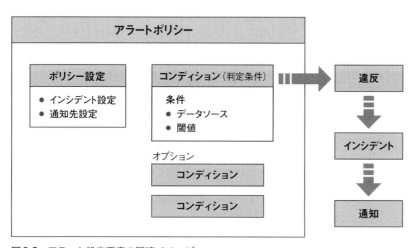

図6.2　アラート設定要素の関連イメージ

アラートに関連する用語をはじめに整理しておきます（表6.1）。

Part 2 New Relicを始める

表6.1 アラート用語

アラート用語	説明
ポリシー	● ポリシーは1つ以上のアラート条件のグループ ● ポリシー内のすべての条件に適用されるインシデント設定と通知チャネル設定が含まれる
コンディション	判定対象のデータソースと判定閾値のペア
閾値	● クリティカル閾値（必須） ● 警告閾値（オプション） ● 2つの閾値を設定できる
違反	● データソースの値が閾値を超えた場合に違反が発生する ● 違反はインシデントになる可能性があるイベント（違反が通知を作成するわけではない）
インシデント	● インシデントは通知を生成する。インシデント設定により、違反からインシデントを生成するか、別のインシデントに結合するかが決定される
通知	● インシデントが発生した場合にどのようなチャネルを使い誰に通知するかを設定する

6.2.2 インシデント設定

インシデント設定には3つのタイプがあります（**表6.2**）。どのタイプを選択するかによって通知の件数が大きく変わります。アラートポリシーごとにインシデント設定を指定できます。インシデントはクリティカル閾値を超えた場合に作成されます。警告閾値は、作成されたインシデントの追加情報として記録されます。

表6.2 インシデント設定

インシデント設定	動作内容
By policy	● アラートポリシーごとに1つの通知を作成する ● ポリシーの中に複数のコンディションが登録されている場合、インシデント発生中に別の違反が発生した場合はインシデントの追加情報として処理され、新たなインシデントは生成されない
By condition	● アラートポリシーの中に設定した個々のコンディションごとにインシデントを生成する ● インシデント発生中に別の違反が発生した場合は新たなインシデントが生成される ● コンディションの中で複数のアプリケーション（エンティティ）が登録されている場合、インシデント発生中に別のエンティティで同様の違反が発生した場合は追加情報となり、新たなインシデントは生成されない
By condition and entity	● アラートポリシーの中に含まれるすべてのコンディション、すべてのエンティティごとにインシデントが生成される

インシデント設定のユースケース

インシデント設定によって通知の内容が変化するためアラートポリシーが持つ意味合いが変化します。

168 第6章 Alerts and Applied Intelligence（AI）

By policy

- アラートポリシー自体が1つのインシデントになる
- 個々のコンディション設定は同時に発生した付加情報として可視化される
- 障害対応チームが全体を見渡して、障害対応を行うような目的に向いている

By condition

- トラフィック増大やレスポンス劣化などの事象ごとにインシデントが生成される
- 複数のアプリやホストにまたがった同一事象は付加情報として可視化される
- 複数のアプリやシステムにまたがる共通対策を立案するような管理者や専門家を通知先とするような設定に向いている

By condition and entity

- すべての違反ごとに個別にインシデントが生成される
- アラートポリシーは個々の障害を意味するのではなく、通知先をグルーピングしたハブのような位置づけとなる
- インシデントチケット管理システムなどと連携して1つの通知設定で多くの通知を行いたいような場合に向いている

6.2.3 コンディション設定

コンディション設定には、コンディション名、アラート条件、RunBookURLを設定します。

アラート条件の設定

アラート条件には、以下に示すさまざまなものを設定できます。

NRQLクエリ条件

数値を返すNRQLを作成し、そのクエリ結果に対して閾値を設定します。NRQLの評価は1分ごとに実施されます。NRQLについては4.2節あるいは公式ドキュメント[1]を参照してください。

信号喪失の検知

NRQLクエリ条件では、信号喪失（データが届いていない状態のこと）を検知できます。新たなデータを受信するたびに更新されるタイマーを利用し、タイマーが指定時間を過ぎた場合に

---

[1] https://docs.newrelic.com/docs/query-your-data/nrql-new-relic-query-language/get-started/introduction-nrql-new-relics-query-language

「信号喪失」と判定します。

　信号喪失を検知した場合の動作として、閾値の違反とは別に、次の2種類の動作を設定できます（**図6.3**）。

- Close all current open violations：現在発生しているこのコンディションに関連するインシデントをすべて閉じます。一時的に追加されたサービスや断続的に値が送られ違反が適切に閉じられないような場合に適しています。
- Open New "lost signal" violations：データが送信されなくなったというインシデントを新たに生成します。

　両方にチェックを入れた場合は、開いているインシデントを閉じてから、新たにデータが送信されなくなったというインシデントが開きます。

図6.3　信号喪失の検知設定

ベースライン条件

　ベースライン条件では、曜日あるいは季節などの期間に合わせて変動するデータに対して過去の値の推移をもとに近未来の値を動的に予測します。この予測範囲から実際の値が外れた場合に違反を作成するのがベースラインアラートです。

　ベースラインアラートはAPM、ブラウザ、NRQLクエリ条件がデータソースの場合に利用できます。

　ベースラインアラートを利用すれば、DoS攻撃のような通常のユーザー増加に伴うリクエスト数増加ではない、異常な増加の場合に違反となるように設定できます。ベースラインアラートでは、固定的な閾値を数値で設定するのではなく、スライドバーによって感度を調整します（**図**

6.4)。ベースラインによって予測される範囲は設定時のサンプルグラフでグレーの範囲として表示されます。

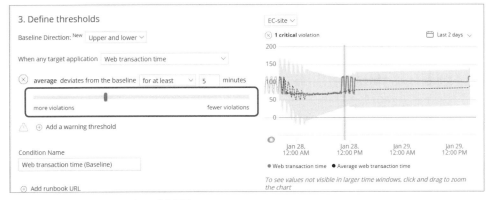

図6.4　ベースラインアラートの感度調整

　ベースライン条件のアルゴリズムは数学的に複雑な処理によって実現されています。数学自体を理解する必要はありませんが、具体的なベースライン条件の特徴は表6.3に挙げておきます。

表6.3　ベースライン条件のアルゴリズム

データ特性	アルゴリズムの内容
データ期間	最初の作成時に1〜4週間のデータを使用してベースラインを計算する。その後、長期間にわたる継続的なデータの変動を考慮する。以後の新しいデータについては、重み付けを大きくする。利用できるデータが十分に蓄積されていない場合、ベースラインはかなり変動し、あまり正確ではない。データの履歴が多いほど、ベースライン閾値は正確になる
データの一貫性	一定の範囲内にとどまる値、またはゆっくりと一定の変化傾向を示す値の場合、予測される範囲（グレーの範囲）は狭くなる。変動が大きな値の場合は、予測される範囲はより広くなる
定期的な変動	1週間より短い周期的変動（特定の曜日の特定の1時間の増加など）の場合、ベースラインアルゴリズムはこれらの周期的変動を探し、それらに適応しようとする

外れ値検出条件

　クラスタ環境やロードバランサーによるサーバーサイズが異なる負荷分散環境などでは複数のデータがいくつかのグループに分かれることが想定されます。NRQLのファセットクエリによってグループ化した場合に、設定したグループ数と実際の値のグループ数とが異なった場合に違反となるのが外れ値検出となります。

　想定されるグループ数を指定するには、[Threshold Type]で[Outller]を選択し、[Number of expected groups]でグループ数の値を指定します（図6.5）。

図6.5　グループ数の設定

　外れ値検出では収集サイクルごとにクエリが1回実行され、判定を行います。ベースラインアラートとは異なり履歴データは使用しません。クエリから返されたデータをアラート条件で設定されたグループの数に分割し、グループごとに平均値を計算します。その平均値から標準偏差を算出します。分類されたグループのメンバーが許容偏差の範囲外である場合に違反が発生します（図6.6）。

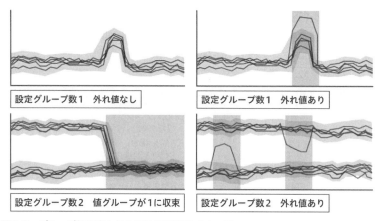

図6.6　グループ数設定と外れ値検知の判定イメージ

　NRQLクエリはファセットクエリである必要があり1つの属性に対してのみファセットを実行できます。ファセットクエリが返す値の数は500以下という制限があり、クエリの作成後に、値の数が500を超えた場合は判定は失敗します。ファセットの中で計算に使えない値が返された場合その値はゼロとして処理されて平均値計算には利用しません。

Syntheticsマルチロケーションアラート条件

　New Relic Syntheticsによるモニタリングで、複数のアクセスポイントから同時に失敗した場合はアラートを発報できます。

キートランザクションメトリック条件

APMで設定したKeyTransactionに対して閾値を設定できます。

Javaインスタンス条件

APMでモニタリングしているJavaアプリケーションのインスタンス単位で閾値を設定できます。

JVMヘルスメトリック条件

単一のJVM（Java Virtual Machine）のヒープサイズまたはスレッド数が予想される動作範囲外になった場合にアラートを発報できます。

Webトランザクションのパーセンタイル条件

Webアプリの応答時間に閾値を設定する際にパーセンタイルをアラート条件として設定できます。この場合、平均Web応答時間ではなく特異的な応答時間について警告できます。

アプリのラベルによる動的ターゲティング

APMでアプリケーションにラベルを設定することにより、個々のエンティティに対してではなく、同じラベルを持つアプリケーションに対して一括で閾値を設定できます。

Infrastructure条件

New Relic Infrastructureでは、Alert画面からではなく、Infrastructure画面から閾値を設定します。

Runbook URL

コンディション設定にはRunbook（障害対応手順書）のURLを設定できます。クリティカルインシデントが発生した場合は、画面上およびメール通知で設定されたURLを表示します。これにより通知を受けた担当者がすぐに手順書にアクセスして障害対応を開始できます。

コンディション名（Condition name）

コンディション名は通知の際のメール件名、チャットタイトルなどに利用されます。

6.2.4 通知設定

通知方法および通知先はNotification channelとして設定を行います。New Relic Alertsの通知方法では**表6.4**に挙げているものが利用できます。

表6.4 Notification channelの種類と内容

チャネル名	内容
User	● New Relic Accountに登録されたユーザーは自動的にメールアドレスが取り込まれ、通知先として利用できる ● Mobileアプリを利用しているユーザーを選択した場合、Mobileプッシュ通知も送信される
Email	● ユーザーとは関係なく、通知先メールアドレスを登録できる
OpsGenie	● New Relic統合を有効化したOpsGenieアカウントに対して通知する
PagerDuty	● PagerDutyのIntegration Keyを登録するとPagerDutyアカウントに通知するようになる
Slack	● SlackのNewRelic統合をインストールし独自のWebhook統合を有効化する ● Slackで設定したNewRelicWebhook統合URLを登録することによりSlackのチャネルに対して通知できる
VictorOps	● VictorOpsのアカウントキーを登録することで通知できる
Webhook	● ベースURLに対してPOSTメッセージを送信する ● エンドポイントは10秒以内にPOSTリクエストを処理する必要がある
xMatters	● xMattersによって提供される一意の統合URLを登録することで通知できる

通知のライフサイクル

通知はインシデントが発生したとき、対応者が「acknowledge」を行ったとき、インシデントが閉じたときに行われます。アラートは以下の場合に閉じます。

- 違反状態が解消された場合
- 手動で「Manually close violation」が選択された場合
- 経過時間による自動クローズが設定されていてその時間が経過した場合

acknowledge操作

「acknowledge」とは、そのインシデントをユーザーが所有し対応を実施しているという意味です。インシデントの アイコンをクリックすると、そのインシデントをacknowledgeすることができます（図6.7）。acknowledgeされたインシデントには担当者のイニシャルが表示されます。

図6.7 acknowledge操作画面

通知の抑止

ミューティングルールを使用して、定義されたアラートポリシー／コンディションのデフォルトのアラートライフサイクルを上書きして、メンテナンスウィンドウやデプロイメントなどの計画されたシステム障害時に通知をミュート（抑制）できます（図6.8）。

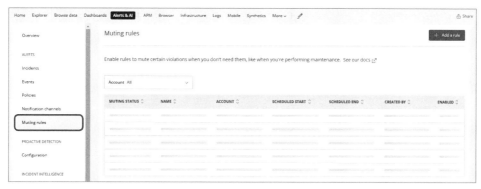

図6.8　ミューティングルール一覧画面

6.2.5　New Relicのステータスカラー

　New Relic Alertsで閾値を設定した場合、Alert画面だけではなく、Full-Stack Observabilityの各画面でステータスカラーが表示されます[※2]。それぞれの色には、次のような意味があります。

- 緑：モニタリング対象は正常
- 薄灰：モニタリング対象に閾値が設定されていない
- オレンジ：警告閾値に違反している
- 赤：クリティカル閾値に違反している
- グレー：モニタリング対象からデータを受信していない

※2　https://docs.newrelic.com/docs/alerts-applied-intelligence/new-relic-alerts/alert-conditions/view-entity-health-status-find-entities-without-alert-conditions/#colors

6.3 Applied Intelligence（AI）の概要

前節ではNew Relic Alertsについて説明しました。それでは、あらゆるメトリクスに対し、知る限りのトリガー条件を設定すれば十分なのでしょうか。100以上の大企業を対象にしたある調査[3]によると、そのうち40％の組織が毎日100万を超えるアラートイベントに直面していることがわかりました。大きな組織といえども、これは人の手で扱える規模を超えています。対応しきれないほど多すぎるアラートは大きく2つの問題を引き起こします[4]。

- **アラートによる過負荷**：低リスクのアラートの数が高リスクのアラートを大幅に超えている場合、アラート通知を受けることそのものが負荷になります。
- **アラートの喪失**：無視したアラートの数が有効なアラートを超えている場合、対応すべき高リスクのアラートを見失っている可能性があります。

いずれの場合も、サービス運用者に負荷をかけ、アラートへの応答時間およびインシデントからの平均復旧時間（MTTR）を延ばし、最終的にビジネスに悪影響を与えるため、アラート疲れ（Alert Fatigue）と呼ばれ避けるべき状態として知られています。

アラート疲れを引き起こす多すぎるアラートは、低リスクのアラートの数を減らし、高リスクのアラートと相関しているアラートを結びつけてまとめると改善につなげることができます。しかし、アラートにまつわる問題はそれだけではありません。

1つは、**根本原因を見つけインシデントの復旧まで迅速に行うためには既存のアラート通知だけでは不十分**であるという問題です。運用者にとってアラートがインシデントを通知することが最終目標ではなく、インシデントからの復旧が完了することが目標です。アラート通知はあるメトリクスの値が特定の条件を超えたことだけを意味しており、なぜ超えたのかという根本原因が含まれていないのがほとんどです。根本原因を見つけ、調査とトラブルシューティングが迅速にできる必要があります。

もう1つは、**既存のアラート設定ではそもそも不十分**であるという問題です。たとえば、アラート通知を受けていないのにサービスに問題が発生し、顧客からの問い合わせで初めて知って対応したのであれば、これはアラートが不十分であることを意味しています。あるいは、そもそもアラートも問い合わせも来ていないけれども問題が発生し気づけていないだけという可能性もあります。いずれの場合も、運用者が気づけていないシステムの異常な振る舞いに気づけるように

---

[3] "The Current State of AIOps," Mary Branscombe, The New Stack, August 2019
https://thenewstack.io/the-current-state-of-aiops/

[4] What exactly is "Alert Fatigue"? , Dirk Stanley, MD, MPH
https://www.dirkstanley.com/2012/11/what-exactly-is-alert-fatigue.html

する必要があります。

ここまでで以下の3つの課題が出てきました。

1. アラート疲れの防止
2. 根本原因の発見と調査トラブルシューティングの迅速化
3. 気づけていない異常な振る舞いに気づけること

AIOpsソリューションであるNew Relic Applied Intelligence（AI）を利用すれば、これら3つの課題を解決できます。アラートはメトリクスのデータを運用者の知識をもとにしたトリガー条件を設定しますが、AIOpsソリューションはそこに人工知能、特に機械学習の力を借りて助けるものです。

AIOpsソリューションを導入すると聞くと、その価値を引き出すには多大な時間とワークフローのシフトが必要となり、統合、設定、トレーニング、導入作業に数百時間のコストがかかってしまうのではないかと感じる人も多いかもしれません。

New Relic AIのアプローチは根本的に異なります。インテリジェントなシステムの価値と最小限の設定要件を組み合わせたものです。New Relic AIはソースやデータにとらわれず、PagerDuty[5]、New Relic Alerts、Splunk[6]、Prometheus[7]、Grafana[8]、Amazon CloudWatch[9]などのデータソースとREST APIを介して統合します。New Relic AIは時間の経過とともに学習し、インシデントデータを自動的に集計、相関、優先順位づけして、アラート疲れを軽減できるようにします。たとえば、PagerDutyなど既存のサービスを利用している場合でも、そのツールを引き続き使いながら発生したインシデントに対応できます。対応方法をNew Relic AIに合わせて変える必要はありません。

New Relic AIには、執筆時点では大きく2つの機能、Proactive DetectionとIncident Intelligenceが用意されています。

Proactive Detectionは、New Relic AIがNew Relic APMのデータを使って学習することで、アラート設定の手間を省き、anomaliesと呼ぶアプリケーションの異常な振る舞いをいち早く見つける機能です。細かいアラートを設定せずに、アプリを登録するだけで、通知を受け取れます。主に「気づけていない異常な振る舞いに気づけること」に貢献してくれます。

Incident Intelligenceは、New Relic Alertsだけではなく、その他のサービスやツールから

※5　https://www.pagerduty.com/
※6　https://www.splunk.com/
※7　https://prometheus.io/
※8　https://grafana.com/
※9　https://aws.amazon.com/jp/cloudwatch/

のアラート通知を取り込むことができます。インシデントのアラート通知をいったんNew Relic AIが受け取り、相関関係のあるアラートを見つけ、まとめあげ、付加情報を追加してくれます。その結果として主に「アラート疲れの防止」と「根本原因の発見と調査トラブルシューティングの迅速化」に貢献してくれます。

個別の機能の説明に入る前に、New Relic OneではAlerts & AIで検知したアラートや通知をまとめて確認できるので、その画面の説明をしましょう。New Relic Oneの［Alerts & AI］の［Overview］ページを開くと図6.9のような画面が表示されます。

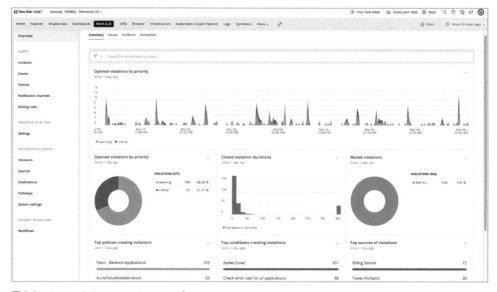

図6.9　Alerts & AIのoverviewページ

この画面では、New Relic Alertsのインシデント通知、Proactive Detectionのanomalies通知、Incident IntelligenceのIssuesとIncidents通知を分析した内容とそれぞれの履歴を確認できます。自分たちの組織がどのようなアラートを受け対応しているか、まずこのページを見て把握するのがよいでしょう。

以降で、この2つの機能についてそれぞれ詳しく説明していきますが、New Relic AIは今New Relicが最も注力している分野です。機能追加が特に多い領域であるため、本書では詳細な機能説明はドキュメントのリンクにとどめ、主な機能とその使い方を中心に説明しています。

6.3.1 Proactive Detection

　Proactive Detection は、まだ気づけていない異常なアプリケーションの振る舞い（anomalies）を気づけるようにすることができます。New Relic APMを使用したアプリケーションで異常を検知するために、従来は、各種のメトリクスに対して閾値を設けてアラートを設定していました。NRQLアラートやベースラインや外れ値などの高度な検出も可能ですが、条件ごとに設定する必要がありますし、なによりその条件を知っていないと設定できません。まだ気づけていないことは検知できないのです。

　それでは、Proactive Detectionは何に着目して見つけているのでしょうか。いわゆる「4つのゴールデンシグナル」（遅延、トラフィック、エラー、飽和状態）に着目しています。加えて、アプリケーションによってはアクセスが集中する時間帯が異なるなどそれぞれの特性を持っていますが、このような特性を学習することも可能です。

　Proactive Detectionでは、APM Agentによって報告されたメトリクスを監視し、そのアプリケーションのモデルを構築し、スループット、応答時間、エラーなどのゴールデンシグナルを追跡します。追跡しているゴールデンシグナルに異常な動作を示した場合はフラグをつけ、通知を送信し、通常の動作への回復を引き続き追跡します。さらに、システムに変化があった場合もその変化を学習し、モデルを更新します。

Proactive Detectionの利用方法

　Proactive Detectionは、Full-Stack ObservabilityのAPMを有効化しているとデフォルトでそのまま利用できます。Slack通知を受ける場合は、Applied IntelligenceアプリケーションをSlackワークスペースにインストールしておく必要があります。New Relic OneのUIから[Alerts & AI] の [PROACTIVE DETECTION] に移動し、[Settings] のページで設定を追加します。詳細な手順についてはドキュメント[10]を参照してください。

　Proactive Detectionを有効にすると、たとえ通知先を設定していない場合でも、New Relic Oneホームページの [Activity Stream] [11] やAPMの [Summary] の右側の [Application activity] で検知したanomaliesイベントを確認できます。イベントをクリックすると**図6.10**のように詳細が表示されます。この画面で関連する異常な振る舞い、提案されたクエリ、その他の関連するメトリクスなどが確認できるため、すぐに分析を始められます。たとえば、**図6.10**ではエラーの割合が急上昇したことを通知していますが、エラーの多いトランザクション上位5種類をチャートに表示しています。さらに関連するメトリクスとしてデータベースの種類とテーブル

※10　https://docs.newrelic.com/jp/docs/alerts-applied-intelligence/applied-intelligence/proactive-detection/proactive-detection-applied-intelligence/#set-up

※11　https://docs.newrelic.com/jp/whats-new/2020/09/anomalies-visible-activity-stream/

ごとのデータベース処理時間を表示し、ある1つのテーブルへの操作が特に遅延していることがわかります。

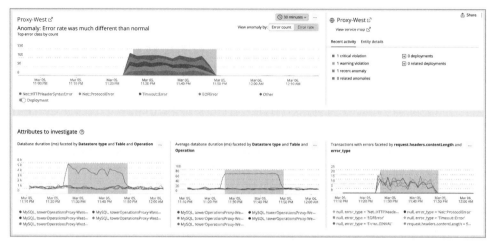

図6.10　検知したanomaliesイベントの詳細

　図6.10の画面は下にスクロールでき、[compare signal]で関連するメトリクスを確認できます。

　Slackに通知するように設定している場合は、図6.11のような通知を受け取ります。[Mute this app's warnings]あるいは[Mute all warnings]をクリックして通知をミュートすることができます。これにより、通知を受けてトラブルシューティングしている間に余計な通知を受けないようにできます。

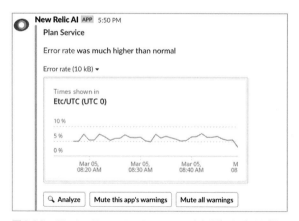

図6.11　SlackでProactive Detectionより通知を受けた様子

また、Slackにはanomaliesイベントから回復した通知も図6.12のように届きます。このとき、今回通知された異常が実際の問題であったかを［Yes］か［No］でフィードバックできます。このフィードバックによりAIOpsの機械学習を改善できます。

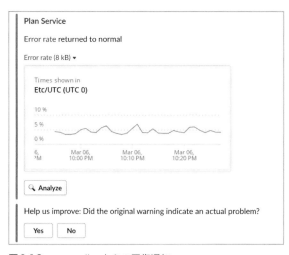

図6.12 anomaliesからの回復通知

次項で説明するIncident Intelligenceは、さまざまなツールからのアラート通知を受け取り、相関エンジンによって関連付けることができます。Proactive DetectionからIncident Intelligenceに送信したい場合はSources（p.184）から設定します。

また、Proactive Detectionで検知したanomaliesイベントはProactive DetectionイベントとしてNRDBに保存されています。そのため、このイベントの発生をトリガーとするNRQLアラート条件（6.2.3項参照）を作成したり、ダッシュボードにチャートとして埋め込んだりすることもできます。

6.3.2 Incident Intelligence

Proactive Detectionが主に「気づけていない異常な振る舞いに気づけること」を解決する機能なのに対して、Incident Intelligenceは主に「アラート疲れの防止」と「根本原因の発見と調査トラブルシューティングの迅速化」を解決するための機能です。

Incident Intelligenceは、多数のアラート通知を受ける状況で、AIの力を借りて、関連するものをまとめ、本当に必要な通知を、適切な通知先に通知する機能です。計測対象のエンティティとメトリクスの組み合わせが増えるほど、アラート通知の数が増えます。それらは独立しているわけではないため、なんらかの異常がシステムに発生すると、その影響を受けた複数のメト

リクスが異常を知らせ、アラート通知として飛んできます。あらかじめ影響範囲がわかっていれば、関連するアラートをまとめておくことができますが、パブリッククラウドやコンテナなどインフラストラクチャが抽象化されるほど、関連性を事前に定義するのは困難になります。そこでNew Relic AIはいったんすべてのアラートをインシデントとしてNew Relic AIに集め、インシデント同士の相関関係を見つけ、関連するインシデントをイシュー（インシデントのグループ）としてまとめ、さらには適切な場所に通知する、といった判断を行うようになっています。これがIncident Intelligenceです。Incident Intelligenceには、インシデントがイシューとしてまとめられています（図6.13）。この画面は［Alerts & AI］の［Overview］画面の右パネルにある［Issues］タブで確認できます。

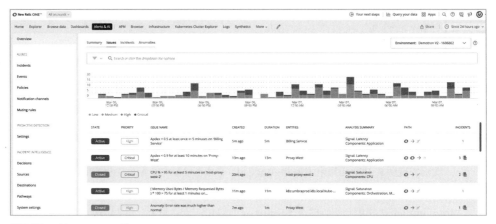

図6.13　イシューフィード

　New Relic AIのIncident Intelligenceでは、「イベント」「インシデント」「イシュー」という用語が出てきます。ここで、Incident Intelligenceにおける各々の用語の意味について整理しておきます。

- **イベント**：モニタリングシステムによって定義された状態変化やトリガーを示します。イベントには、影響を受けるエンティティに関する情報が含まれており、ほとんどの場合、システムによって自動的にトリガーされます。
- **インシデント**：時間の経過とともにシステムの「症状」を説明するイベントの集合です。これらの症状はデータストリームとイベントを評価するモニタリングツールによって検出されます。
- **イシュー**：症状の根本的な問題を説明するインシデントのグループです。新しいインシデントが作成されると、インシデントインテリジェンスはイシューを開き、他の開いているイシュー

6.3 Applied Intelligence (AI) の概要

を評価して相関関係を調べます。

Incident Intelligenceによって自動的にインシデントの相関関係を見つけてまとめると言われても、そのまとめる判断基準がよくわからず、何か大事なインシデント通知を見逃してしまうのでは、と心配になるかもしれません。New Relic AIは、AIOpsに透明性が重要だと考えています。Incident Intelligenceでは、イシューがなぜどのように相関関係にあるのかを明確に示しています。たとえば、**図6.14**ではアラートメッセージが類似していることと、同一のアプリケーションからの通知という2点が理由だとわかります。

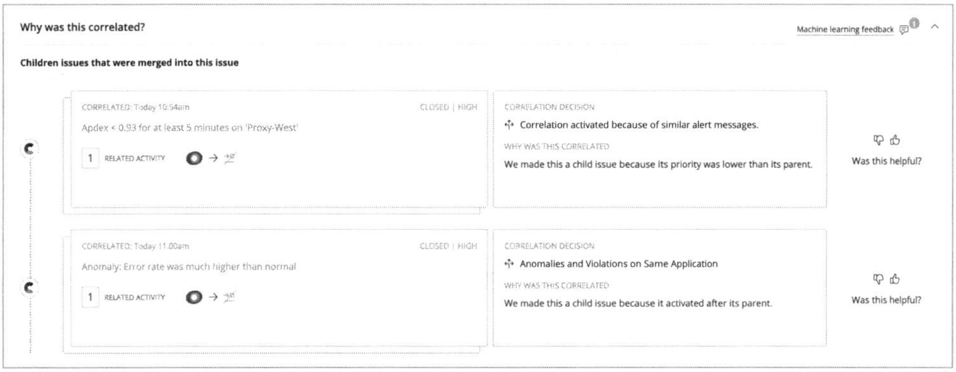

図6.14 イシューの相関関係

またNew Relic AIに、どのようなデータを比較し何を相関させるかを指示することで、独自の判断を下し、相関エンジンに情報を提供できます。頻度や期間の閾値を設定し、相関エンジンを微調整することもできます。必要があれば、用意されている類似性アルゴリズムを選択できます。

イシューが特定され、対応チームに通知されると、調査とトラブルシューティングのプロセスが開始されます。通常、イシューが発生してから解決に至るまでの時間の大半は、根本的な原因に迫り、解決に向けたステップを決定することに費やされます。Incident Intelligenceは、4つのゴールデンシグナルに基づく分類や、関連するコンポーネントの情報など、根本原因の分析（root cause analysis）に関する有用な情報を提供して、このプロセスを加速させます。

新しいチームメンバーと同じように、Incident Intelligenceはより賢くなり、データを研究しながらチームのインフラストラクチャに関するシステム固有の知識を蓄積していきます。問題の関連性、自動的に付加された情報、提案された回答者の質についてフィードバックを提供できるので、システムが調整を行い、時間の経過とともにより焦点を絞った関連性の高い洞察を提供できるようになります。

Incident Intelligenceは、既存のインシデント管理ワークフローやツールに、相関性のある強化されたインシデントやコンテキストを提供します。インシデントへの対応方法を変更する必要はありません。既存のツールをデータソースや配信先として接続するとIncident Intelligenceによって、インシデントデータを取得し、相関を見つけてインシデントデータを強化し、スマートな提案やガイダンスを提供し、すぐに分析に使える情報として使っているツールに配信します。たとえば、PagerDutyをインシデント管理ワークフローのために使っている場合は、図6.15のようなイシューの通知を受けることができます。

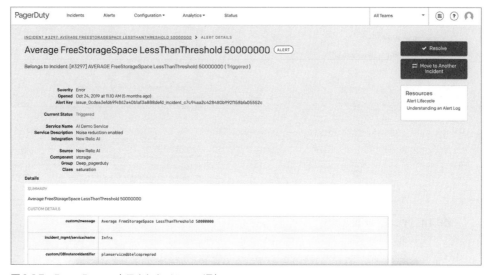

図6.15　PagerDutyで表示されたイシュー通知

Incident Intelligenceの利用方法

　Incident Intelligenceを利用するには、Sources、Destinations、Pathwaysの3つの設定がまず必要です。

- **Sources**：New Relic Alertsをはじめとしてインシデントの通知をどこから受け取るかの設定です。
- **Destinations**：インシデントを関連付けたイシューの通知をどこに通知するかの設定です。
- **Pathways**：イシューの内容に応じてどのDestinationsに通知するかの設定です。

　また、Sourcesから送られてきたインシデントを相関エンジンで関連付けるためのルールをDecisionsとして設定します。

ここまでできた用語の関係をまとめたのが図6.16です。

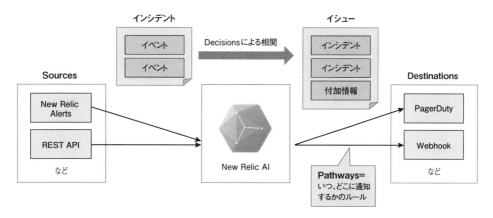

図6.16　イベント、インシデント、イシュー、Sources、Destinations、Pathways、Decisionsの関係

　Decisionsについてはデフォルトで利用できるものが自動作成されるため、まずはSources、Destinations、Pathwaysの3つを設定して利用を始めてみましょう。概要を説明しますが、詳細な手順についてはドキュメント[12]を参照してください。

　[Alerts & AI]画面の[INCIDENT INTELLIGENCE]の[Sources]メニューを開くと、図6.17のように現在インシデントの取り込み先として設定できるサービスの一覧が表示されます。詳細な設定方法は、それぞれのサービスをクリックして表示される手順に従ってください。具体的なサービス名として載っていない場合は、REST APIの利用を検討してみてください。

---

[12] https://docs.newrelic.com/jp/docs/alerts-applied-intelligence/applied-intelligence/incident-intelligence/get-started-incident-intelligence/#get-started

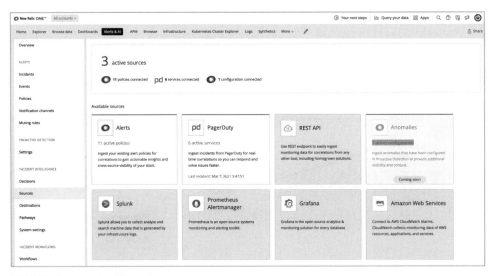

図6.17　Sourcesの一覧

　Destinationsも同様に［Destinations］メニューを開いた図6.18の画面で設定します。こちらも記載されていないサービスへ通知する場合は、Webhookが利用できます。

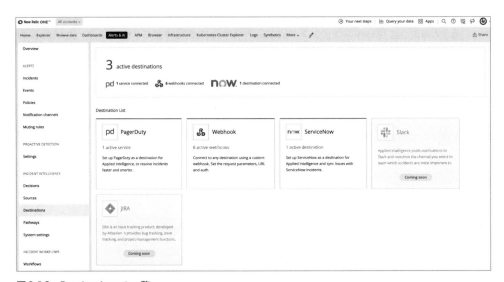

図6.18　Destinationsの一覧

　最後に、発生したイシューの内容に応じて、どのDestinationsに通知するかをPathwaysで設定します。Destinationsが1つの場合でも通知を受けるためにはPathwaysの設定が必要

です。[Pathways]メニューで現在設定しているPathways一覧の確認と編集が行えます。図6.19のように、イシューの内容が特定の条件を満たしたときに、指定したDestinationsに通知する設定を作成できます。

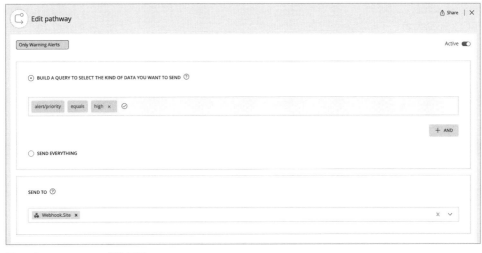

図6.19　Pathwaysの編集画面

　Decisionの設定が残っていますが、先ほど述べたように、いくつかのDecisionがデフォルトで作成されるため、この3つの設定だけで使い始めることができます。Decisionの説明をする前に、どのように活用できるかを説明します。

通知されたイシューによるアラートの分析

　イシューの通知を受けたときはその通知から、あるいは通知を設定していない場合は[Overview]の[Issues]タブの一覧から分析を開始できます。あるイシューを開くと、図6.20のような分析画面が表示されます。図6.20は、11のインシデント通知に相関があると判定され、1つのイシューにまとめられています。[Issue summary]を見ると、ゴールデンシグナルのうち、遅延（latency）とエラーに問題が見られ、3つのアプリケーションに影響が出ているとわかります。[Root cause analysis]には関連するメトリクスが表示され、図6.20では、エラーログのチャートと、エラーログの一覧を見るためのリンクが活用できます。

図6.20　イシューの分析画面

図6.20の分析画面は、さらに下にスクロールできます。スクロールすると、図6.21の［Issue timeline］で、インシデントの発生順と継続時間を時系列のチャートで確認できます。

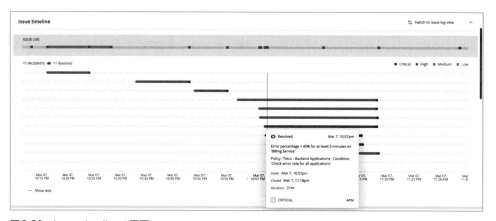

図6.21　Issue timelineの画面

さらにスクロールすると［Related Activity］でインシデントの一覧が、そして図6.14に示した［Why was this correlated?］で、なぜそれらのインシデントが関連付けられたかの根拠を確認できます。［Issue summary］と［Why was this correlated?］には図6.22のフィードバックボタンからNew Relic AIの判断にフィードバックを送り、改善することも可能です。

6.3 Applied Intelligence（AI）の概要

図6.22　フィードバックボタン

Decisionsの一覧と提案されたDecisionの活用

　Incident Intelligenceは、十分なデータが取り込まれると過去30日間のデータに基づいてパターンを検出し、関連付けに効果があると思われるDecisionsを提案することがあります。New Relic Oneの［Incident Intelligence］の［Decisions］メニューを開いてみましょう。図6.23のような画面が表示されます。

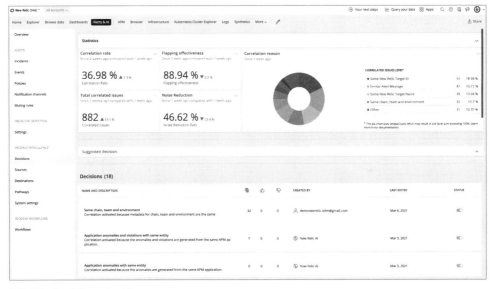

図6.23　Decisionsページ

　［Statistics］では、現在のDecisionsによる効果と相関付けの理由一覧が確認できます。図6.23に表示されている効果は、次のとおりです。これらの要素は［…］をクリックするとダッシュボードのチャートメニューが表示され、算出するためのNRQLの表示やダッシュボードへの埋め込みも可能です。

- ［Correlation rate］：相関率。作成されたイシュー全体に占める関連付けされたイシューの割合です。

- [Total correlated issues]：総相関数。別のイシューと関連付けされたイシューの総数です。
- [Flapping effectiveness]：フラッピングの有効率。頻繁に開閉するフラッピングアラートとして検出され、新しく冗長なイシューが検出されなかった割合です。
- [Noise reduction]：ノイズ低減率。関連付けする前のイシューの総数に占める関連付けしたあとのイシューの総数の割合です。

現在作成されているDecisionsの一覧は［Decisions］に表示されます。Decisionsは［CREATED BY］に表示されるアイコンで3種類に分類されます。いずれのDecisionsもクリックするとその定義を確認できます。

- Global decision（地球儀アイコン ）：デフォルトで作成されているDecisionsです。
- Baseline decision（ロボットアイコン ）：Incident Intelligenceによって提案されたDecisionsです。
- Custom decision（人アイコン ）：ユーザーによって作成されたDecisionsです。

［Suggested decisions］に提案されたDecisionsがあれば、図6.24のように表示されます。

図6.24　提案されたDecisionの一覧

提案されたDecisionごとに、次のことができます。

- 作成されたロジックの確認
- 提案につながったイベント設定の確認
- 相関した過去7日間のインシデントの例と、関連する相関率の確認

提案されたDecisionを確認したら、それを「却下」もしくは「有効」にできます。提案されたDecisionを有効にすると、その決定が既存のリストに追加され、インシデントの関連付けとアラートノイズの低減がすぐに開始されます。提案された決定を却下する場合、その決定を今後表示しないように選択するか、無効なステータスの既存の決定のリストに追加し、あとで有効にするかどうかを決定できます。New Relic AIがより多くのデータを取り込むと、より多くの決定が提案され、相関率が向上し、アラートからのノイズが減少します。

　Decisionsは個別に有効化・無効化を設定できるため、効果があるか判断できないものは無効化して残しておくこともできます。無効化したDecisionsに対しても、Incident Intelligenceは、過去のデータをもとに効果的であると判断したものは有効化することを推奨するメッセージを図6.25のように表示します。このメッセージは、図6.23下部の［Decisions］一覧で確認できます。

図6.25　有効化することを推奨するメッセージ

ユーザー定義のDecisionの構築とプレビュー

　Incident Intelligenceは、時間の経過とともにシステムについて学習しますが、使い始めたときはまだシステムについて知りません。そこで、システムについてすでに知っていることをユーザー定義のDecisionとして作成し、学習させることができます。

　ここでは、ユーザー定義のDecisionの構築方法について説明します。Incident Intelligenceは、作成するDecisionについて過去7日間のデータを利用してアラートに与える影響をプレビューします。

　ユーザー定義のDecisionを作成するには［Decisions］の画面で［Add a decision］をクリックし、Decisionの作成画面（図6.26）を開きます。Decisionsは、取り込まれたインシデントのうち、［Filter your data］に一致したインシデント同士で、［Contextual correlation］で相関していると判定したものを［Give it a name］で付けた名前で通知します。［Advanced settings］では、これらの動作の詳細を設定できます。

　［Filter your data］を定義しない場合、すべてのインシデントが対象となり、次の［Contextual correlation］の判定が行われます。定義する場合は、インシデントの特定の属性の部分文字列の一致や正規表現の一致によって判定します。相関は最初のセグメントを満たしたインシデントと2番目のセグメントを満たしたインシデントの2つの間で常に判定されます。

選択されたインシデントは、[Contextual correlation] で定義されたロジックによって相関しているかどうかを判定されます。現時点では、次のようなロジックを記述できます。

- 2つのイベントの属性同士の標準演算子（equalsなど）による比較
- 2つのイベントの文字列型の属性同士の類似性（類似性はレーベンシュタイン距離やコサイン距離など複数のアルゴリズム[※13]から選んで判定できる）
- 2つのイベントの文字列型の属性を使ったキャプチャグループを持つ正規表現による比較
- 2つのインシデント全体の類似性あるいはクラスタリングによる比較

図6.26　Decisionの作成画面。上：[Filter your data]、下：[Contextual correlation]

文字列の類似性のアルゴリズムなどや専門知識が必要となるケースもありますが、過去のデー

※13　https://docs.newrelic.com/jp/docs/alerts-applied-intelligence/applied-intelligence/incident-intelligence/change-applied-intelligence-correlation-logic-decisions/#algorithms

タに基づく属性値のプレビューや作成しようとするDecisionがどのくらい効果があるかをシミュレートする機能も用意されているため、安心して作成することができます（**図6.27**）。

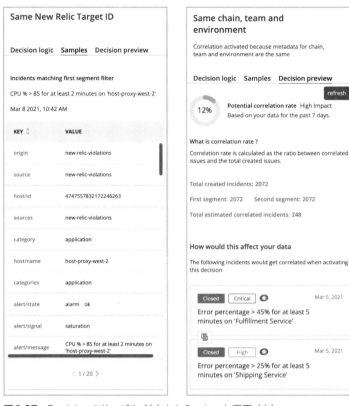

図6.27 Decisionのサンプル（左）とシミュレート画面（右）

ユーザー定義のDecisionを作成する場合は、次の3つの点に注意してください。

- **相関率の高さだけを求めない**：たとえば20分の間にすべてのNew Relicインシデントをすべて相関させるようにすれば相関率は100％になりますが、それは実際のところあまり役に立ちません。
- **小さなものから始める**：対象を絞ったDecisionをいくつか作成することのほうが、広範にわたる1つのDecisionを作成することよりも役立ちます。
- **通知後のタスクをもとにDecisionを作成する**：通知を受けたあとのタスクを確認します。「アラートはいくつ来ているか」「いくつ相関しているか」「次のアクションを取れるか」など。システムについてよく理解している知識をIncident Intelligenceを使ってDecisionとして反

映でき、その結果アラートノイズの削減につなげることができます。

提案された応答者の活用

Incident IntelligenceのDestinationsにPagerDutyを利用している場合、あるいはNew Relicアラートを利用している場合、PagerDutyの画面、あるいはイシューフィード（図6.13）に、図6.28のような応答者の提案を行うことがあります。これは、過去のイシューと、それを閉じたユーザーの情報を分析した機械学習の結果です。この提案は、Pathwaysとして設定できます。なお、現時点では応答者がオンコールであるか（応答者がアクティブで対応可能時間内であるか）について考慮していない点に留意してください。

図6.28　提案された応答者

6.3.3　New Relic AIをうまく導入するために

　AIOpsは比較的新しい概念であり、New Relic AI自身も機能改善・追加が活発なソリューションです。New Relic AIをなんとなく導入してしまって効果があるかどうかわからない状態になるのはもったいないことです。

　また、New Relic AIの判断結果にフィードバックして改善したり、Incident Intelligenceで提案された決定、提案された応答者により改善したりすることができます。つまり、失敗か成功かという二値ではなく、常に測定可能な成功の判断基準が必要です。

　具体的には、次のような測定値が潜在的な成功基準になると考えています。

- MTTR（平均復旧時間）
- サービスのダウンタイムあるいはアップタイム
- SLO
- 1か月に生成されたインシデントの数
- 1か月に受信した通知の数
- インシデント管理に費やされた開発者および運用者の工数

　では、具体的にどのように導入すればよいのでしょうか。組織のすべてのチームに一斉に導入

すればよいのでしょうか。すべてのチームで問題を一斉に解決しようとするとかえって価値実現までの時間が遅くなってしまうことがあります。小さな成功を得て、繰り返し改善していくために、たとえば、次の展開シナリオが考えられます。

ステップ1 チームを選び、異常検出を導入します。たとえば、すでに信頼性が高く早期の警告を知りたがっているチームを選びます。あるいは、組織外部・内部を問わず問題の通知を受けているようなチームでもよいかもしれません。導入する異常検出は、Proactive Detection、あるいは1つのSourcesとデフォルトのDecisionsのみを使うようなIncident Intelligenceが考えられます。

ステップ2 他のチームに展開します。予防的な異常検知や異常の予防に成功したら、同じ問題に苦しんでいるチームに展開します。

ステップ3 高度なAIOps機能を1つのチームに展開します。たとえば、問題が頻繁に複数のアプリやインフラ要素にまたがるインシデントをIncident IntelligentのDecisionsに追加したり、複数のアラートエンジンから取り込むようにSourcesを構成します。

ステップ4 スコープを広げます。ステップ3でうまく活用できたAIOps機能を他のチームに展開します。

ステップ3 と ステップ4 は繰り返し行い、その間、成功基準を測定し続けます。Full-Stack Observabilityがユーザーのサービスを観測可能にするのと同様に、AIOpsによる成功も観測し続ける必要があります。

Part 3

New Relicを活用する
―― 16のオブザーバビリティ実装パターン

この部の内容

第3部の構造と読み方
00 オブザーバビリティ成熟度モデル――第3部の内容について

レベル0 Getting Started／レベル1 Reactive
01 バックグラウンド（バッチ）アプリおよびGUIアプリの監視パターン
02 メッセージキューでつながる分散トレーシング
03 Mobile Crash分析パターン
04 Kubernetesオブザーバビリティパターン
05 Prometheus + Grafana連携
06 W3C Trace Contextを使ったOpenTelemetryとNew Relic Agentでの分散
トレーシングパターン

レベル2 Proactive
07 Webアプリのプロアクティブ対応パターン――Webアプリの障害検知と対応例
08 データベースアクセス改善箇所抽出パターン
09 ユーザーセントリックメトリクスを用いたフロントエンドパフォーマンス監視パ
ターン
10 モバイルアプリのパフォーマンス観測
11 動画プレイヤーのパフォーマンス計測パターン
12 アラートノイズを発生させないためのアラート設計パターン

レベル3 Data Driven
13 SRE：Service Levelと4つのゴールデンシグナル可視化パターン
14 ビジネスKPI計測パターン
15 クラウド移行の可視化パターン
16 カオスエンジニアリングとオブザーバビリティ

Part 3　New Relicを活用する——16のオブザーバビリティ実装パターン

第3部の構造と読み方

00 オブザーバビリティ成熟度モデル
—— 第3部の内容について

● オブザーバビリティの実装パターン

　この第3部では、16のオブザーバビリティの実装パターン（プラクティス）を紹介します。

　ビジネスパーソンなら誰でも、データに基づき、適切な判断を下していく環境にあこがれているでしょう。効果の高い部分に集中して機能を追加し、パフォーマンスを向上させる。それがビジネスKPIに基づいているため、上司や顧客にも強い説得力があり、実際に成果を確認できている。そんな状況を作りながら仕事を進めたいものです。

　ところが、現実にある目の前の仕事に向き合うと、その理想的な環境とのギャップに愕然としてしまうかもしれません。パフォーマンスを改善しなければならない箇所は多そうだが、どこから手をつけたらいいかよくわからない。既存機能の改善よりも、新機能の開発のほうを優先すべきかもしれない。もしくは、クラウドインフラのコスト削減を上司から強く求められていて、削減できる余地があるようにも見えるが、ないようにも見える。そのような場面でさまざまな判断を確信を持って下していくためには、必要なデータが集まっており、さらにそれが使いやすい状態になっている必要があります。

◯ オブザーバビリティ成熟モデル

　オブザーバビリティの観点から、それらの設計上もしくはビジネス上の判断について、4つのレベルに分けて考えていくことができます（**図00.1**）。これを「オブザーバビリティ成熟モデル」と呼んでいます。これらステップはすべて綺麗に進めなければダメというわけではありません。ある部分では計測できておりデータに基づいた判断ができる状態（レベル3）になっている一方で、他の部分では必要なデータが計測できていない状態（レベル0）になっているのが普通です。

　この部では、レベルの0から3にかけて、オブザーバビリティを実際の仕事に生かしていくためのプラクティスを紹介していきます。皆さんの事業やチーム、そして管理しているシステムでは、今はどのあたりにあるでしょうか？　認識されている課題で、当てはまりそうなものはありましたか？　次にチャレンジしたいものはありますか？　気になる箇所から読んでみて、解決のためのヒントや、次のチャレンジを見つけるためのヒントを探してみてください。

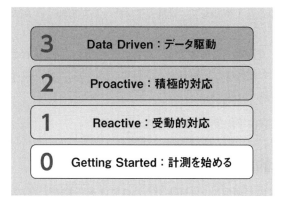

図00.1 オブザーバビリティ成熟モデル

レベル0 Getting Started：計測を始める

サービスは稼働している。手元で動かした感じでは、問題なさそうだ。しかし、それは本当に動いているのでしょうか？ すべての機能は動いていますか？ 妥当なレスポンスタイムは維持していますか？ まれに起こるエラーは検知できているのでしょうか？

ロブ・パイクが「Notes on Programming in C」で示したルール2は、「推測するな、計測せよ」として知られています。サービスがどのように動いているか、現状を理解できるように計測するところからがすべての始まりです。

まったく計測できていないなら、いわゆるOut-of-Boxのソリューションを導入するのがおすすめです。いくつかの計測エージェントをインストールすることで、よく使われる指標、たとえばレスポンスタイム、スループット、エラー、もしくはインフラリソースの使用率などのデータを集めて、使える状態になります。

もしくは、すでにいくつかの計測がされているなら、目的に応じて必要な計装を追加していきましょう。たとえば、たびたび発生するエラーを解消するための情報、レスポンスタイムが悪化する原因を特定するための情報、提供している機能は意図どおり使われているかの情報など、必要情報を集めるための計装（テレメトリーデータを取得するために必要な設定やコード）を追加していきましょう。

レベル1 Reactive：受動的対応

データを集めることができたら、まずは正常に動いていることを認識できるようにします。逆に言うと、正常に動いていないことがわかるようにするのが大事になります。サービスが停止し

ていたり、著しく性能が劣化していることを検知して、通知して、チームが対応できる状態にしましょう。

異常検知で欠かせないのは、発生した障害への対応です。素早く根本原因にたどり着き、障害を起こりにくくします。ハードウェアの故障など仕組み上どうしても起こってしまう障害であれば、復旧作業を自動化することも検討しましょう。

> **代表的指標** システム稼働率、MTTR（平均復旧時間）、障害発生回数

レベル2 Proactive：積極的対応

障害対応が少ないからといって、それが運用のゴールというわけではありません。パフォーマンスをより改善できる箇所を探して対応していきましょう。

パフォーマンスが良いとは言えない箇所を積極的に改善していくことによって、急なトラフィックの増加や、データの増加にも耐えられるようになります。たとえば、リレーショナルデータベースを用いた古典的なWebサービスの場合、数百ミリ秒のレスポンスタイムは「不吉な臭い」と考えていいでしょう。

積極的対応ができるようになれば、チームは自分たちが管理するサービスに対して、パフォーマンスを制御できている実感を持てるようになるはずです。

> **代表的指標** MTTD（平均特定時間）、SLO が定義されたサービスの割合

レベル3 Data Driven：データ駆動

受動的対応と積極的対応を合わせることで、ようやく、パフォーマンスを制御できるようになります。たとえば、キャパシティプランニングはここに含みます。需要予測に対して必要な計算機リソースを予測して、計画していきます。逆に、需要に合わせたスケールインやスケールダウンも可能になります。つまり、コストの削減はこの段階でようやく実現します。パフォーマンスをコントロールしながらリスクを取る、その実感を持てるのがこの段階です。

さらに、ビジネスに直結するデータとシステムパフォーマンスの関係を見ていきましょう。機能がどのように使われているか、パフォーマンスとの関連はあるか、ユーザー満足度を向上させるためにフォーカスすべきポイントはどこか。簡単に見つかるものではないため、試行回数とフォーカスの勘所、そしてなによりも結果の計測が重要になります。

> **代表的指標** エラーバジェットの消費数、ビジネス指標のトラッキング率、顧客満足度、デプロイ頻度、Time-to-Market

レベル0　Getting Started／レベル1　Reactive

01 バックグラウンド（バッチ）アプリおよびGUIアプリの監視パターン

（利用する機能）　Full-Stack Observability：New Relic APM

●概要

　リアルユーザーの体感しているサービスのパフォーマンスを直接計測する意味でWebアプリやモバイルアプリといったフロントエンドから直接呼び出されるアプリケーションの応答時間をFull-Stack Observability APM（以下、APM）で測定することは重要です。New Relicでは、このとき呼び出されるトランザクションを「Webトランザクション」と呼んでいます。

　一方で、これ以外の種類のトランザクションもあります。その1つが、Webアプリの中でも別スレッドやワーカー機能を使ってバックグラウンドで処理をするものです。このような処理はフロントエンドを利用しているエンドユーザーの体験を損なわないので、ある程度長い時間実行できます。このようなトランザクションをNew Relicでは「非Webトランザクション」と呼んでいます。

　非WebトランザクションはWebアプリ以外のアプリにも存在しています。たとえば、いわゆる夜間バッチのようにバックグラウンドで大量のデータを時間をかけて処理するトランザクションです。KubernetesのJob/CronJob[1]や、クラウドサービスのスケジュール実行サービスが出てきたことから、このような処理を小さい粒度にしてバックグラウンドで実行することも増えてきています。これらの処理のメトリクスを計測するときも非Webトランザクションとして計測します。

　Webトランザクションと比べて非Webトランザクションは計測するために多少手間がかかるのが課題です。Webトランザクションは1つのHTTPリクエストに対応しているため、Agentを使うとトランザクションを自動で検出できます。しかし、非Webトランザクションの場合、HTTPリクエストに対する処理のようにトランザクションとして計測したいわかりやすい範囲が必ずしもあるわけではありません。開発者がここからここまでの処理を1つの単位として計測するという定義を行う必要があります。New Relicではcustom instrumentationでこの定義を行います。このパターンでは、このようなバッチ処理、バックグラウンド処理を計測する

※1　https://kubernetes.io/docs/concepts/workloads/controllers/job/
　　　https://kubernetes.io/docs/concepts/workloads/controllers/cron-jobs/

201

ためにcustom instrumentationを行う方法について説明します。

また、同じ機能を使って、.NETなどAPMがサポートする言語およびランタイムで実装されたGUIアプリケーションの計測を行うことも可能です。GUIアプリケーションでのパフォーマンス計測は意味合いとしてはバックグラウンド処理よりもBrowserやMobileといったフロントエンドに近いものがありますが、計測の方法としてはcustom instrumentationを利用するためこのパターンで一緒に説明します。デスクトップアプリの起動数、サーバーとの通信やデータベースからのデータ取得に要した時間などを計測できます。

●メリット

非Webトランザクションも Webトランザクション同様に可視化し、分析ができます。そのため、トランザクションの名前ごとにスループット、所要時間を知ることができます（図01.1）。

図01.1　［Summary］画面での非Webトランザクション概要

トランザクション詳細も同様に利用できます。バックグラウンド処理やGUI処理であっても、外部サービスやデータベースなどとのやり取りに時間がかかることは共通です。どこで時間がかかっているかを詳細に追跡できます（図01.2）。

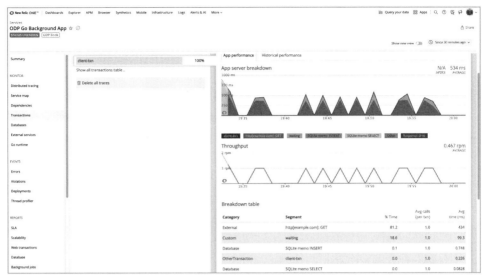

図01.2　非WebトランザクションのTransactions

　なお、非WebトランザクションはApdexスコア（5.2.4項）の算出対象には含まれません。Apdexスコアはエンドユーザーの満足度を測る指標であるため、エンドユーザーの満足度に直接は寄与しない非Webトランザクションを除外するためです。

適用方法

　APMは多くの言語、フレームワークをサポートしており、Webトランザクションを自動で検出できます。しかし、バックグラウンドプロセスを非Webトランザクションとして検出するためにはcustom instrumentationの設定を行う必要があります。さらに、プロセス自体が1分未満で終了するような場合、Javaや.NETではプロセス終了時に計測データを送信するための設定が必要になります。また、PythonやRubyでも短命プロセスの場合に考慮が必要なことがあります。これらの設定は言語のAgentによって異なります。APM Agentごとのドキュメントに説明がありますが、それらをまとめた公式ブログ記事も参考にしてください[2]。

　ここではGoでのバッチ処理、C#と.NETでのWPF（Windows Presentation Foundation）アプリ内の処理の可視化を一例として適用手順の概要を説明します。なお、この章で紹介するアプリケーションは公開しているのでコードの全体像を確認する場合は参照してください[3]。

---

[2]　https://blog.newrelic.co.jp/observability-design-pattern/instrument-background-process/
[3]　https://github.com/newrelickk/book-fundamentals

Part 3　New Relicを活用する——16のオブザーバビリティ実装パターン

◯ Goでのバッチ処理

　サーバーサイドGoアプリでの計測は、利用しているHTTPミドルウェア（ルーティング）ライブラリによって適用の方法が異なりますが、New RelicがIntegrationを提供しているライブラリであれば2、3行のコード追加で可能です。これに対し、バックグラウンド処理のトランザクションを計測する場合は、明示的にトランザクションの開始と終了を設定します。たとえば、**リスト01.1**のコードでは、StartTransactionで開始し、Endで終了しています。呼び出している関数の実装などコード全体はサンプルを参照してください[4]。

リスト01.1　トランザクションを明示的に開始・終了して計測するサンプル（Go）

```
app, err := newrelic.NewApplication(
    newrelic.ConfigAppName("ODP Go Background App"),
    newrelic.ConfigLicense(os.Getenv("NEW_RELIC_LICENSE_KEY"))

)
app.WaitForConnection(10 * time.Second)

txn := app.StartTransaction("client-txn")
ctx := newrelic.NewContext(context.Background(), txn)
err = doRequest(ctx)
if nil != err {
    txn.NoticeError(err)
}
txn.End()
app.Shutdown(10 * time.Second)
```

　Goの計測で注意しないといけない点として、トランザクションを詳細に記録するセグメントの計測などNew Relic APIの操作が必要な場合、transactionを含んだContextオブジェクトを渡す必要があります。この方法はバックエンド固有の話ではなく、サーバーサイドでも利用されています。セグメントの記録はHTTP呼び出しやデータベース呼び出しの場合は、**リスト01.2**のようにContextオブジェクトを受ける設計で作られています。

リスト01.2　SQLクエリ処理のセグメント記録例。「...」部分はコードを省略している（Go）

```
txn := newrelic.FromContext(ctx)
s := newrelic.DatastoreSegment{...}
result, err := db.ExecContext(ctx, "INSERT INTO memo(body) VALUES ('body1')", nil)
```

　そのため、バックグラウンド処理の場合でもContextを伝搬させるほうが扱いやすくなります。また、特に短命プロセスの場合は起動時にWaitForConnectionでAgentの起動を待機

---

[4]　https://github.com/newrelickk/book-fundamentals

し、ShutdownでAgentを明示的に終了し、データの送信を完了させます。

○ C#でのWPFアプリケーション

.NET製のWindowsデスクトップ向けのGUIアプリケーションで、APIを利用したデータ取得やデータベースから直接データ取得する処理、あるいは表示・編集用の複雑なデータ処理など、パフォーマンスのポイントとなる処理をNew Relicで計測できます。.NET Core Agentおよび.NET Framework Agent（ここでは両者をまとめて.NET Agentと呼びます）のインストール方法とcustom instrumentation[5]の適用方法を説明します。

.NET AgentはインストーラーによりOS単位でグローバルにインストールする方法と、環境変数を設定してアプリケーションのプロセス単位でインストールする方法があります。MSIによるインストールの場合はインストールオプションでInstrumentAllを選んでから、WPFアプリのプロセスを計測対象に入れるように設定する必要があります。これはインストール先のOSの管理者権限があり、管理ツールなどで一括管理できるような場合に向いている方法です。一方、DLLを配置する方法では、アプリケーションに含められるため、もともとのアプリケーションの配布の仕組みのまま配置できます。ただし、プロセス単位で必要な環境変数を設定してWPFアプリを起動する必要があります。

custom instrumentationについては、ソースコードを編集して対象となるメソッドに属性を付ける方法と、XMLファイルで設定する方法のどちらかが利用できます。ソースコードの変更と再コンパイルおよび配置が可能であれば、ソースコードを編集する方法が推奨されます。XMLファイルによる方法は一部利用できない機能がありますが、DLLを配置する方法と組み合わせることで、既存のアプリケーションそのものを変更することなく、設定ファイルや起動スクリプトの追加・編集のみで計測を行うことも可能です。

ここでは、WindowsでGUIアプリケーションを作るフレームワークの1つであるWPF[6]で作られたアプリで画面描画時に必要なデータを取得する処理の計測を行うために、MVVMパターンのViewModel[7]が呼び出すデータ取得処理（DatabaseServiceクラス）のメソッドをトランザクションとして計測することにしましょう。DatabaseServiceクラスは、**リスト01.3**のようなメソッドを持っています。

※5　https://docs.newrelic.com/jp/docs/agents/manage-apm-agents/agent-data/custom-instrumentation/

※6　https://docs.microsoft.com/ja-jp/visualstudio/designers/getting-started-with-wpf?view=vs-2019

※7　https://docs.microsoft.com/en-us/archive/msdn-magazine/2009/february/patterns-wpf-apps-with-the-model-view-viewmodel-design-pattern

Part 3　New Relicを活用する——16のオブザーバビリティ実装パターン

リスト01.3　DatabaseServiceクラスのメソッド定義のみを抜粋（C#/WPF）

```
public class DatabaseService: IDatabaseService
{
    public Employee GetEmployee(int employeeId)
    public List<Employee> GetEmployees()
    public List<Expense> GetExpenses(int employeedId)
    public Expense GetExpense(int expenseId)
    public void SaveExpense(Expense expense)
}
```

XMLファイルで設定する場合は、**リスト01.4**のXMLファイルを作成し所定の場所に配置します。

リスト01.4　リスト01.3のGetEmployeeメソッドをcustom instrumentationする設定ファイル(XML)

```
<?xml version="1.0" encoding="utf-8"?>
<extension xmlns="urn:newrelic-extension">
  <instrumentation>
    <tracerFactory. name="NewRelic.Agent.Core.Tracer.Factories.BackgroundThreadTracerFacto➡
ry" metricName="WPF/DatabaseService.GetEmployee">
      <match assemblyName="ContosoExpenses.Data". className="ContosoExpenses.Data.Services➡
.DatabaseService">
        <exactMethodMatcher methodName="GetEmployee" />
      </match>
    </tracerFactory>
  </instrumentation>
</extension>
```

※➡は行の折り返しを表す

このようにしてトランザクションが計測可能になります。実際にこのアプリを計測し、Transactions画面で確認するとGetEmployeeという名前のトランザクションが特に遅いことがわかります（**図01.3**）。このトランザクションの遅さはWPFアプリ起動後に表示されるユーザー一覧画面で、ユーザーをクリックして開くまでの時間が遅いことに対応しています。

206

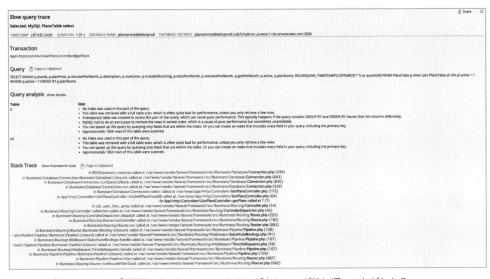

図01.3 [Transactions]画面でGetEmployeeトランザクションが特に遅いことがわかる

このGetEmployeeトランザクションのどこが遅いか調べるために、クリックすると**図01.4**のTransaction traceが開きます。

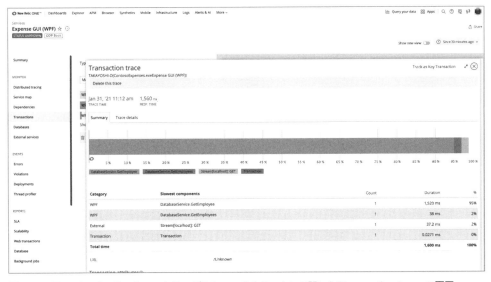

図01.4 図01.3でGetEmployeeトランザクションをクリックして開いたTransaction traceの画面

すると、Externalで表示されているサーバーサイドAPIのレスポンスは高速で、WPFアプリ

内の処理に時間がかかっていることがわかります。さらに、GetEmployeesと表示されているとおり、実はこのメソッドはGetEmployeesという一覧取得のメソッドを呼び出したあとで個別のデータを取り出しています。

これは意図的に問題を混ぜているのでここまでわかりやすく見えますが、クライアントアプリのパフォーマンスを計測するのにもAPM Agentが活用できます。さらにこの問題調査は、XMLの設定ファイルを追加するだけで可能になるので、アプリケーションをビルドし直す必要もありません。アプリケーションに計装コードを入れるのであれば、たとえば起動時間や、例外処理はしているものの発生頻度などを計測すべき例外の分析なども行うことができます。

●まとめ

ここでは、バックグラウンドアプリやGUIアプリケーションのパフォーマンス問題を、Webアプリケーション同様に可視化・分析するために、非Webトランザクションによる計測を説明しました。非WebトランザクションはWebトランザクションとは異なり、自動で計測することが難しく、計測の開始・終了点などを手動で設定する必要があることが課題となっています。ただ、その課題に対応すれば、Webトランザクション同等の計測が可能になり、アプリケーションの改善につなげることができます。

Go、C#／.NET（WPF）の2つの例を挙げましたが、その他の言語でも同様のことを行うことができます。

レベル0　Getting Started／レベル1　Reactive

02 メッセージキューでつながる分散トレーシング

利用する機能　Full-Stack Observability：New Relic APM
Full-Stack Observability：Observability Map

●概要

　分散トレーシングは非常に強力なツールです。HTTPでの呼び出し処理では、伝搬させるべきトレースデータの標準規格が定められている（5.9節）ことは、多くのニーズがあることを示唆しています。したがって、HTTP以外でつながっているアプリケーション間でも分散トレーシングを利用したくなるのももっともです。その中でも、メッセージキューを使って疎結合につながるアプリケーションのトランザクション間を分散トレーシングで見たいという要望をたくさん受けています。

　メッセージキューといってもさまざまなものがあります。ベンダー製品やKafka、RabbitMQなどのOSSツール、最近ではパブリッククラウドが提供するマネージドなメッセージキューも利用できます。Full-Stack ObserbvabilityのDistributed Tracingを使えば、メッセージキューをはさんだ前後のトランザクションをつなげて分散トレーシングで見ることができます。

　メッセージキューをはさむサービスの例を考えてみましょう。たとえば呼び出す側は複数のジョブを起動するためのデータを受け付けるだけの軽量で高スループットのトランザクションであり、その中でキューにメッセージを送信します。メッセージを受信する側はそのメッセージをもとに起動される重い複数のタスクです。時間がかかってもよいのでメッセージキューを使って処理を分けていますが、最初のWebトランザクションを受け付けてからメッセージキューを経由し、すべてのタスクが完了するまでの時間やトランザクションの詳細情報は計測するべきです。特定の属性のリクエストのみタスクがエラーになる、遅くなるといったことの検知や分析も、分散トレーシングによって可能になります。

　メッセージキューは、疎結合にしたい、性質の異なるアプリケーション間に影響を与えないようにつなぎたい、という場合に利用することがあります。この目的は達成できたもののその結果処理全体のパフォーマンスが計測できないといった状況に陥らないように、このパターンを使って計測できます。

● メリット

　分散トレーシングのメリットをメッセージキューでつながるトランザクション間で得られるようになるのが最大のメリットです。たとえばNew Relicのサービスマップは分散トレーシングでつながっているアプリ同士をつなげてみることができますが、このパターンを適用すると、メッセージキューの送信側と受信側のアプリがObservability Map[※1]でつながって見えます。図02.1にあるように送信側のAmazon Simple Queue Service（SQS）のSQS Senderアプリと受信側のSQS Receiverアプリがつながっていることがわかります。

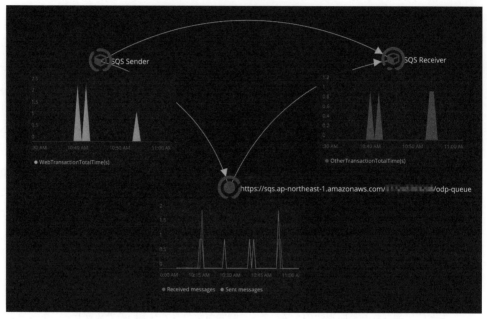

図02.1　odp-queueというキューとそれを介する2つのアプリのObservability Map

　分散トレーシングによって計測されたトレースをFull-Stack Observabilityの［Distributed Tracing］画面で見た例が図02.2です。メッセージを送信したSpanと受信したSpanがつながっていることがわかります。2つのSpanの間の空白がキューに滞留していた時間を表しています。

※1　https://opensource.newrelic.com/projects/newrelic/nr1-observability-maps

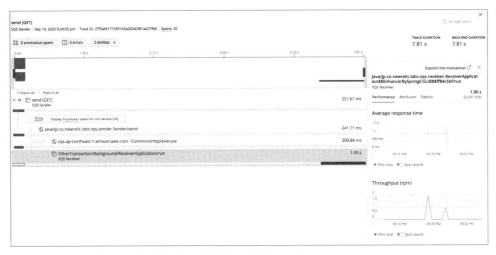

図02.2 メッセージキューをはさんだ2つのアプリの分散トレース

　メッセージキューでつながるトランザクションを分散トレーシングで見られるようになるのに加えて、New Relicを使えばメッセージキューそのもののパフォーマンスを可視化できます。分散トレーシング側で確認できた異常な振る舞いがメッセージキューにあるかどうかを確認できます。メッセージキューそのもののパフォーマンスを見るためには、メッセージキューに合わせたNew Relicの機能を使います。たとえば、パブリッククラウドのマネージドサービスの場合はクラウドインテグレーション（5.3.3項）を利用します。**図02.3**はAWSのマネージドキューサービスであるAmazon SQSの場合の例です。

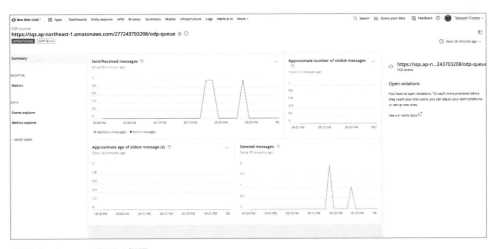

図02.3 Amazon SQSの概要

Part 3　New Relicを活用する——16のオブザーバビリティ実装パターン

クラウドのマネージドなサービスであれば、クラウドのコンソールを見ればわかるかもしれません が、両者を同時にダッシュボードで確認したり、Incident Intelligenceでアラートの相関を知れたりといった大きなメリットがあります。

● 適用方法

メッセージキューをはさむトランザクションを分散トレーシングでつなげる仕組みは標準化されていませんが、APM Agentを利用すれば対応することが可能です。技術的にはテキスト形式のTrace Context[2]の受け渡しでつなげるため、メッセージキューのメッセージ本体にトレースデータを追加することでトランザクションをつなげることができます。つまり、追加のテキストデータを受け渡しさえすればトレースはつながるので、メッセージキュー以外の仕組みでも利用できます。たとえば、Publish/Subscribeスタイルでも利用できますし、サーバーレス関数をHTTP呼び出し経由ではなくSDK経由で呼び出す場合もこの方法を使うことができます。

加えて、New Relicを使えばメッセージキュー本体のパフォーマンスを監視することができます。OSSのツールであればInfrastructureのOHI（On Host Integration）機能（5.3.5項）、マネージドサービスであればクラウドインテグレーション機能によって参照できます。

分散トレーシングでつなげるためには、呼び出し側が生成したTrace Contextと呼ばれるコンテキスト情報を呼び出された側が受け取ってトランザクションに設定する必要があります。HTTPで呼び出す場合はHTTPヘッダーを利用して受け渡ししていますが、メッセージキューの場合はHTTPヘッダーに相当するような受け渡しに利用できるものが標準規格としてはありません。そこで、呼び出す側から呼び出される側になんらかの手段でTrace Contextを受け渡す必要があります。

APMが利用しているW3C Trace Contextフォーマット[3]はJSON形式のテキストです。そこで、メッセージキューを利用する場合はメッセージ本体の中に追加して送受信する方法が使えます。そのTrace Contextを取得するためにはAPM Agentに用意されているAPIを利用します。

このとき重要なことは、Trace Contextを取得する処理がトランザクションの内部になければならないことです。これは、APM Agentがトランザクションとトレースを結びつけて計測しているためです。取得したTrace Contextをメッセージなどに含めて転送したあと、Trace Contextを受け取る処理もトランザクション内である必要があります（図02.4）。特定の処理がトランザクション内にあるか確認する方法、およびデフォルトで含まれない場合に追加でトラン

---

[2]　分散トレーシングを利用する際にアプリ間で伝搬させることが必要なデータです。詳細については、5.9.2項を参照してください。

[3]　Trace Contextのフォーマットはいくつかありますが、その中でもW3Cのワーキンググループで標準化が進められているフォーマットのことです（5.9.2項）。

212

ザクションに含めるようにする方法については公式ドキュメント[※4]を参考にしてください。特にバックグラウンド処理でのトランザクション計測については、「01 バックグラウンド（バッチ）アプリおよびGUIアプリの監視パターン」（p.201）も参考にできます。

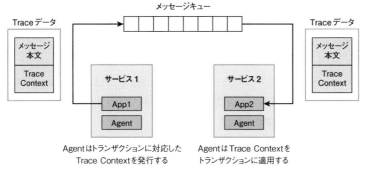

図02.4 トランザクション間でのTrace Contextの伝搬

メッセージへの追加やメッセージからの読み取りは、利用している言語、メッセージキュー、そのSDKに依存するためさまざまです。また、メッセージキューなどのミドルウェアの監視もOHIもしくはクラウドインテグレーションとツールおよびサービスによって異なります。ここでは、Amazon SQSを使って送信と受信を行うJavaアプリ、RedisのPublish/Subscribe（Pub/Sub機）を使う.NET Coreアプリの2つをサンプルとして取り上げます。これらのサンプルは公開[※5]しているので実際に利用したい環境に合わせてみてください。

○ Amazon SQSを使って送信と受信を行うJavaアプリ

ここでは、エンドユーザーから受け取ったリクエストに基づき、SQSにメッセージを送信するsqs-senderというJava Webアプリと、バックエンドでキューにたまったメッセージを取り出して処理を行うsqs-receiverというJavaバックエンドアプリのトランザクションを分散トレーシングで計測するケースを考えます。sqs-senderではcreateDistributedTracePayloadというAPIを利用してTraceデータをテキストとして取得します。このテキストをSQSメッセージのMessage Attribute[※6]に追加しています（**リスト02.1**）。このようにして計測した様子が**図02.1**および**図02.2**です。

[※4] https://docs.newrelic.com/jp/docs/agents/manage-apm-agents/agent-data/custom-instrumentation/
[※5] https://github.com/newrelickk/book-fundamentals
[※6] https://docs.aws.amazon.com/AWSSimpleQueueService/latest/SQSDeveloperGuide/sqs-message-metadata.html

Part 3 New Relicを活用する——16のオブザーバビリティ実装パターン

リスト02.1 SQSにメッセージを送信する際に生成したTraceデータをMessage Attributeに挿入するサンプル（Java）

```
var txn = NewRelic.getAgent().getTransaction();
var dtp = txn.createDistributedTracePayload();
var traceContext = dtp.text();
var messageAttributes = new HashMap<String, MessageAttributeValue>();
messageAttributes.put("TraceContext", new MessageAttributeValue()
        .withDataType("String")
        .withStringValue(traceContext));
```

　キューからメッセージを受け取って処理を行うsqs-receiver側では、MessageのMessage Attributeを取り出して、acceptDistributedTracePayload APIを使ってTrace Contextをトランザクションに設定します（**リスト02.2**）。

リスト02.2 リスト02.1のコードでMessage Attributeに追加されたTraceデータを取得し、トランザクションに設定するサンプル（Java）

```
NewRelic.getAgent().getTransaction().acceptDistributedTracePayload(
message.getMessageAttributes().get("TraceContext").getStringValue());
```

　SQSの場合はMessage Attributeが利用できますが、メッセージキューごとに利用できる手段に合わせて受け渡しを行えます。また、このコード例はJavaですが、同様のAPM AgentのAPIが他の言語のAgentでも用意されており、同様に使うことができます。

☐ .NET Core

　次に、RedisのPub/Sub機能を使って、メッセージをPublishしたトランザクションと、Subscribeしたトランザクションを分散トレーシングでつなぐ例を見てみましょう（**リスト02.3、リスト02.4**）。Publishする側はASP.NET CoreのWeb APIアプリで、HTTPリクエスト処理の中でRedisにメッセージをPublishします。そのRedisのチャネルをSubscribeしているのは.NET Coreのコンソールアプリで、メッセージをSubscribeするごとに起動するメソッドを非Webトランザクションとして計測しており、そのトランザクションをつなぎます。

リスト02.3 RedisにPublishする際に生成したTraceデータをmessageの一部として送信するサンプル（C#）

```
var dict = new Dictionary<string, string>();
NewRelic.Api.Agent.NewRelic.GetAgent().CurrentTransaction(dict,
    (dict, key, value) => { dict[key] = value; });
dict["message"] = message;
var jsonString = JsonSerializer.Serialize(dict);
using var redis = await ConnectionMultiplexer.ConnectAsync("redis:6379");
var subscriber = redis.GetSubscriber();
await subscriber.PublishAsync("urn:redissubscriber:userchange", jsonString, CommandFlags. ➡
FireAndForget);
```

※➡は行の折り返しを表す

214

リスト02.4　リスト02.3で送信されたメッセージをSubscribeする際に、Traceデータをトランザクションに設定するサンプル（C#）

```
[Transaction]
private void Handler(RedisChannel channel, RedisValue val)
{
    Console.WriteLine($"received {val}");
    var dict = JsonSerializer.Deserialize<Dictionary<string, string>>(val);
    NewRelic.Api.Agent.NewRelic.GetAgent().CurrentTransaction.AcceptDistributedTraceHeade➡
rs(dict,
        (carrier, key) => carrier.TryGetValue(key, out string v) ? new[] { v } : Array.Em➡
pty<string>(),
        TransportType.Other);
    Console.WriteLine($"working");
    Task.Delay(TimeSpan.FromSeconds(3), Context.CancellationToken).GetAwaiter().GetResult();
    Console.WriteLine($"finished");
}
```

※➡は行の折り返しを表す

　C#（.NET Agent）の場合、InsertDistributedTraceHeadersとAcceptDistributedTraceHeadersがTrace Contextの取得と受け入れのAPIです。Javaとは少し異なる使い方になりますが、テキスト形式の文字列をやり取りする点は同じです。その文字列を本来送信したいメッセージと一緒に送受信しています。
　すると、図02.5のようにObservability Mapでつながり、分散トレースがつながります。

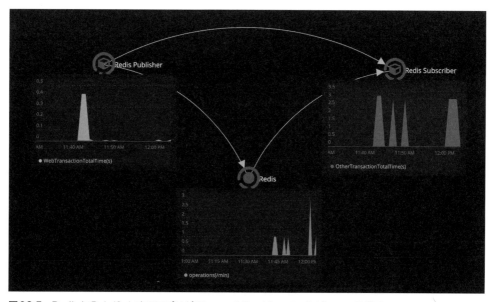

図02.5　RedisにPub/SubするアプリがObservability Mapでつながっている様子

Part 3　New Relicを活用する——16のオブザーバビリティ実装パターン

　図02.6のDistributed tracingでは個別のPub/Sub処理を1つのトレースと計測できます。それぞれの処理の経過時間、およびPublishからSubscribeまでにかかった時間がわかります。

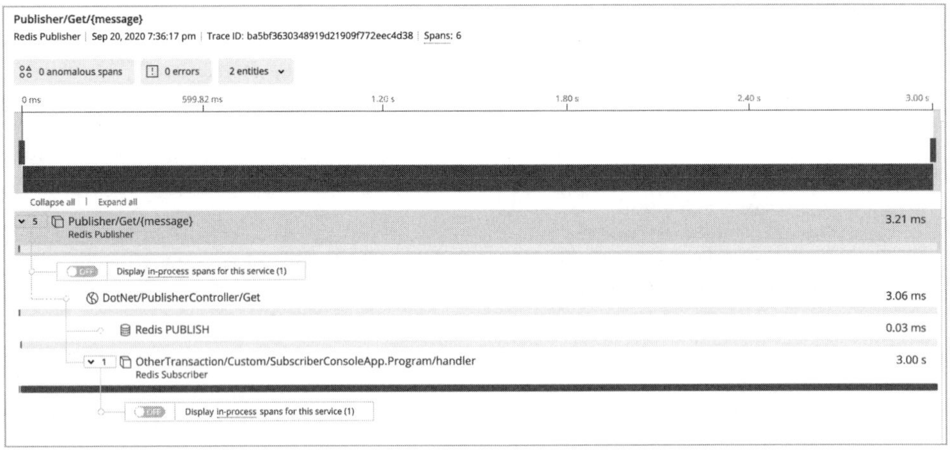

図02.6　RedisにPub/Subするアプリ間のトレースを分散トレーシングで見た画面

　Redisに限りませんが、Redisの場合は特にその動作特性から、メッセージサイズが小さく、高速なトランザクションで高頻度にやり取りする使い方をするケースがあります。その場合、Trace Contextのサイズがメッセージ本体に比べて大きくなります。計測による負荷を考慮する必要があるため、アプリケーションの作りに合わせて検証を行いましょう。

●まとめ

　「01　バックグラウンド（バッチ）アプリおよびGUIアプリの監視パターン」（p.201）でも、マイクロサービス化が進む中で重要度の高まってきている分散トレーシングの活用パターンを紹介しました。HTTP通信での分散トレーシングでは標準規格が批准されたのに対して、メッセージキューをはさむ場合は転送方法が製品依存するため標準規格が存在しないという大きな違いがあります。しかし、製品依存するところをアダプターのように計測コードを追加することで、分散トレーシングという単独の共通機能で計測できるようになります。

レベル0　Getting Started／レベル1　Reactive

03 Mobile Crash分析パターン

利用する機能　Telemetry Data Platform：Dashboards
New Relic Full-Stack Observability：New Relic Mobile

● 概要

☐ クラッシュの状況を把握する

　ネイティブアプリを観測していく上で大切な観点の1つにクラッシュの管理があります。クラッシュの管理は大きく傾向の把握と実際の対応に分けられます。傾向の把握では対応できるエンジニアのリソースは有限なのでビジネス上対処すべきクラッシュの優先順位をつけていくことになります。実際の対応では再現手順を確認し手元の環境で原因を特定、解決していきます。

　ここではNew Relic Mobileを導入し、クラッシュを把握、分析するまでの一連の流れを確認します。

● メリット

☐ New Relic Mobileでクラッシュを観測する

　開発者向けのプラットフォームでもデバイスやOSバージョンなどである程度傾向を把握できますが、New Relicプラットフォームでは俯瞰的にクラッシュの状況を把握できます。New Relicでは、iOS、Androidプラットフォーム向けのプロプライエタリなSDKを準備しています。クラッシュ情報とパフォーマンス情報は同時にこのフレームワークによって収集されNew Relicに送られます。

> **Tips　別のクラッシュツールを利用している場合**
>
> 　もしすでにiOS用のクラッシュ検知や分析ツールを使用している場合、レポート先は先に送信されたツールになります。New Relicでクラッシュを含めて総合的に観測性を得たい場合は、それらツールを無効化する必要があります。

217

適用方法

New Relic Agentをプロジェクトに導入する

モバイル向けのNew Relic Agentはフレームワークの形で提供されます。このエージェントはAndroidおよびiOS向けのプロプライエタリなSDKとしてアプリのプロジェクトに組み込む必要があります。

最初のステップとして導入対象を検討してください。多くのプロジェクトはAndroidとiOS向けのアプリがあり、環境によっては開発やテスト用とプロダクション用に分かれているかもしれません。パフォーマンスの計測という観点からは、開発時に改善した箇所のパフォーマンスを観測するために、またテスト中に発生したクラッシュの把握と管理のために開発環境のアプリにもNew Relic Mobileを導入することをおすすめします。

> **Tips　New Relic SDKの動作検証**
>
> プロダクションのアプリに実装する前にNew Relic SDKを組み込んだ状態で十分なテストを実施してください。SDKは多くのユーザーの環境で適切に動作するよう設計、実装されていますが、パフォーマンスを取得しネットワークで送信する機能を追加するのと同じ影響をアプリに与えます。既存のライブラリやフレームワークなどと同時に動作させ、問題なくNew Relicでデータを観測できることを確認してから本番のアプリをリリースしましょう。

まずは利用しているアカウントでログインし、エージェントをダウンロードします。

New Relic Oneにログインし、画面上の［Add more data］をクリックし、データ追加画面でiOSまたはAndroidを選択します（図03.1、図03.2）。

図03.1　データを追加

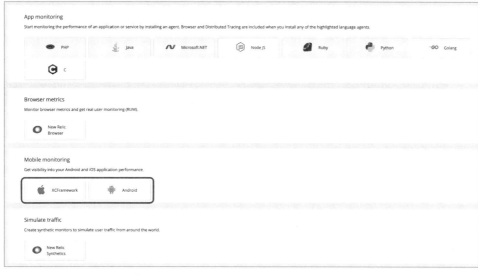

図03.2　New Relic SDKの導入

次に、[Name your app to begin]にアプリ名称を入力します（この項目はいつでも変更可能です[※1]。図03.3）。このタイミングでアプリ固有のトークンが生成されるため、検討した導入対象が識別できる名前を付けましょう。

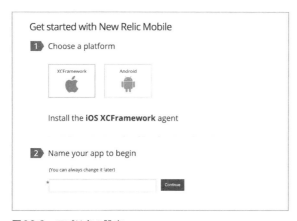

図03.3　アプリ名の設定

※1　New Relic Mobile画面で変更したいアプリを表示し、左側のメニューの[SETTINGS]から[Application]をクリックすれば表示名称を更新できます。

［Choose an installation method］でインストール方法を選択します（図03.4）。iOSの場合は［Xcode］または［CocoaPods］を選択します。Androidの場合は［Groovy］または［Kotlin］になります。

> **Tips　以前のSDKをダウンロードするには**
> 技術的制約などで最新ではない開発環境に導入したい場合、以前のバージョンのSDKは公式のリリースノートからダウンロードできます。
> https://docs.newrelic.com/docs/release-notes/

ここでは［Xcode］を選択します。

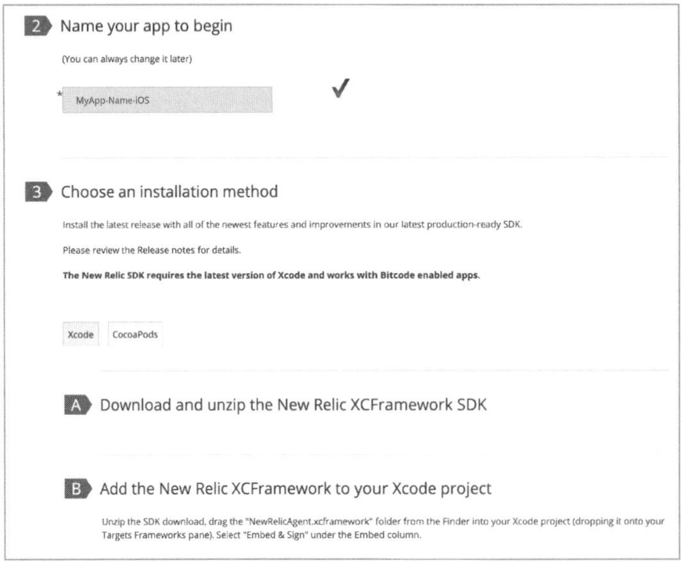

図03.4　インストール方法の選択

最後に、ダウンロードしたSDKをアプリに組み込みます。iOSの場合は画面の指示に従って設定すれば導入は完了です。

実際にプロジェクトをビルドし実行してみましょう。データの送信に成功すると手順7として［Start seeing data in just a few minutes］が表示されます（図03.5）。

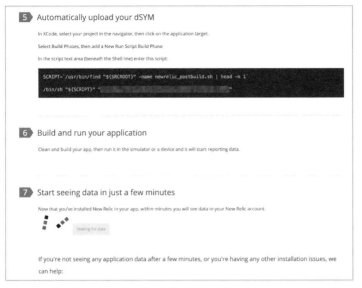

図03.5 データの送信

　この状態でSDKはHTTPパフォーマンスやエラーの検知、クラッシュ時の情報を収集します。

　ここまで導入した段階で動作確認してみましょう。プロダクションリリースをしても問題ないことを確認した上で同じ手順でプロダクションのプロジェクトやスキーマに適用します。

> **Tips　環境ごとにデータを送り分ける**
>
> 　AndroidまたはiOS、どちらかのみにアプリを提供していることはまれでしょう。また、リリース前にテスト環境用のアプリを持っていることも多いと思います。［Add more data］で名前を付ける際に「Dev-APPNAME-Android」や「Prod-APPNAME-iOS」などと別の名前を付け、別のアプリトークンを発行することで個別のアプリとして扱うことができます。これにより同じインターフェースでも内部処理が大きく異なる場合や開発中のコード変更による性能の比較などがしやすくなります。
>
> 　また、Dashboardなどですべての環境を横に並べ、パフォーマンスの傾向を把握することもできます。アプリ名の頭を共通にしておくことで後々プラットフォームを通して、またはプラットフォーム別にデータを集計したい際、NRQLでのフィルタリングがしやすくなります。

　もしお手元のアプリの作りが非常に良く、クラッシュがほぼ発生しない場合、開発環境用のアプリなどのコード内で以下のメソッドを呼ぶことでクラッシュを発生させられます。画面遷移が

複数あるアプリの場合何画面か遷移した先で呼び出してみましょう。

- crashNow：クラッシュレポートをテストするためにNewRelicDemoExceptionという名前の実行時例外をスローします。メソッドの書式は次に、Swiftによる実装例を**リスト03.1**に示します。

    メソッド書式

    - iOSの場合

    ```
    + (void) crashNow:(NSString* __nullable)message;
    ```

    - Androidの場合

    ```
    NewRelic.crashNow(string $message)
    ```

リスト03.1　実装例（Swift）

```
NewRelic.crashNow("This is a test crash")
```

● 発生したクラッシュを観測する

5.6.3項の「Exceptions：クラッシュと例外を観測」（p.138）で説明したように、クラッシュの多くの情報はNew Relic Mobile画面で確認できます。このパターンではクラッシュの詳細な情報把握より、より実践的な観測にチャレンジします。

アプリのクラッシュはいつどのバージョンで起こるかわかりません、そのためMobileでは、すべてのアプリバージョンの傾向を［Summary］画面に表示しています。通常はこの状況を観測すれば問題ありませんが、いくつかのタイミングで明示的に観測を実施したいことがあります。絞り込んだ条件をDashboard上に表示したり、Alertに仕込んだりすることで把握できます。

◯ パターン1：最新のアプリバージョンを観測する

新しいバージョンをリリースしたあとというのは誰にとっても落ち着かない時間です。この時間、常にアプリのクラッシュ状況を観測することで問題が起きたら即時に対応できるようになります。

たとえば最新のバージョンが2.0.0、以前のバージョンが1.3.3の「Prod MYAPP iOS」という名前のアプリであれば、**リスト03.2**、**リスト03.3**のようなクエリでクラッシュ率を数値化し表示できます（**図03.6**）。

リスト03.2　最新バージョンのクラッシュ率を確認するNRQL

```
SELECT percentage(uniqueCount(sessionId), WHERE sessionCrashed is true) FROM MobileSession
WHERE appVersion = '2.0.0' AND appName = 'Prod MYAPP iOS'
```

リスト03.3　以前のバージョンのクラッシュ率を確認するNRQL

```
SELECT percentage(uniqueCount(sessionId), WHERE sessionCrashed is true) FROM MobileSession
WHERE appVersion = '1.3.3' AND appName = 'Prod MYAPP iOS'
```

　これらの結果をBillboardなどの形式でDashboardに表示することもできますし、以前のバージョンの平均的なクラッシュ率を閾値に設定し、Alertを発火させることも可能です。

図03.6　バージョン別クラッシュ率

パターン2：ソースファイルに絞ってクラッシュを観測する

　アプリの機能追加やリファクタリングを実施し、テストは実施したけれども気になる箇所がある場合もあります。New Relicではクラッシュ位置のメソッドやファイルレベルでのデータを収集しているため場所に絞った観測ということも可能です。

　たとえば新しいAndroidアプリでWebView-Console.javaとWebView-ShowResult.javaという2つのファイルを追加し、それらの箇所でのクラッシュを計測したい場合は**リスト03.4**のようなクエリで数値化し、表示できます（**図03.7**）。

リスト03.4　「WebView-」で始まるjavaソースファイルでのクラッシュ数を計測するNRQL

```
FROM MobileCrash SELECT count(*) WHERE crashLocationFile LIKE 'WebView-%.java'
```

図03.7　ソースファイル別のクラッシュ数

● 分析のために観測可能な観点

　New Relic Mobileにおけるクラッシュでは、さまざまな観点で観測が可能です。クラッシュが発生するとNew Relic AgentはMobileCrashというイベントを作成してNRDBに記録します。このMobileCrashイベントにはさまざまな属性があり、それらの値や発生回数をカウントしたり、フィルタの条件に利用したりできます。

　先ほど、クラッシュが発生したファイルに焦点を当てたように、クラッシュが起きた観点をクエリで検索することは発生したクラッシュを分析する上で非常に有効です。WHERE〜AND句で条件を追加することで、たとえば「Xというファイルで起きたクラッシュで、Wi-Fiを使っているセッションをOSバージョン別に表示」といった絞り込みが可能になります。特定のOSバージョンで特定のネットワークで起きる問題はよくあるものなので、こういった絞り込みを習得することは非常に有用です。

　表03.1にMobileCrashイベントに記録されている属性の一部を抜粋します。

表03.1　MobileCrashイベントに記録されている属性

属性名	概要
crashException	クラッシュに関連する例外が存在する場合に記録する
crashLocationFile	発生したファイルを記録する
diskAvailable	発生時に利用可能な端末ディスク容量をバイト単位で記録する
interactionHistory	発生した際のInteractionを記録する
networkStatus	発生時のネットワーク種別を記録する

これらのイベントはセッション開始時の属性、つまりアプリ起動中に変更がほぼないような属性とあわせて活用できます。そういった属性はMobileやMobileSessionイベントとして、記録されます。

クラッシュ以外のタイミングで発生するMobile関連イベントについては、New Relicの公式ドキュメントで確認できます[2]。

● まとめ

New Relic Mobileでは、単純なクラッシュレポートツール以上に、OSの垣根を越えて俯瞰的にクラッシュの状況を観測できます。100%クラッシュを防ぐことはほぼ不可能ですが、ビジネス上の大事な箇所、ユーザー、環境に焦点を絞れば、それらの条件内でクラッシュの原因を解析し改善することで損失を最小化できます。

厄介な問題は未知のクラッシュです。新しいOSのバージョン、端末の発売と同時に自分のアプリに問題が起きていないか、常に観測しアラートを発行する準備をしておくことで機会損失を最小化できるでしょう。

ここで観測したクラッシュをアラートに上げる方法は、6.2節「New Relic Alertsの設定」を、ダッシュボードの詳細については第4章「Telemetry Data Platform」を参照してください。

---

[2] New Relic Mobileが標準でレポートするイベントや属性は、以下の公式ドキュメントから参照できます。
https://docs.newrelic.com/docs/telemetry-data-platform/understand-data/event-data/events-reported-mobile-monitoring/

Part 3 New Relicを活用する——16のオブザーバビリティ実装パターン

> レベル0 Getting Started／レベル1 Reactive

04 Kubernetesオブザーバビリティパターン

（利用する機能） Telemetry Data Platform：Dashboards、Log Management
Full-Stack Observability：New Relic APM／Infrastructure

● 概要

◎ コンテナ・Kubernetesの流行

　数多くの企業が自社データセンターから、AWS、Azure、GCPに代表されるようなクラウドサービスにシステムを移行し、柔軟にコンピュートリソースを増減できるようになりました。またデジタルビジネスの台頭により、ビジネスを成功させるためには、アプリケーションをいかに速く継続的に開発、デリバリーするかが重要になりました。これらを背景に、軽量で高速に実行可能なコンテナの利用が急速に広まっています。

　コンテナを利用することで、アプリケーションを小さい単位に分割し、手軽に開発・実行できるようになりました。ある規模以上のシステムをコンテナで構築する場合、コンテナが増え、コンテナの配置やスケジューリング、コンテナ間の通信など、コンテナの管理が複雑になります。これらの課題を解決するために利用されるのがコンテナオーケストレーションツールです。過去Docker SwarmやCoreOS fleetなど数多くのオーケストレーションツールが存在していましたが、2017年頃からは実質Kubernetesがデファクトスタンダードとして利用されるようになっています。

◎ Kubernetesの課題

　Kubernetesクラスタは、全体の動作を制御するコンポーネントが配置されたコントロールプレーンと、コンテナを動かすためのサーバー群であるデータプレーンから構成されています（図04.1）。

226

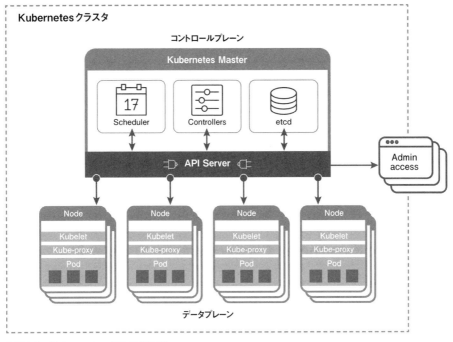

図04.1　Kubernetesクラスタ概要

　クラスタ全体の正常性や、キャパシティ管理、ノードの管理、Podの管理、コンテナ間の通信などを自動化でき、マニフェストファイルを作成・適用するだけで簡単にアプリケーションをデプロイできます。Kubernetesではkubectlと言われるコマンドラインツールを利用してこれら全体をコントロールします。kubectlは非常にパワフルで便利なツールではありますが、コマンドラインベースでのやり取りとなるため、さまざまな課題もあります。

　継続的にアプリケーションがデプロイされ、ノードやPodの状態は刻一刻と変化するため、クラスタ全体の健全性や、ノードやPodの状態の把握、キャパシティの追従など、全体を可視化し直感的に全体を把握することが難しくなります。また、コンテナ上で稼働するアプリケーションのパフォーマンスや、マイクロサービス間のつながり、顧客体験の把握など、サービス運営上必要な情報の把握が難しいという課題もあります。多数のコンテナに分散されるログ管理についても同様です。

　このようにKubernetesは多機能な反面、運用が複雑になることが多く、人依存の運用になってしまうことや、Kubernetesを運用するための運用に時間を割かれてしまうことがよくあります（図04.2）。

1	環境全体の健全性が把握しづらい
2	変化していく環境に追随しづらい
3	アプリケーションへの影響を把握しづらい
4	マイクロサービス間のつながりを把握しづらい
5	顧客全体を把握しづらく、改善策を打ちづらい

図04.2　Kubernetesの運用でよくある課題

● New Relic Kubernetes Cluster Explorerのメリット

これらの課題を解決するために、New RelicではKubernetesとの連携機能を各種用意しています。KubernetesクラスタのCPUやメモリなど各種リソースのメトリクス、Pod配置やヘルスチェックなどのイベント、ログ、コンテナ上で稼働するアプリケーションのAPM情報と連携し、Kubernetes Cluster Explorerというツールを利用して、クラスタ全体を可視化・分析できます（図04.3）。

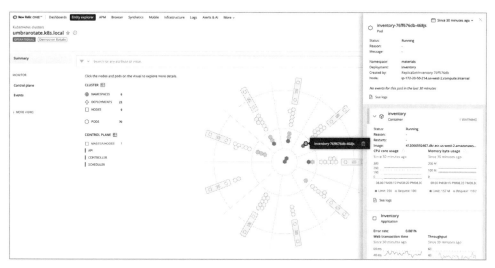

図04.3　Kubernetes Cluster Explorerを利用した可視化・分析例

クラスタ環境全体の可視化

Kubernetes環境全般を観測するために、New Relicではまとめてセットアップするためのマニフェストファイル、もしくはHelm[※1]を準備しています。詳細のセットアップは次項で紹介しますが、これらを実行すると、Kubernetes APIサーバーからデプロイ、ノード、ポッドなどのオブジェクトの状態に関するメトリクスを取得するkube-state-metricsや、Kubernetesクラスタで発生しているイベントを取得するKubernetes events、ログを転送するKubernetes plugin for Logsが設定されます。これらの情報をKubernetes Cluster ExplorerやKubernetes Dashboardを利用して可視化、分析できます。

Kubernetes Cluster Explorerでは、図04.4で示すようにKubernetesクラスタに関するさまざまな情報を視覚的に把握できます。ノードやポッドの数などクラスタの統計情報や、各ノード、ポッドの状況の確認、問題のあるノードやポッドの把握、各ポッドの詳細などさまざまな情報を統合的に管理することが可能となります（図04.5）。

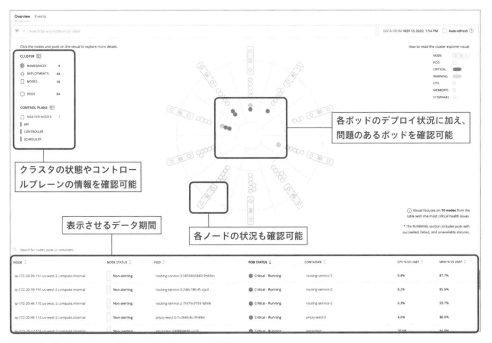

図04.4 Kubernetes Cluster Explorerの全体像

※1 Helmは、Kubernetesアプリケーションのデプロイを自動実行するツール。Kubernetesアプリケーションのパッケージマネージャー。

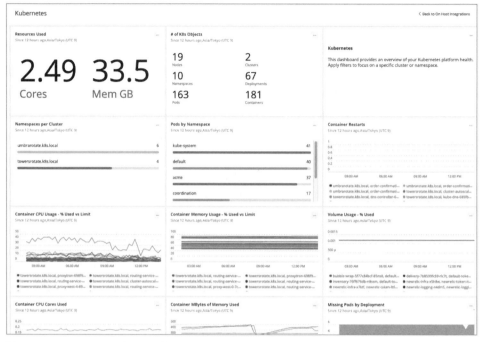

図04.5 Kubernetesのダッシュボード画面

　各ノードやポッドはそれぞれクリックすることで詳細を確認できます。問題のあるノードやポッドを可視化し、それらの詳細を分析できます（図04.6）。

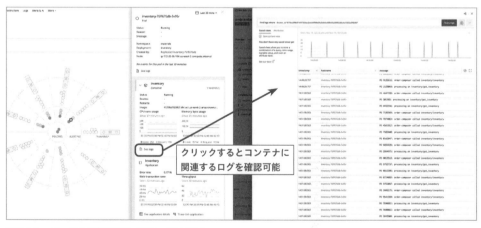

図04.6 ポッドの詳細確認と関連ログの表示

アプリケーション関連性の可視化

　コンテナ上で稼働するアプリケーションにAPMを設定することで、Kubernetesクラスタ情報と連動して、各種情報を可視化分析できるようになります（図04.7）。分散トレーシングを設定（詳細は5.9節を参照）することで、複数のコンテナ間を含むフロント（ブラウザなど）からエンドまでの通信をつなげてトレースできます。さらにLogs in Context（詳細は5.8節を参照）の機能でトランザクションとアプリログを紐づけることができます。あるコンテナで問題が発生した場合には、そのコンテナに関連するマイクロサービス間のつながりと、そのトランザクションに関連するログを簡単に可視化し、分析できるようになります（図04.8）。

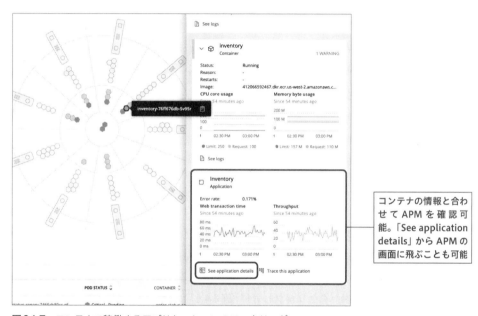

図04.7　コンテナで稼働するアプリケーションのモニタリング

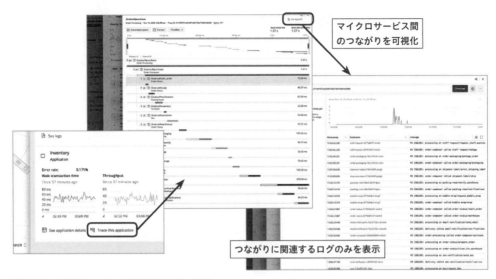

図04.8　分散トレーシングと関連ログの表示

● 適用方法

　New Relic上でKubernetesクラスタを可視化、分析、モニタリングするためにクラスタの設定とコンテナ上のアプリケーションへAPMの設定を実施します。

☐ クラスタの設定

　クラスタ環境を可視化するために必要な設定は、[Add more data] をクリックすると確認できます。New Relicのログイン後、右上のユーザー名をクリックし、[Add more data] を選択してから [Kubernetes] をクリックします（**図04.9**）。

図04.9 Kubernetesインテグレーション設定例　その1

　設定に必要なライセンスキー、クラスタ名、ネームスペース名、計測したいデータ（kube state metrics、Prometheus metrics、Kubernetes events、Logs data）の選択、インストール方法を選択します（**図04.10**）。マニフェストファイルを選択した場合はファイルをダウンロードしてデプロイします。Helmを選択した場合はアカウント名、クラスタ名、ネームスペース名はインストール時に入力します。

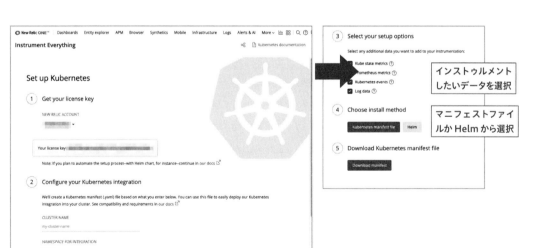

図04.10 Kubernetesインテグレーション設定例　その2

マニフェストファイルを利用してインストールする場合は、マニフェストファイルダウンロード後、次のコマンドを利用してデプロイします。

```
kubectl apply -f <PATH_TO_DOWNLOADED_FILE> -n default
```

デプロイが完了すると自動的にデータが New Relic に送付され、Kubernetes Cluster Explorer が利用可能になります。AWSやGCP上でKubernetesを利用する場合は仕様が異なる場合があるため公式ドキュメント[2]を確認してください。

コンテナ上のアプリケーションのAPM設定

APMの設定については、5.2節「New Relic APM」を参照してください。

まとめ

New RelicのKubernetesインテグレーションは、Kubernetesクラスタ全体を簡単に可視化し、分析可能にします。また。アプリケーションやログとの連携も強力です。Kubernetesインテグレーションを活用して、特定の人依存の運用や、運用のための運用から脱却し、多機能でパワフルなKubernetesを便利に活用していきましょう。

---

[2] Kubernetes integration: install and configure
https://docs.newrelic.com/docs/integrations/kubernetes-integration/installation/kubernetes-integration-install-configure#cloud-platforms

レベル0 Getting Started／レベル1 Reactive

05 Prometheus＋Grafana連携

（利用する機能） Telemetry Data Platform

● 概要

　OSSを組み合わせた先進的で柔軟なアーキテクチャを採用している場合、Prometheusおよび Grafanaの導入は真っ先に考えられることです。簡単に使い始めることができ、カスタマイズする柔軟性もあるので、サービス開始時点の小規模の場合には非常に効果的に利用できます。しかしながら、マイクロサービスの数だけでなく、サービスの規模やユーザー数が増えてくると、Prometheus自体の運用も複雑化し、簡単ではありません。「負荷テストを行うとサービスの前にPrometheusが落ちてしまった」「利用するエンジニアが増えてPrometheusの運用コストが高くなった」といった経験があるという声もよく聞きます。Prometheusの可用性を維持しつつ、運用・保守をし続けなければならないのにトラブル対応のため、本来行うべきサービス運用の時間を削られてしまうことになってしまいます。

◯ New Relicでの解決

　第3章では、Telemetry Data PlatformがPrometheusの保存先となることを紹介しました。では、実際にどうすれば利用できるのか以下で解説します。

　ここでは、現在のPrometheusサーバーからTelemetry Data Platformへとデータを送信する方法、およびNew Relic連携用のPrometheusサーバーを起動してデータを収集する方法の2つをサンプルアプリケーションを利用して解説します（**図05.1**）。

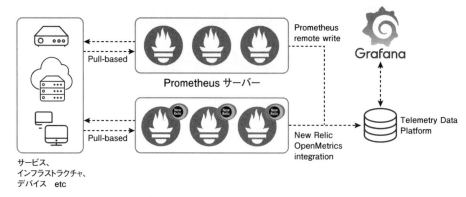

図05.1　PrometheusとGrafana統合のイメージ

● Prometheus＋Grafanaでの監視構成を把握する

　Telemetry Data Platformを利用する前に、サンプルアプリケーションの構成を確認しておきましょう（図05.2）。

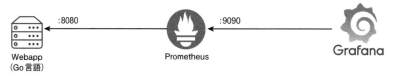

図05.2　サンプルの構成

● 現在のPrometheusサーバーからTelemetry Data Platformへとデータを送信する方法

　この方法で連携すると、図05.3のような構成となります。

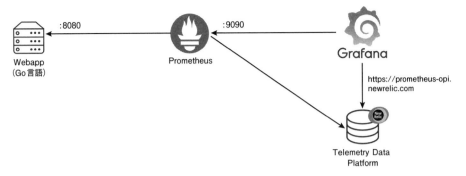

図05.3 remote-writeを使った連携

この構成に変更するには、次の5ステップを実行します。

STEP1 Telemetry Data PlatformへのURLを生成する

New Relicの画面上でURLを生成しましょう。New Relic Oneにログインし、画面上の[Home]から[Add more data]をクリックしてから[Prometheus]を選択し、アカウントを選び[Continue]をクリックします。すると、Prometheus用のremote_write用URL生成の画面が開きます。手順①のところで、任意の名称を入力し、[Generate url]ボタンをクリックします（図05.4）。

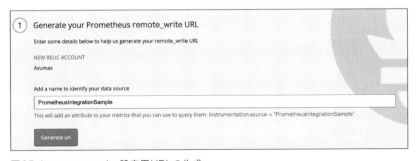

図05.4 remote_write設定用URLの生成

手順②にremote write用の設定が表示されます（図05.5）。

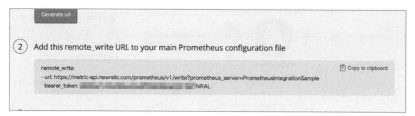

図05.5　生成された設定

STEP2　Prometheusの設定ファイル変更とrestart

STEP1で作成したremote write用の設定情報をコピーします。次に、コピーした内容を、prometheus.ymlに追加します。今回作成したymlファイルのサンプルは**リスト05.1**です。

リスト05.1　remote_writeを使った、Prometheus連携の設定例

```yaml
global:
  scrape_interval:     15s
  evaluation_interval: 15s

scrape_configs:
 - job_name: 'webapp'
   static_configs:
     - targets:
       - 'host.docker.internal:8080'

remote_write:
- url: https://metric-api.newrelic.com/prometheus/v1/write?prometheus_server=Prometheus➡
IntegrationSample
  bearer_token: *****NRAL
```

※➡は行の折り返しを表す

設定変更後、Prometheusをリスタートします。

STEP3　データの確認

まずGrafanaでデータを確認します。以下のPromQLで描画します（**図05.6**）。

- PromQL

```
go_memstats_heap_inuse_bytes{instance="host.docker.internal:8080",job="webapp"}
```

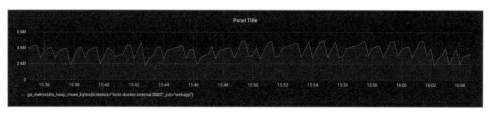

図05.6　PrometheusサーバーのデータのGrafanaでの可視化

次にNew RelicでPromQLを実行してみます。Y軸のスケールが異なるものの、同じグラフが表示されました（**図05.7**）。

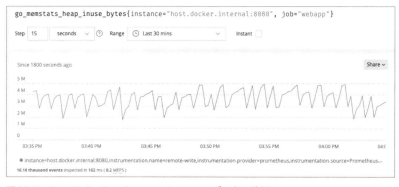

図05.7　New Relic One Data explorerでのデータの確認

STEP4 Grafanaのデータソースを変更する

Telemetry Data Platformに入ったデータにアクセスするためにデータソースを変更します。アクセスするためにはクエリキーが必要となります。以下の手順でクエリキーを生成してください。

1. New Relicのホーム画面の［More］プルダウンメニューから［Insights］を選択します。
2. Insightsの左側のナビゲーションの［Manage data］をクリックし、右側のペイン上部の［API Keys］をクリックします。
3. ［Query Keys］の右横にある［+］アイコンをクリックします。
4. 画面が切り替わったら、［Notes］フィールドに、キーを使用している目的の簡単な説明を入力し、［Save your notes］ボタンをクリックします。
5. あとで必要になるので、画面右下の［key］の下の［Show］アイコンをクリックして新しいAPIキーをコピーします。

その後、Grafanaで設定したPrometheusのデータソース設定を開きます。もし新しく作成する場合はそれでもかまいません。

設定項目は以下のとおりです（図05.8）。

[HTTP]
- [URL]：https://prometheus-api.newrelic.com（米国、通常はこちらを選択）
  EUの場合は、https://prometheus-api.eu.newrelic.comを選択する
- [Access]：Server (default)

[Custom HTTP Headers]
- [Header]：X-Query-Key
- [Value]：先ほどコピーしたクエリキー

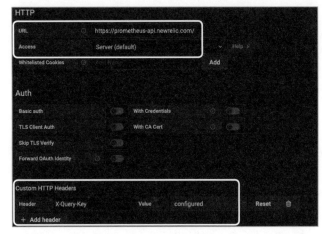

図05.8　Grafanaのデータソース設定画面でのNew Relicエンドポイントの利用例

変更したら［Save & Test］ボタンをクリックします。

STEP5 **Grafanaのダッシュボードを確認する**

本書ではわかりやすいようにデータソースを新規で作成し、Prometheus-NewRelicとしていますが、移行の場合は同じデータソースの変更でかまいません（図05.9）。

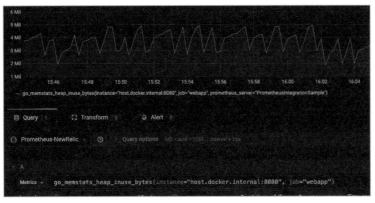

図05.9　Telemetry Data PlatformのデータのGrafanaでの可視化（1）

すると、データソースを変更しても同じグラフが見えていることがわかります。これで、New Relic連携は完了です。

●New Relic連携用のPrometheusサーバーを起動してデータを収集する方法

New Relic 連携用の Prometheus サーバー（以後、nri-prometheus）を起動します。nri-prometheusはオリジナルのPrometheusのサーバーと同様、メトリクスエンドポイントに対してPull型でメトリクスを収集します。収集したメトリクスはNew RelicのREST APIを使ってTelemetry Data Platformに送信されます。GrafanaからはPromQLが利用できるエンドポイントに対して情報を収集し、ダッシュボードとして可視化を行います（図05.10）。

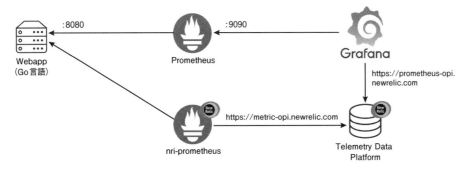

図05.10　nri-prometheusの並行稼働構成

以下の5ステップでデプロイと確認を行います。

Part 3　New Relicを活用する──16のオブザーバビリティ実装パターン

STEP1 ライセンスキーの準備

前項「現在のPrometheusサーバーからTelemetry Data Platformへとデータを送信する方法」（p.236）で生成したURLのうち、「*****NRAL」にあたる文字がライセンスキーです。このキーを後ほど利用します。

STEP2 設定ファイルの準備

New Relicのドキュメント「Configure Prometheus OpenMetrics integrations」[1]に用意されているサンプルの設定を利用します。ローカルのDockerで動いているアプリケーションのメトリクスを収集するように設定します。config.yamlというファイル名で保存しておきます（**リスト5.02**）。

リスト05.2　config.yaml

```
cluster_name: "my-cluster-name"
verbose: false
insecure_skip_verify: false
scrape_enabled_label: "prometheus.io/scrape"
require_scrape_enabled_label_for_nodes: true
targets:
 - description: "http servers"
   urls: ["http:// host.docker.internal:8080"]
```

STEP3 nri-prometheusを起動する

ここではDockerベースでnri-prometheusを起動してみます。kubernetesでの利用方法は公式ドキュメントを参考にしてください。

実行時にSTEP1で用意したライセンスキー、STEP2で作成したconfigファイルを使用し、**リスト05.3**のようなコマンドで起動します。

リスト05.3　Dockerコマンドでのnri-prometheusの起動

```
docker run --name nri-prometheus \
-v /path/to/config.yaml:/etc/nri-prometheus/config.yaml \
-e LICENSE_KEY= *****NRAL newrelic/nri-prometheus:2.0.1
```

STEP4 New Relic上でデータを確認する

nri-prometheusを利用する場合、属性情報が多少異なりますが、PromQLを使ったデータ取得が可能です（**リスト05.4**、**図05.11**）。

---

[1]　https://docs.newrelic.com/docs/integrations/prometheus-integrations/install-configure-openmetrics/configure-prometheus-openmetrics-integrations

リスト05.4　PromQLでのデータ取得クエリ例

```
go_memstats_heap_inuse_bytes{targetName="host.docker.internal:8080", clusterName="my-clust➡
er-name"}
```

※➡は行の折り返しを表す

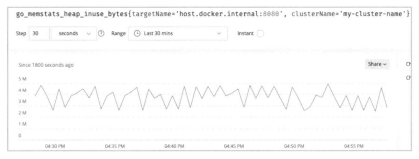

図05.11　New Relic One Data explorerでのPromQL実行例

STEP5　Grafanaで情報を表示する

同じPromQLを利用してGrafanaでダッシュボードを作成してみます（図05.12）。

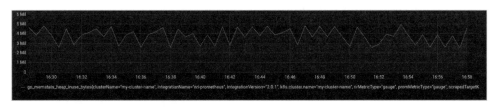

図05.12　Telemetry Data PlatformのデータのGrafanaでの可視化(2)

Grafana上でデータを表示することができました。

まとめ

ここでは、2通りのPrometheus+Grafana連携を紹介しました。1つは通常のPrometheusを活用し、remote-writeでの保存先をTelemetry Data Platformにする方法で既存ダッシュボードの設定変更いらずで利用できる方法です。もう1つはNew Relic連携用のnri-prometheusを利用してバックエンドにTelemetry Data Platformを利用する方法です。

どちらにしても、負荷が上がってきたときの可用性に対する効果はあるため、ぜひ状況に合った方法で導入してみてください。

Part 3　New Relicを活用する──16のオブザーバビリティ実装パターン

> レベル0　Getting Started／レベル1　Reactive

06 W3C Trace Contextを使ったOpenTelemetryと New Relic Agentでの分散トレーシングパターン

（利用する機能）　Full-Stack Observability：New Relic APM
　　　　　　　　　Full-Stack Observability：Distributed Tracing

● 概要

　　分散トレーシングは、高度に分散されたマイクロサービスアプリケーションに携わるエンジニアにとって不可欠なツールになっており、複数のマイクロサービスを横断するトランザクションの相互作用を追跡できます。しかしながら、New Relicも含めてトレースツールによってトレースを追跡する方法が必ずしも同じ方法ではなく、互換性のない方法およびフォーマットを採用していました。組織内の開発チームによって異なるトレースツールを選択したため、トレースの追跡が途切れてしまう問題がありました。

　　W3C Trace Contextは分散トレースをより簡単に実装し、信頼性を高め、より価値あるものにするための標準規格です。トレースツールがW3C Trace Context標準に準拠している限り、どのトレースツールを利用しても途切れることなく追跡できます。W3C Trace Contextは2020年に初期草案が提出されました。APM Agentの多くの言語およびBrowser AgentですでにW3C Trace Contextをサポートしています。さらに、オープンソースとして提供しているElixir AgentもW3C Trace Contextをサポートしています。従来のAPM Agentが利用していた方式との互換性も保たれています。

　　したがって、W3C Trace Contextという標準規格を利用している限り、チームによって異なる分析ツールを採用していたとしても、New Relicの分散トレーシング機能を活用できます。分散トレーシングの仕組みとW3C Trace Contextについては5.9.2項も参照してください。

● メリット

　　計測したいすべてのマイクロサービスアプリケーションをNew Relicで計測するのであれば、5.9節で説明した分散トレーシングの機能が標準で利用できます。Agentの設定で分散トレーシングを有効にするだけで十分です。そうでない場合、つまりアプリケーションの担当チームが異なり、別のチームではW3C Trace Contextに準拠したNew Relic以外のトレースツールを使っている場合に価値があるパターンです。

W3C Trace ContextとNew Relicの相互運用性を知るためにいくつか具体例で考えてみましょう。たとえば3つのサービスがあり、サービス1と3をAPM Agentで計測し、サービス2はW3C Trace Contextに準拠したツールを使っているがNew Relicにはデータを送信していないケースを考えてみます（図06.1）。

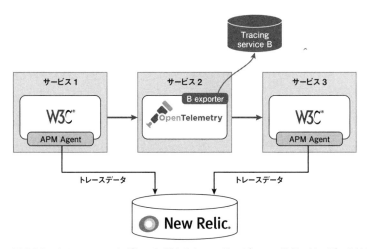

図06.1　トレースのつながりの伝搬とトレースサービスへの送信。サービス2はNew Relic以外のサービスに送信している

このようなケースの場合、サービス1と3がトレース内でつながっていることは確認できますが、その間に「orphanedトレースという、存在することが推測されるもののトレースデータそのものは確認できないトレースがある」というメッセージが表示されます（図06.2）。W3C Trace Contextに準拠したツールを利用していれば、たとえNew Relicにデータを送信していない場合でも、その前後のトランザクションがつながっていることを確認できます。また、それによりorphanedトレースの部分もある程度パフォーマンスを推測できます。

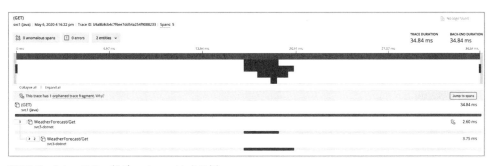

図06.2　トレースの一部がorphanedとなる例

しかし、この状態では、サービス2のパフォーマンスの詳細について調査するには別のトレースサービスBを確認する必要があります。複数の要因が関連しあっている場合では、異なるツールで調査を進めることは困難です。今までなら、そこでサービス2のトレースを可視化するためにはAPM Agentを入れる必要がありましたが、今やW3C Trace Contextをサポートしているので、トレースツールや計装コードはそのまま、Traceデータの送信先にNew Relicを追加するだけで見ることができます（図06.3）。

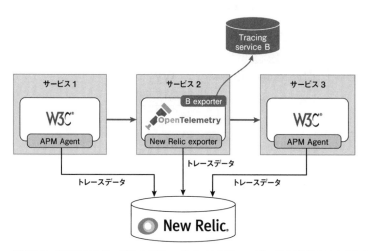

図06.3 図06.1でサービス2がNew RelicにもTraceデータを送信するようになった例

すると、全体のトレースがつながって見えるようになります（図06.4）。

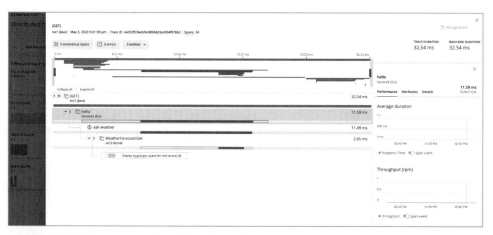

図06.4 図06.2でorphanedトレースがなくなった例

技術的には、トレースをつなげるTrace ContextはHTTPヘッダーで伝搬させます。W3C Trace Contextに対応したAPM Agentは対応したヘッダーと従来のNew Relic Agentが利用しているフォーマットのヘッダーの両方を出力します。そのため、W3C Trace Contextに対応しているNew Relic Agentのあとに、未対応のバージョンのAPM Agentを利用している場合でも、つながったトレースを確認できます（図06.5）。しかし、W3C Trace Contextに準拠していない古いバージョンのAPM Agentから先のトランザクションは、APM Agentでない限りつながらないことに注意が必要です。

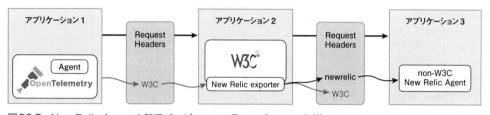

図06.5 New Relic Agentの新旧バージョンでのTrace Context伝搬

このようにW3C Trace Contextという標準規格に準拠しているツールを利用している限り、トレースがつながっていることを確認できるだけでなく、New RelicにTraceデータを送信することでトランザクションのつながりをすべて把握できます。

● 適用方法

このパターンを利用する場合、APM Agentを使っているアプリケーションではW3C Trace Contextに準拠したバージョンにAgentをアップデートすることをおすすめします。先ほどの最後の例のように古いバージョンでは、W3C Trace Contextとの相互運用性が下がってしまいます。また、分散トレーシングの設定を有効にするのも忘れないようにしましょう。設定は原則としてフラグ1つを有効化にするだけですが、詳細は5.9.3項を参考にしてください。

また、New Relic Agentではないアプリケーションでは、少なくともW3C Trace Contextに準拠したツールを利用する必要があります。いくつか準拠しているツールはありますが、代表的なものがOpenTelemetry[※1]です。OpenTelemetryをトレースツールとしてすでに導入している場合、何も変更しなくとも最初の例のようにその前後のトランザクションは分散トレーシングとしてつながります。

その次の段階として、TraceデータをNew Relicに送信するようにしましょう。Open

※1　https://opentelemetry.io/

Telemetry では Trace データの送信部分を exporter[2]と呼んでおり、送信先ごとに提供されています。New Relic は OpenTelemetry がサポートしている多くの言語向けに New Relic に送信する exporter を公開しているため、この exporter を使えば数行程度のコード修正で New Relic に Trace データを送れるようになります。たとえば、OpenTelemetry を利用している場合の初期化コードの例として**リスト06.1**のコードがあったとします（Go言語を使用しています）。このコードは先ほどのスクリーンショットの最初の例の状態です。なお、完成した最終版のコードは公開しています[3]。

リスト06.1　OpenTelemetry を利用するサンプルコード（Go）

```
import (
    "go.opentelemetry.io/otel/api/correlation" // など。詳細は公開先参照。
    sdktrace "go.opentelemetry.io/otel/sdk/trace"
)

func initTracer() {
    exporter, err := stdout.NewExporter(stdout.Options{PrettyPrint: true})

    if err != nil {
        log.Fatal(err)
    }
    tp, err := sdktrace.NewProvider(
        sdktrace.WithConfig(sdktrace.Config{DefaultSampler: sdktrace.ProbabilitySampler()}),
        sdktrace.WithSyncer(exporter))
    if err != nil {
        log.Fatal(err)
    }
    global.SetTraceProvider(tp)
}
```

　この場合、github.com/newrelic/opentelemetry-exporter-go/newrelic を import に追加した上で initTrace の最初の1行を**リスト06.2**のように変更するだけで New Relic に Trace データを送信できるようになります。これだけで前掲の**図06.4**のように分散トレーシングに表示されるようになります。

リスト06.2　New Relic に Trace データを送信するために**リスト06.1**に追加するコード（Go）

```
exporter, err := newrelic.NewExporter("Service2 (Go)", os.Getenv("NEW_RELIC_API_KEY"))
```

※2　https://opentelemetry.io/docs/collector/configuration/#exporters
※3　https://github.com/newrelickk/book-fundamentals

まとめ

分散トレーシングはマイクロサービス化が進むにつれますます強力な機能となっています。これまで、分散トレースを計測するためのトレースツールはベンダー固有の仕様で動作していました。分散トレースの重要性が増す中、W3C Trace Contextという標準規格が批准され、多くのツールがこれに準拠しています。New Relic はいち早く対応しているため、New Relic APMエージェントと標準規格に準拠したツールとの間で、分散トレーシングにつながったトランザクションを観測することができます。

Part 3　New Relicを活用する──16のオブザーバビリティ実装パターン

レベル2　Proactive

07 Webアプリのプロアクティブ対応パターン
──Webアプリの障害検知と対応例

（**利用する機能**）　Telemetry Data Platform：Data explorer、Dashboards
Full-Stack Observability：New Relic Browser／Synthetics

● 概要

「Webアプリの障害がいつもユーザーからの問い合わせで始まり後手対応となっている」
「開発者の手元では動いているもののユーザーからの評価が低い」

　あなたの会社はこんなことになっていないでしょうか？　障害発生の本当の状況がわからずに問い合わせのたびにその場しのぎの対応をしていると、累計ではいつの間にかソースコードの修正よりも多くのコストを払ってしまい、どんどんくる問い合わせに飲み込まれ、改善のための時間が取れなくなってしまうことも考えられます。また、障害が発生しているとわかっていたとしてもサイレントクレーマーのように不満を言葉に表さない場合、なぜユーザーが増えずに離れていってしまうのか、理解するためには多くの労力が必要となってしまいます。

◯ New Relicでの解決

　New Relicを使ってフロントエンドの観測を行うと、ユーザーがフロントエンドを含めて問題なく使えているのか、障害に巻き込まれたり速度劣化に悩まされたりしていないか、リアルな状況を把握できます。定常状態でうまく動いている情報も含めて確認できるので、ユーザーに対してどれだけ影響の高いものなのかを数値から読み取ることができるようになります。New Relicでは、以下の2つのやり方を組み合わせながら状況を把握できます。

* ユーザーの動作環境の依存なく、Webアプリケーションが動いていることを把握する
* ユーザーのリアルな実体験をもとに障害の発生状況を確認する

　双方の情報を集めると、問題がいつ起こっているのか、サービス全体で起こっているのか、どこかに集中しているのかということが見えてきます。

　図07.1のダッシュボードでは、New Relic Syntheticsで世界各地から定点観測を行った情報とユーザーの実際の情報を合わせて確認できます。このダッシュボードを例に2つの観測方法でどのようにプロアクティブな対応を始められるか解説します。

250

ここでは、すでにSyntheticsやBrowserの設定が終わっていて、ダッシュボードおよびアラートをどう作成していくかについて解説します。

図07.1　プロアクティブ対応ダッシュボードの例

● ユーザーの動作環境の依存なく、Webアプリが動いていることを把握する

ユーザーは手持ちのデバイス・Webブラウザから、気軽にWebアプリケーションへとアクセスし、利用しています。しかしながら、OSの種類やブラウザの種類、デバイスの種類によって少しずつ動作が変わってしまうことがあります。さらに、高速化のためにキャッシュを積極利用していると、動作のクライアント依存度が高くなり期待どおりに動くことの確認は難しくなります。New Relic Syntheticsを使って定点比較をして問題なく動作しているか、決まった環境からアクセスを行うことで確認をしましょう。

定期的に重要なフローが動作するかを確認できるので、ユーザーが実際に使うよりも前に問題に気づくことができ、自分たち自身で障害に気づいてユーザーから問い合わせがあるより先に対応できます。まさにこれは「プロアクティブ対応」に欠かせないポイントです。

New Relic Syntheticsの設定を行い実際に動作すると、イベントデータとして、Synthetic Request、SyntheticCheckがNRDBに保存されます。この情報を使って、問題が発生していることを確認しましょう。

エラー発生状況をモニター別に確認する

New Relic Syntheticsの機能で作成したモニターごとにエラーが発生しているかどうかを確認しましょう。ダッシュボードの**図07.2**のチャート作成について解説します。

定点観測エラー発生率
Since 60 minutes ago

Verify checkout flow is working	57.14 %
Verify all APIs are working	0 %
Create alert violations data	0 %
Load homepage and assets	0 %

図07.2 New Relic Synthetics：モニター別エラー発生率チャート

リスト07.1がこのチャートを作成するときに利用できるNRQLです。チャートタイプは「Bar」を選択しています。

リスト07.1 モニター別エラー発生率取得クエリ

```
FROM SyntheticCheck SELECT percentage(count(*), where result = 'FAILED') FACET monitorName
```

SyntheticCheckには成功したか失敗したかの情報がすべて入っています。この情報の中から「エラー発生率」を表示するには、SELECT percentage(count(*), where result = 'FAILED')とすることで、失敗した回数を取得できます。そして、「モニター別に集計」するためにFACET monitorNameを付けています。

エラーが発生したことについてアラートを作成する場合は、通常のSyntheticsのアラートでSingle failureを選択しましょう（**図07.3**）。同時多発を検知したい場合は、Multiple location failuresを選択してください。

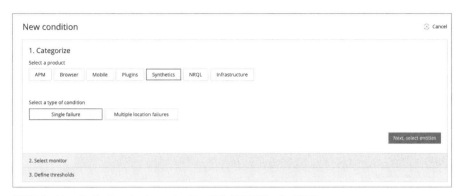

図07.3 New Relic Syntheticsでのエラー発生検知アラートの設定

◯ 観測地点別エラー発生率の確認

　海外展開している場合や複数地点からのアクセスを確認している場合、観測地点ごとに状況を把握しましょう。ダッシュボードの**図07.4**のチャート作成について解説します。

図07.4 観測地点別エラー発生率チャート

　リスト07.2がこのチャートを作成するときに利用できるNRQLです。チャートタイプは「Bar」を選択しています。

リスト07.2 観測地点別エラー発生率取得クエリ

```
FROM SyntheticCheck SELECT percentage(count(*), where result = 'FAILED') FACET locationLabel
```

　今回のNRQLは「地域別に集計する」ためにFACET locationLabelとしています。このようにNew Relicでは集計する軸を切り替えることで多角的な状況把握を簡単に行えます。
　この例では観測地点の中で2地点のエラーが顕著です。2拠点だけに対象を絞ってアラートを作成したい場合は、**リスト07.3**のようなNRQLを使ってアラートを設定できます（**図07.5**）。

リスト07.3　観測地点別エラー発生率取得クエリ（地域指定バージョン）

```
FROM SyntheticCheck SELECT percentage(count(*), where result = 'FAILED') FACET location➡
Label WHERE locationLabel IN('Singapore, SG', 'London, England, UK')
```

※➡は行の折り返しを表す

図07.5　指定観測地点（シンガポール、イギリス）でのエラー発生検知アラート

逆に2地点を外したい場合には、IN述語の代わりにNOT IN述語を使いましょう。

エラー内容の確認

Syntheticsの結果がFAILEDの場合、エラーの内容も一緒に保存されています。その内容もダッシュボード上で一緒に確認できます（図07.6）。

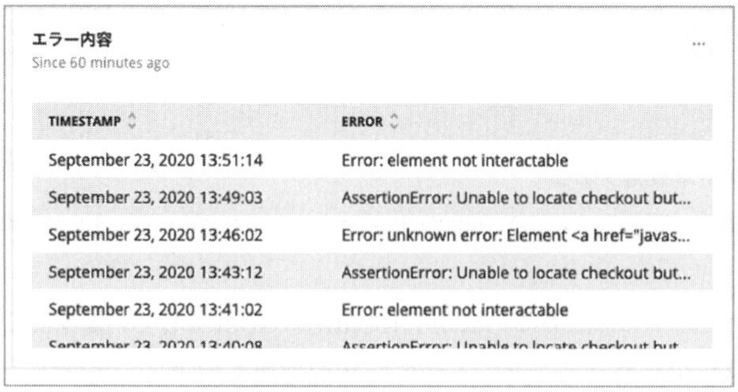

図07.6　New Relic Syntheticsのエラー内容確認Tableチャート

リスト07.4がこのチャートを作成するときに利用できるNRQLです。チャートタイプは「Table」を選択しています。

リスト07.4　New Relic Syntheticsのエラー内容取得クエリ
```
FROM SyntheticCheck SELECT error WHERE result = 'FAILED'
```

ビジネスインパクトが高いエラーが出ていないかなどを確認する際は、エラー文言を条件としたカウント値でアラートを設定します（リスト07.5、図07.7）。

リスト07.5　New Relic Syntheticsのエラー内容取得クエリ（特定文字検索バージョン）
```
FROM SyntheticCheck SELECT count(*) WHERE result = 'FAILED' AND error = 'Error: element not➡
  interactable'
```
※➡は行の折り返しを表す

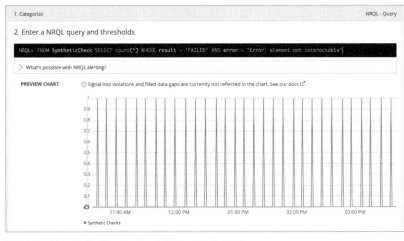

図07.7　New Relic Syntheticsの特定エラーの検知

いつエラーが発生したかを確認する

原因を特定するためにいつエラーが発生したのかを調べてみましょう。ダッシュボードの図07.8のチャート作成について解説します。

図07.8　エラー発生タイミング確認チャート

リスト07.6がこのチャートを作成するときに利用できるNRQLです。チャートタイプは「Line」を選択しています。

リスト07.6　エラー発生タイミング取得クエリ

```
FROM SyntheticCheck SELECT count(*) TIMESERIES AUTO WHERE result = 'FAILED' FACET monitorName
```

　TIMESERIES句を追加すると、時系列の傾向がわかるチャートを作成できます。また、TIMESERIES AUTOとすると、表示している期間に合わせて値がロールアップされます。5分など特定の間隔にしたい場合はTIMESERIES 5 minutesのように間隔を指定します。表示期間にかかわらず、最大で366分割まで可能です。表示期間ごとに一番短い間隔、366分割で表示したい場合はTIMESERIES MAXを指定します。

● ユーザーのリアルな実体験をもとに障害の発生状況を確認する

　Syntheticsの情報に加え、実際のユーザーの体験状況を、漏れなくリアルタイムに確認することで、ユーザー任せではないプロアクティブな問題発見および対応が可能になります。障害を単発で確認するだけではなく、通常状態を把握して対応できるので、エラーの発生がユーザー全体を通してどれだけインパクトのあるものなのかも理解しながら対応を進めることができます。

○ Ajaxリクエストのエラーが発生したユーザー数の割合確認

　近年のWebアプリケーションでは多くの場合、フロントエンド駆動で動的なコンテンツを提供しています。ユーザーがページを開く以外にも、クリックやスクロールなどでコンテンツが切り替わることがありますが、これには多くの場合Ajaxを利用してサーバーからコンテンツの情報を取得しています。この例では、Browserを導入すると初期設定のみで確認可能な、セッション情報とカスタムアトリビュートとして追加したusernameを使ってチャートを作成しています（図07.9）。

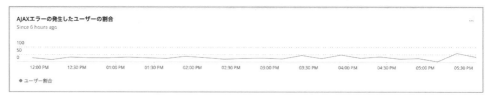

図07.9　エラーが発生したユーザー割合の時間傾向

リスト07.7がこのチャートを作成するときに利用できるNRQLです。チャートタイプは「Line」を選択しています。

リスト07.7　エラーが発生したユーザー割合の取得クエリ

```
FROM AjaxRequest SELECT filter(uniqueCount(session), WHERE httpResponseCode != 200)/unique ➡
Count(session)*100 as 'ユーザー割合' TIMESERIES AUTO WHERE username != 'syntheticuser@acme. ➡
com'
```

※➡は行の折り返しを表す

　Syntheticsユーザーの情報を除くために、条件としてWHERE username != 'syntheticuser@acme.com'を追加しています。usernameは便宜上メールアドレスとしていますが、メールアドレスでなくてもユーザーを一意に特定できるサロゲートキーなどの情報でかまいません。
　数値の確認としては、紹介も兼ねてsessionを利用しています。uniqueCount(session)ではユーザー数に近い数値を取得できます。usernameを使うとより正確なユーザー数を導出できますが、カスタムアトリビュートを追加していない場合でもsessionは利用できるので、状況にあわせて使うようにしてください。percentage以外にも、filter関数も計算式として利用できるので、式を工夫したい場合に利用してください。
　このNRQLをそのままアラートにも再利用できるので、エラーの発生しているユーザーの割合が増えたらアラートを発砲するといった使い方ができます。

JavaScriptのエラー数の確認

　フロントエンドでユーザーの満足度を確認する場合、JavaScriptのエラーが発生していないことはチェックポイントの1つです。エラーがいつどれくらい発生しているのか時系列で確認しましょう（**図07.10**）。

図07.10　JavaScriptエラー発生数の時間傾向

　リスト07.8がこのチャートを作成するときに利用できるNRQLです。チャートタイプは「Line」を選択しています。

リスト07.8 JavaScriptエラー発生数の取得クエリ

```
FROM JavaScriptError SELECT count(*) as 'JSエラー' TIMESERIES WHERE username != 'synthetic ➡
user@acme.com'
```

※➡は行の折り返しを表す

JavaScriptのエラーはJavaScriptErrorに保存されます。

● まとめ

　本パターンでは、Webアプリケーションの問題をユーザーの問い合わせからではなくプロアクティブに気づき、把握していくための方法について解説しました。Syntheticsの情報を使うとユーザーの利用環境に依存しない問題を発見でき、Browserの情報を使うと、リアルなユーザーの問題が発見でき、ユーザーに寄り添った対応を問い合わせなしでできるようになります。紹介したNRQLをそのまま利用するのもいいですし、ここでご紹介した方法以外にも、ビジネス上有益な情報をカスタムアトリビュートとして追加すれば、アプリケーションにマッチした分析ができるようになります。プロアクティブ対応できる体制を整え、突発的な対応ではなく問題を管理し無駄を省き、日々アプリケーションを進化させ続けていきましょう。

レベル2　Proactive

08 データベースアクセス改善箇所抽出パターン

利用する機能　Telemetry Data Platform
　　　　　　　　Full-Stack Observability：New Relic APM／Infrastructure

● 概要

アプリケーションパフォーマンスを可視化する上で、データベースクエリの応答状況を把握することはとても大切です。本パターンでは、アプリケーションのパフォーマンスに影響を与えているデータベースクエリをNew Relicで観測し、改善する手法を解説します。

● 適用イメージ

アプリケーションパフォーマンスに影響を与えるデータベースクエリの性質は大きく2つのパターンがあると言えます。1つは、普通に遅いクエリを叩いてしまっていて遅くなっているパターン。もう1つは、それぞれの応答は短いが大量に呼び出されてしまい、結果的にリクエスト応答時間が遅くなってしまうパターンです。N+1問題[※1]などがこれにあたります（**図08.1**）。

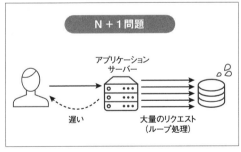 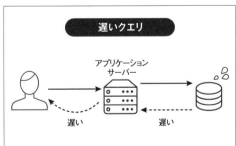

図08.1　代表的なデータベースアクセスパターン

もちろん、複雑な本番システムではこれ以外のパターンもありますが、本書ではこの2つのパターンにおいて、New Relic上でどのように把握することができるのか、解説していきます。

※1　N+1問題とは、プログラム内のループ処理の中などで都度クエリを発行してしまい、大量のアクセスが発生し、アプリケーションのパフォーマンスが悪くなる事象のことです。

● 適用方法

□ データベースアクセス状況を確認する

アプリケーションのデータベースアクセスは、APMの左側のメニューにある［Databases］から確認することができます（図8.02）。

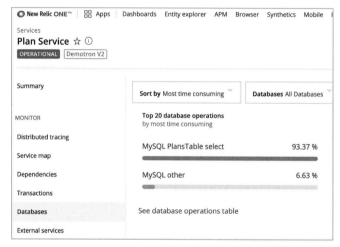

図08.2 アプリケーションのデータベースアクセスを確認する画面

この画面では、以下のような観点でソートすることができます。

① Most time consuming：アプリケーション負荷に影響を与えている順。②と③を掛け合わせた時間が大きい順。たとえば、1回の応答は速いがたくさん呼び出されている場合は上位になる
② Slowest query time：1回の応答が遅いクエリ順
③ Throughput：呼び出し回数が多い順

本パターンでは、ここを出発点にして、問題特定する方法を解説します。

□ パターン1：遅いクエリを特定する

APMの左側のメニューにある［Databases］をクリックし、「Slowest query time」でソートします（図08.3）。

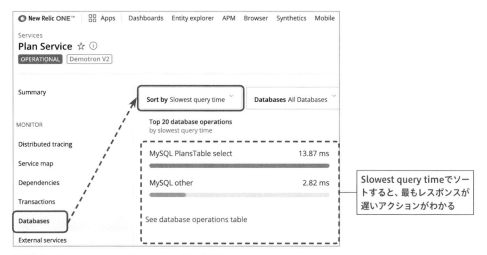

図08.3　Slowest query timeでソートした例

この例では、MySQL PlansTable selectアクションに最も遅いクエリが存在することがわかります。これを選択し、画面を下にスクロールすると、実際に呼び出されたアクションの中で実際に応答が遅かったクエリを確認できます（**図08.4**）。

Slow queries

DATE	QUERY	DURATION
10月10日 3:26	SELECT p.* FROM PlansTable as p WHERE p.planid like ? AND p.active like ?	1.03 s
10月10日 3:31	SELECT p.* FROM PlansTable as p WHERE p.planid like ? AND p.active like ?	883 ms
10月10日 3:24	SELECT p.* FROM PlansTable as p WHERE p.planid like ? AND p.active like ?	847 ms
10月10日 3:20	SELECT p.* FROM PlansTable as p WHERE p.planid like ? AND p.active like ?	701 ms
10月10日 3:23	SELECT p.* FROM PlansTable as p WHERE p.planid like ? AND p.active like ?	615 ms
10月10日 3:30	SELECT p.* FROM PlansTable as p WHERE p.planid like ? AND p.active like ?	544 ms
10月10日 3:33	SELECT distinct p.planID FROM PlansTable as p Inner join PlansTable p? ON p?.activ e = ? where p.active not like ?	515 ms

図08.4　[Slow queries] 一覧画面

クエリを選択すると［Slow query trace］画面が表示されます（**図08.5**）。セキュリティの観点からパラメータはマスキングされますが、必要に応じてTransactionにカスタムアトリビュートを送っておくことで条件も可視化することができます。また、ここでは［Hint］が表示されています。たとえばindexが効いてない、scanが走ってしまっている、などの提案が表示されるので、これをもとにテーブル設計の改善を行うことができます。

さらに、画面上部の［ACTION］部分はリンクになっており、どのTransactionで呼び出さ

れているものなのかもわかります。データベースクエリからスタートしたのに、しっかりアプリケーションのどの機能で呼び出されているのかまでたどり着けるので、優先度判断がつけやすくなっています。

図08.5　Query traceの例

◯ パターン2：大量に呼び出しているクエリを特定する

　上記のパターン1では、クエリ単位の呼び出し回数までは厳密にはわかりません。しかし、応答時間が短いにもかかわらず、短時間で呼び出し回数が急激に増えているなどの傾向が見える場合があります。これを捉えるには、まず［Databases］をクリックし、「Most time consuming」でソートします（図08.6）。この例では「MySQL inventory_table select」が最もアプリケーションに影響を与えていることがわかります。

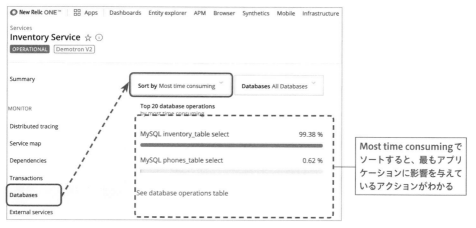

図08.6　Most time consumingでソートした例

　図08.7は、MySQL inventory_table selectアクションに対する、Query timeの平均と、Throughput（呼び出し回数）、およびTime consumption by caller（呼び出し元のトランザクション）を確認できます。ここでは、このクエリの呼び出し元のほとんどがGET//api-v1/phonesというTransactionから呼び出されていることがわかります。本当にそのTransactionからしか呼ばれないものかもしれないので、これ自体が必ず悪いというわけではありませんが、とあるテーブルのselectアクションの回数が特定のTransactionに極端に偏るのは何かあるかもしれません。深掘りしてみましょう。

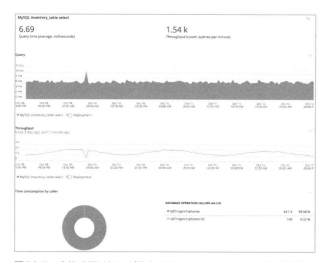

図08.7　応答時間は短いが特定のTransactionからクエリが呼ばれている傾向例

Part 3　New Relicを活用する——16のオブザーバビリティ実装パターン

　　Time consumption by callerチャートの問題のTransaction部分をクリックすると、Transactionに画面遷移します。さらに［Breakdown table］を見ると、平均で64.0回のMySQL inventory_table selectが呼び出されていることがわかります（図08.8）。

図08.8　TransactionでMySQLのクエリが大量にコールされている例

　　また、このTransaction tracesを確認すると、phoneIdごとにinventory_tableをselectするクエリが大量に発行されており、先に説明したN+1問題のような傾向を確認することができます（図08.9）。

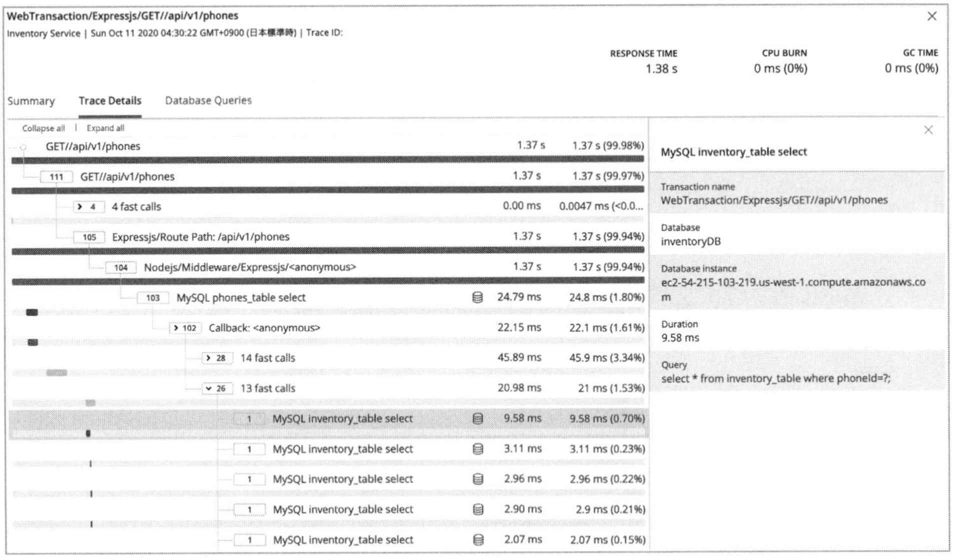

図08.9　Transaction tracesで大量にクエリが発行されていることを確認できる

264

レベル2 Proactive

● まとめ

ユーザー体験ベースで分析する場合は、5.2節で解説したように、Transactionベースで深掘りしていき、データベースクエリが問題である場合はそのクエリを改善するといった運用が理想的です。これとあわせて、たとえば定期的なパフォーマンス改善検討を行う場合に、Databasesの観点からクエリにフォーカスした改善を試みると新たな発見があるかもしれません。DBA[2]のようなデータベース専門知識に長けた方は、得意分野であるデータベースの観点から深掘りしていくほうが効率が良い場合もあります。

5.3.5項で紹介したOHI（On Host Integration）の機能を使えば、データベースそのものの負荷状況（CPU使用率など）もあわせて可視化することで、データベースサーバーのキャパシティ管理にも役立てることができます[3]。どちらもパフォーマンス改善という目的に変わりはありませんので、ご自身やチームのスキルセットや状況に合わせて、いろいろなアプローチ方法を持っておくとよいでしょう。

---

[2] Database Administrator（データベース管理者）のこと。
[3] たとえば本パターンで紹介したMySQLのインテグレーション機能では、CPU使用率だけでなく、ロック時間やキャッシュヒット率などの詳細情報も取得することができます。詳細は公式ドキュメントを参照してください。
https://docs.newrelic.com/docs/integrations/host-integrations/host-integrations-list/mysql-monitoring-integration

Part 3　New Relicを活用する──16のオブザーバビリティ実装パターン

レベル2　Proactive

09 ユーザーセントリックメトリクスを用いた フロントエンドパフォーマンス監視パターン

利用する機能　Telemetry Data Platform：Data explorer、Dashboards
Full-Stack Observability：New Relic Browser／Synthetics

● 概要

5.5節で解説したとおり、New Relic Browserは実際のユーザー体験（リアルユーザーモニタリング）を計測します。これにより、ユーザー体験に基づき、バックエンドのサーバー処理が遅いのか、ネットワークが遅いのか、画面のレンダリングが遅いのかなどの切り分けを行うことができます。New Relicでは、主にNavigation Timing APIのプロセッシングモデル[1]で取得される指標を取得して切り分けをしています。また、User Centric Performance Metrics[2]というよりユーザー体験を可視化する「ペイントメトリクス」も計測します[3]。

長らくフロントエンドのパフォーマンスを計測する指標として、ページのロード時間[4]が測定・監視されてきましたが、近年のWebサイトではあまり効果的な監視項目ではなくなってきました。「ユーザーが応答を認知するまでのパフォーマンス」を特定するペイントメトリクス[5]は、顧客体験を明らかにし、ページの読み込み速度を理解するのに役立ちますが、気になるのは速度だけではありません。そこで重要となるのが「インタラクティブメトリクス」[6]です。インタラクティブメトリクスは、ページが「使える」ようになったタイミングを測定するのに役立ちます。New Relicではこのインタラクティブメトリクスも収集することができます。本パターンでは、取得したこれらのデータを具体的にどのような観点で改善に役立てることができるのかを解説します。

※1　https://w3c.github.io/navigation-timing/#processing-model
※2　https://web.dev/user-centric-performance-metrics/
※3　取得されるデータの詳細はこちらを参照してください。
　　　https://docs.newrelic.com/attribute-dictionary?attribute_name=&field_data_source_tid%5B%5D=8297
※4　歴史的にはJavaScriptのwindow.onloadイベントによって測定されてきました。
※5　画面描画のためのパフォーマンスメトリクスを「ペイントメトリクス」と呼びます。
※6　ユーザーの操作における体感時間を把握するためのメトリクスを「インタラクティブメトリクス」と呼びます。

レベル2　Proactive

● 適用イメージ

ペイントメトリクスで計測されるfirstContentfulPaintなどのメトリクスは、ユーザーがページ上で何かを「感じた」ことを教えてくれるのに対し、インタラクティブメトリクスは、エンドユーザーがページを操作できるようになったタイミングを教えてくれます。さらに、インタラクティブメトリクスは、次のような顧客体験の測定と改善に役立てることができます。

- サイトが視覚的なコンテンツをレンダリングしたあと、ユーザーがどれだけ速くそのコンテンツを操作できるか
- コンテンツを操作したあと、ユーザーがどれだけ速く反応を得るか
- サイトのコードレベルの要素が、デバイスの種類、ブラウザ、ブラウザのバージョンを超えてユーザーの操作にどのように影響するか

firstContentfulPaintなどのペイントメトリクスは、ユーザーがサイトの使用準備ができたと認識したときの情報を提供しますが、多くの場合、JavaScriptのwindow.onloadイベントよりも遅いことがわかっています。つまり、「従来のページロード」時間では、ページ上に視覚的なコンテンツがあることさえ保証されていないということです。そこでNew Relicでは、顧客体験を向上させるために、Webページが使用可能になるまでの時間を測定する3つの「インタラクティブメトリクス」を利用します。

- firstInteraction
- firstInputDelay (FID)
- longRunningTasksCount

New Relicでは、これらの各種メトリクスはすべて自動で収集されるため、特別に何かを適用する必要はありません。New Relic Browserをインストールすれば自動的にデータが収集されます[7]。

それでは、これらの情報を使った具体的な分析手法を解説します。

● 適用方法

☐ firstInteractionを使った分析手法

firstInteractionメトリクスを使用すると、ポインタダウン、クリック、タッチスタート、また

---

[7]　firstPaintのタイミングでPageViewTimingイベントが送られます。そのときにFIDとfirstInteractionも一緒に報告されます。

はキーダウンなど、ユーザーが初めてサイトで操作した瞬間を確認できます。

　firstPaintおよびfirstContentfulPaintメトリクスとともに、firstInteractionメトリクスも、「顧客がサイトを使用する準備ができた」と考える時点を理解するのに役立ちます。

　たとえば、インタラクションタイプ別にfirstInteractionを確認することで、パフォーマンスの高い（低い）インタラクションを見極めることが可能になります（**リスト09.1**、**図09.1**）。

リスト09.1　インタラクションタイプ別にfirstInteractionを確認するクエリ例

```
From PageViewTiming select percentile(firstInteraction, 50) since 30 minutes ago timeseries ➡
    facet interactionType
```

※➡は行の折り返しを表す

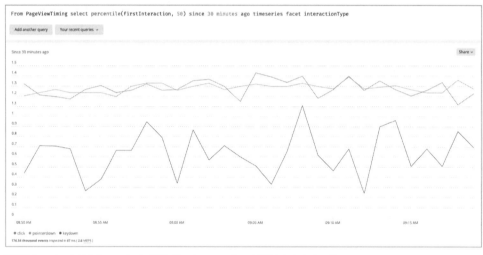

図09.1　インタラクションタイプ別にfirstInteractionを確認するイメージ

　firstInteractionをfirstPaintとfirstContentfulPaintと比較することで、コンテンツがページに表示されたあと、ユーザーがどのくらいの時間でエンゲージメントを開始するかを判断するためのパターンを見つけることもできます（**リスト09.2**、**図09.2**）。

リスト09.2　firstInteractionをfirstPaintとfirstContentfulPaintと比較するクエリ例

```
From PageViewTiming select percentile(firstContentfulPaint, 50), percentile(firstPaint, 50 ➡
    ), percentile(firstInteraction, 50) since 2 days ago timeseries
```

※➡は行の折り返しを表す

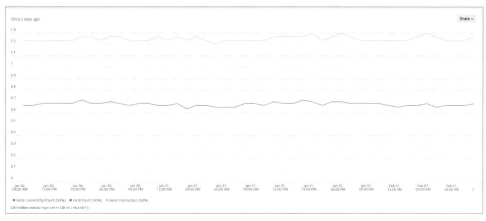

図09.2 firstInteractionをfirstPaintとfirstContentfulPaintと比較するイメージ

● firstInputDelay（FID）を使った分析手法

多くの場合、開発者はイベント（ボタンクリックなど）の直後にコードが実行されることを想定しています。しかしながら、ブラウザのメインスレッドが他のタスクを完了するために忙しくサーバーに応答できないため、Webページはインタラクションのあとに遅延が発生します。たとえば、アプリケーションが大きなJavaScriptファイルをロードすると、JavaScriptが他の処理をしないようにブラウザに指示するため、この場合ユーザーはラグがあると感じてしまいます。このことを考慮して、firstInputDelay（FID）メトリクスは、ユーザーが最初にサイトを操作したとき（firstInteraction）からサイトが応答するまでの時間（言い換えれば、メインスレッドが空いているとき）を測定します（図09.3）。

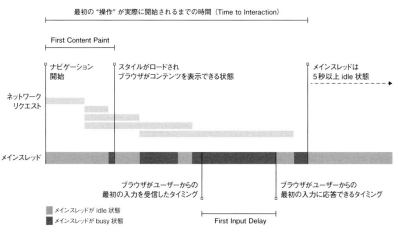

図09.3 JavaScript処理によってユーザーのインタラクションが遅延する仕組み

FIDを短くするには、ページ全体で読み込みの遅い要素があるかどうかを確認してください。場合によっては、ページ上での要素の読み込み順序を変更するだけでFIDを削減できることもあります。たとえば、大きな画像やサードパーティのコンポーネントを最後に読み込むなどです。インタラクションタイプ別にfirstInputDelayを確認することで、パフォーマンスの高い（低い）インタラクションを見極めることができます（**リスト09.3**、**図09.4**）。

リスト09.3 インタラクションタイプ別にfirstInputDelayを確認するクエリ例

```
From PageViewTiming select percentile(firstInputDelay, 50)/1000 since 1 day ago timeseries ➡
    facet interactionType
```

※➡は行の折り返しを表す

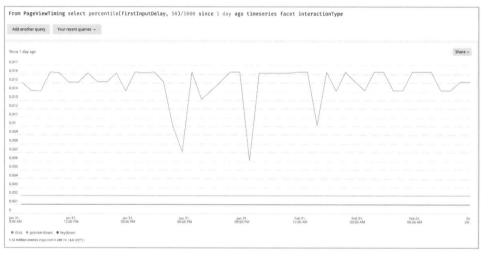

図09.4 インタラクションタイプ別にfirstInputDelayを確認する

ブラウザやバージョンごとのfirstInputDelay中央値を比較することで、ブラウザの種類でどれだけ違うのかを確認することもできます（**リスト09.4**、**図09.5**）。

リスト09.4 ブラウザやバージョンごとのfirstInputDelay中央値を比較するクエリ例

```
From PageViewTiming select percentile(firstInputDelay, 50)/1000 since 1 day ago timeseries ➡
    facet userAgentName, userAgentVersion
```

※➡は行の折り返しを表す

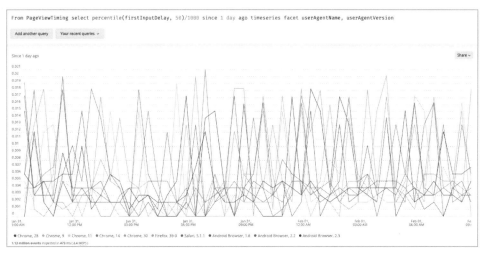

図09.5　ブラウザやバージョンごとのfirstInputDelay中央値を比較する

◻ longRunningTasksCountを使った分析手法

　Google Chromeのソフトウェアエンジニアである Shubbie Panicker 氏は、次のように述べています。

「今日のWebの応答性の問題の大部分は長時間のタスク（long-running tasks）が原因であり、長時間のタスクの原因としてはスクリプトが圧倒的に多い」[※8]

　long-running tasksとは、完了までに50ミリ秒以上かかるタスクのことです。ブラウザのメインスレッドはタスクを1つずつ実行するため、ユーザーのクリックに対するページの応答が、たとえば実行待ちのJavaScriptによってブロックされてしまうことがあります。これもまた、ユーザーがラグとして体験することになります。

　このような状況を観測するために、longRunningTasksCountを使用し、ページの読み込みパフォーマンスを向上させるために最適化できるオブジェクトを特定します。これらのタスクがサイトコンテンツの読み込み前に発生している場合は、まずそれらのプロセスを改善することから始めましょう。longRunningTasksCountはSyntheticsで見つけることができ、ページごとに発生したインスタンスの数で追跡されます。これらは、firstPaintとfirstContentfulPaintのペイントメトリクスと一緒にSyntheticsで計測されています（図09.6）。

※8　https://youtu.be/6Ljq-Jn-EgU

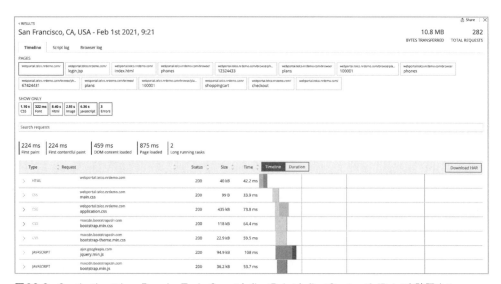

図09.6 SyntheticsでlongRunningTasksCountとfirstPaintとfirstContentfulPaintを確認する

どれだけの量の長時間タスクがあるかページURLごとに確認することも可能です（**リスト09.5**、**図09.7**）。

リスト09.5 ページURLごとにlongRunningTasksCountの量を確認するクエリ例

```
FROM SyntheticRequest SELECT count(longRunningTasksCount) WHERE isNavigationRoot IS TRUE ➡
FACET URL
```

※➡は行の折り返しを表す

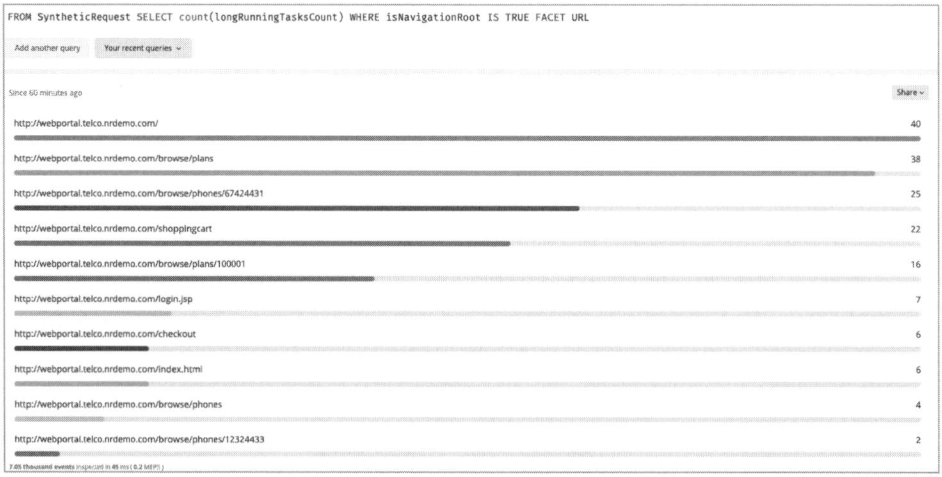

図09.7 ページURLごとにlongRunningTasksCountの量を確認するイメージ

レベル2　Proactive

●まとめ

　ユーザーは皆様エンジニアがWebサイトのパフォーマンスに注力していることを願っています。ページに背景やコンテンツが表示されるタイミング、ユーザーがサイト上で操作できるようになるまでの遅延、そしてJavaScriptのソースコードがブラウザのメインスレッドにどのように影響するか理解しチューニングしていくことまで、やるべきことはたくさんあります。

　ここで解説したさまざまな分析観点を使用して、画面描画のためのペイント・メトリクスのパフォーマンス指標と大規模なビジネスKPIに相関があるかを把握するためのダッシュボードを作成し、ページのコンテンツ表示の速さやページビューの量とビジネスKPIとの間に直接的な相関があるかを確認します。このような顧客中心の体験をベンチマークし、それらの測定値を使用して、より長期的なWebページ最適化プロジェクトを計画しましょう。

Part 3　New Relicを活用する——16のオブザーバビリティ実装パターン

レベル2　Proactive

10　モバイルアプリのパフォーマンス観測

（利用する機能）　Telemetry Data Platform：Dashboards
　　　　　　　　　　Full-Stack Observability：New Relic Mobile

● 概要

　「03　Mobile Crash 分析パターン」（p.217）でクラッシュの観測性を得ましたが、モバイルアプリの観測性を得る上で、パフォーマンスの観測はクラッシュの次に大切です。ユーザーのデジタル体験を左右するパフォーマンスにはさまざまなものがありますが、ここでは4つの観点でパフォーマンスを測定、分析する手法を取り上げます。

- HTTPパフォーマンスを観測する
- ユーザーの体感しているパフォーマンスを観測する
- ビジネスのパフォーマンスを観測する
- 適用イメージ

　HTTPパフォーマンスはエージェントが収集する標準のイベントデータをNRQLを利用して詳細に観測します。エージェントが収集したすべてのHTTPリクエストデータをさまざまな観点のグラフで表現することで、アプリの通信特性に合った観測性を得ることができます。

　体感パフォーマンスは標準的な収集データから一歩踏み込み、用途を限定したより精細なデータを取得することを実施します。これにはエージェントで用意している多彩なメソッドを利用し、カスタムデータとして New Relic に収集、観測する方法を使います。

　ビジネスのパフォーマンスは上記の基本的なデータ表現、カスタムデータ登録を利用し、アプリの中でビジネスに直結するデータの収集を検討します。

● 適用方法

◻ パターン1：HTTPパフォーマンスを観測する

　アプリの多くは通信処理を行います。ユーザーの手元に情報が表示されるまでの時間で大きなウェイトを占めるのが通信時間です。多くの場合、これらの通信が終わるまでユーザーは目的

274

の情報を手にすることができません。これらのパフォーマンスを適切に観測し、改善していくことで、ユーザーの待ち時間を減らすことができます。ここではFull-Stack ObservabilityのMobileを利用して具体的な観測例をご紹介します。

平均的に遅いリクエストを観測する

最初に見るべきはMobile画面の[HTTP requests]です。デフォルトではソート順（[SORT BY]）が[Average response time]となっているので、この中から改善対象となるリクエストを確認します。場合によって遅いリクエストは外部APIなど自身がコントロールできないリクエスト先であることがあります。その場合は代替手段を検討しましょう。

自分たちが提供しているAPIである場合は、そのリクエストがアプリに与える影響を確認します。たとえば、ECアプリでカートからチェックアウトするリクエストが遅い場合、回数は少なくても離脱リスクを考えると改善する必要があるでしょう（図10.1）。

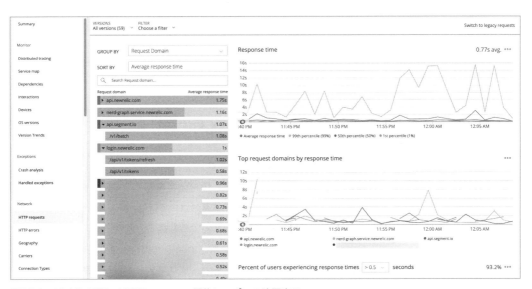

図10.1　Mobile画面のHTTP requests平均レスポンス時間表示

ダッシュボード観測例

自社のAPIサーバーのドメインでリクエストを観測してみましょう。APIがapi1.mydomain.com, api2.mydomain.comなどリクエストを用途別にURLで識別可能であれば、**リスト10.1**のようなNRQLでグラフを作成します（図10.2）。

リスト10.1　特定URLパターンでの平均レスポンス時間観測NRQL例

```
FROM MobileRequest SELECT average(duration) FACET requestUrl WHERE requestDomain LIKE 'api%➡
.mydomain.com' TIMESERIES AUTO
```

※➡は行の折り返しを表す

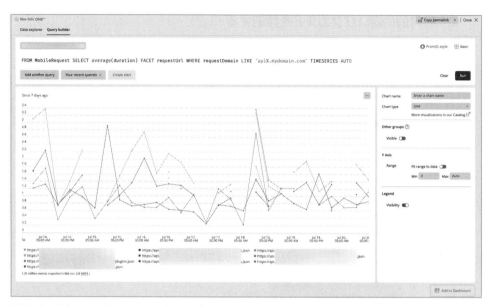

図10.2　特定URLパターンでの平均レスポンス時間観測NRQL実行結果例

最も影響の大きいリクエストを観測する

　たとえ個別のリクエストが速くても、何度も繰り返し呼び出されることで、トータルで処理時間が多いリクエストもあります。たとえば、ゲームデータのローディングやショッピングアプリの商品一覧などで繰り返し同一ドメインへリクエストするような場合、個別の処理を数ミリ秒改善するだけで多くのユーザー体験を向上し、またサーバーの効率利用にも寄与します。

　［SORT BY］を［Total response time］に変更すると、リクエストの平均応答時間とリクエスト数の乗算により対応すべき優先度の高いリクエストがリストされます（図10.3）。

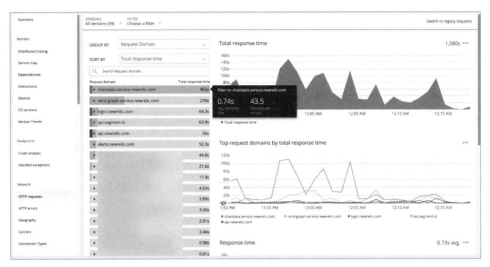

図10.3 Mobile HTTP requests 合計レスポンス時間表示

ダッシュボード観測例

リスト10.2のようなNRQLで状況を観測します（図10.4）。

リスト10.2 特定URLパターンでの合計レスポンス時間観測NRQL例

```
FROM MobileRequest SELECT sum(responseTime) WHERE requestDomain LIKE 'api%.mydomain.com' ➡
FACET requestUrl TIMESERIES
```

※➡は行の折り返しを表す

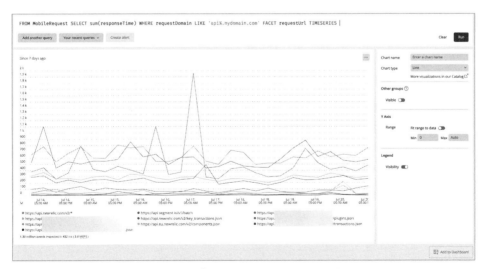

図10.4 特定URLパターンでの合計レスポンス時間観測NRQL実行結果例

○ 最もデータ通信量の多いリクエストを観測する

　現在のスマートフォン通信環境はとても恵まれており、数メガバイト程度のデータであれば非常に高速にダウンロードできます。しかし、通信速度に制限の多いキャリアや、アンテナ環境に恵まれず一時的に3G通信を強いられるユーザーも一定数いるでしょう。その場合、平均には現れなくとも確実にレスポンスが遅い通信が生まれてしまい、一部のユーザーに不満を持たれることになります。また、OSから通信量を確認できることもあり、ユーザーは無駄に多くのデータ通信をするアプリを避けることも考えられます。

　［SORT BY］を［Transfer size］に変えると、平均通信量とリクエスト数の乗算によって最も通信量を消費しているリクエストを把握することができます（**図10.5**）。

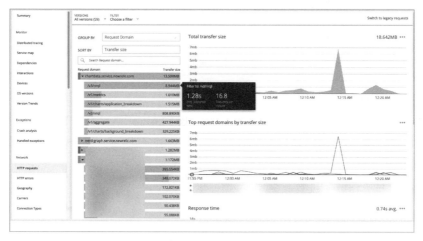

図10.5　Mobile HTTP requestsデータ通信量表示

ダッシュボード観測例

　パターン1と同じURLルールの場合、**リスト10.3**のようなNRQLで状況を観測します（**図10.6**）。データ総量になるので時系列の観測ではなく期間での総量を棒グラフ表記にするためTIMESERIES句は入れません。

リスト10.3　特定URLパターンでの合計データ通信量観測NRQL例

```
SELECT sum(bytesSent) + sum(bytesReceived) FROM MobileRequest WHERE requestDomain LIKE 'ap➡
i%.mydomain.com' FACET requestUrl
```

※➡は行の折り返しを表す

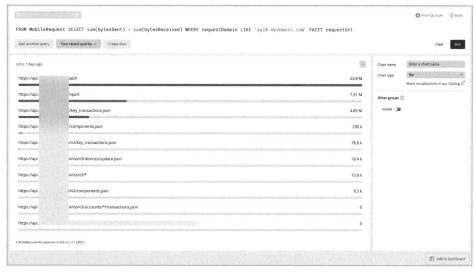

図10.6 特定URLパターンでの合計データ通信量観測NRQL実行結果例

◻ パターン2：ユーザーの体感しているパフォーマンスを観測する

　複数の通信や内部処理が連続して実施されている場合など、個々の通信や処理ではなく1つの塊としてパフォーマンスを測定したい場合があります。5.6節で解説したInteractionsで観測できるものは画面単位となりますが、アプリによっては同一画面で完結する処理や、画面をまたがる非同期の処理を観測したいこともあるでしょう。たとえば、アプリの起動時間として実際に最初の画面が読み込まれるまでではなく、起動されてから一連の初期化処理が終了し、ユーザーが実際に操作できるまでの時間を測定したいときや会員証アプリの会員証表示ボタンを押してからさまざまな通信をしたあと、実際にバーコードが表示し終わるまで、などを測定したいときです。ここではNew Relic Mobile SDKが準備している機能を利用してこれらを測定する方法を紹介します。

◻ タイマーによるアプリ起動時間の測定

　一例として、Storyboardで構成されたiOS向けのアプリでタイマーを利用しアプリ起動時間を測定します。

STEP1 NRTimerオブジェクトを作成する

　タイマーの計測のためにSDKで用意しているNRTimerオブジェクトを作成します（**リスト10.4**）。これをAppDelegateなどに生成および保存することですぐに計測を開始し、最初のViewController生成時に値を取得できるように準備します。

リスト10.4　AppDelegate.swift NRTimer定義

```
class AppDelegate: UIResponder, UIApplicationDelegate {
    var LaunchTimer = NRTimer()
```

STEP2　タイマーを開始する

　アプリ起動時のメソッド内でタイマーを開始します（**リスト10.5**）。通常はすべてのアイテム
の前にNew Relic Agentを読み込むべきですが、アプリ起動時間という事情のため、こちらを
優先しています。

リスト10.5　AppDelegate.swift NRTimer計測開始

```
    func application(_ application: UIApplication, didFinishLaunchingWithOptions launchOpti➡
ons: [UIApplication.LaunchOptionsKey: Any]?) -> Bool {
        LaunchTimer.startTimeInMillis()
        NewRelic.start(withApplicationToken:"YOUR_APP_TOKEN")
        return true
    }
```

※➡は行の折り返しを表す

STEP3　タイマーを止め、カスタム属性として登録する

　計測を停止するポイントは、アプリ起動時最初に表示されるViewControllerのロードが完了
したとき、つまりviewDidLoad()が適当なので、そこからNRTimerであるLaunchTimerを
制御します（**リスト10.6**）。この際、他の処理が完了してからタイマーを止めたいためviewDid
Load関数の最後に、止める処理を追記します。その後、New Relicに送信するカスタム属性と
してアプリ起動時間を記録します。

リスト10.6　ViewController.swift NRTimer計測停止とカスタム属性登録

```
    override func viewDidLoad() {
        super.viewDidLoad()
 (中略)
        let appDelegate = UIApplication.shared.delegate as! AppDelegate
        let appLaunchTimer = appDelegate.LaunchTimer
        appLaunchTimer.stop()
        NewRelic.setAttribute("AppLaunchTime", value: appLaunchTimer.timeElapsedInMilliSec➡
onds())
    }
```

※➡は行の折り返しを表す

STEP4　ダッシュボードで観測する

　正しくデータが送られていればNRDBのMobileSessionイベントにSTEP3で定義したApp
LaunchTimeというカスタム属性が起動時間とともに追加されています。**リスト10.7**のNRQL
で確認してみましょう（**図10.7**）。

リスト10.7　登録したカスタム属性を確認するNRQL

```
FROM MobileSession SELECT average(AppLaunchTime) as 'Launch Time (ms)'
```

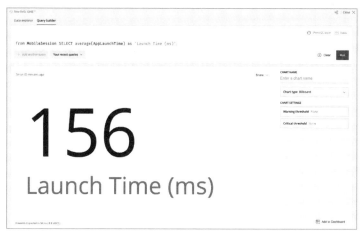

図10.7　登録したカスタム属性を確認するNRQL実行結果

パターン3：ビジネスのパフォーマンスを観測する

　標準的なHTTPパフォーマンスや特定のビジネスロジックのパフォーマンスが観測できるようになったら、最後はビジネスのパフォーマンスを観測してみましょう。アプリのビジネスモデルにもよりますが、よりビジネスに貢献してくれるユーザーのパフォーマンスを重視したい、最適化したいということはあるでしょう。「14　ビジネスKPI計測パターン」(p.299)では具体的な可視化例を紹介していますが、ここでは多くのアプリにある有償ユーザー・無償ユーザーという観点で観測データを分ける方法を紹介します。

　この方法には、パターン2のSTEP3でも利用したsetAttribute()メソッドが利用できます（リスト10.8）。

リスト10.8　ユーザー区別のカスタム属性を登録

```
    override func viewDidLoad() {
        super.viewDidLoad()
(中略)
        NewRelic.setAttribute("isPaidUser", value: PaidUserFlagInString)
    }
```

　setAttribute()を実行する前にユーザー区別PaidUserFlagInStringに格納しておき、その値をカスタム属性として登録しています。setAttribute()で設定可能なvalue値はstringまたはfloatなので、格納する値は「Paid」「Free」や「gold」「silver」といった文字列で表現できます。

Part 3　New Relicを活用する――16のオブザーバビリティ実装パターン

　ここで登録した情報もアプリ起動時間のようにMobileSessionイベントに記録されるので
ダッシュボードを作成する際に有償ユーザーで絞り込むなどの利用が可能です。

● まとめ

　New Relic Mobileでは、標準で用意しているUIを利用するだけでも十分にパフォーマンス
を計測できます。HTTP requests以外にもInteractionで画面表示時のパフォーマンスを観測
したり、計測したパフォーマンス情報を端末や回線などさまざまな観点、角度でフィルタリング
したりできます。もし、New Relicプラットフォームでデジタルビジネスの全貌を観測すること
を目標とするのであれば、モバイルプラットフォームにおいてもアプリがどのようにビジネスに
寄与するのか、どの指標を追えばより高くビジネスに貢献できるのかという視点でパフォーマン
スを観測し、共有していくことが大切になります。New Relic Mobile SDKでは、これらを観測
するのに必要なAPI群を提供しています。公式ドキュメント[1]で各APIが公開されているので、
どのように活用できそうか検討してみてはいかがでしょうか。

---

[1]　Android用SDK API
　　 https://docs.newrelic.com/docs/mobile-monitoring/new-relic-mobile-android/api-guides/android-sdk-api-guide
　　 iOS用SDK API
　　 https://docs.newrelic.com/docs/mobile-monitoring/new-relic-mobile-ios/api-guides/ios-sdk-api-guide

レベル2　Proactive

レベル2　Proactive

11　動画プレイヤーのパフォーマンス計測パターン

（利用する機能）　Telemetry Data Platform：Dashboards
　　　　　　　　　　Full-Stack Observability：New Relic Browser／Mobile

●概要

　オンライン上で動画配信を行うサービスは、2021年現在において成長傾向にあります。その業態として、定額動画配信、ライブ配信、オンライン学習、オンライン会議ツールなどがありますが、いずれの業態でも共通しているのは、配信する動画がユーザーに提供する価値そのものであるということです。

　ユーザーにとって、動画を視聴する際に何を価値と思うかについて考えてみましょう。魅力的なコンテンツがある、手持ちのデバイスで手軽に視聴できるなどの機能も重要ですが、コンテンツがなめらかに再生される、エラーで止まらないなどの品質も同じくらい重要な価値です。

　その一方で、動画配信サービスが品質の維持を目指す際、大きく分けて2つのチャレンジが存在しています。

① とあるきっかけで需要が急増し、アクセスが集中する場合があるため、そのような場合でも早急にボトルネックを見つけ適切にスケールしていく必要がある
② 動画を視聴するユーザー環境はPC、タブレット、スマートフォン、テレビデバイスやセットトップボックスなど、さまざまなバリエーションがあり、そのすべての視聴状況を可能な限りリアルタイムに知る必要がある

　①については、New Relicを活用しボトルネックを見つける方法を、本書の他の章で解説しています。たとえば、サーバーサイドのパフォーマンス分析は5.2節で触れていますし、Webページのパフォーマンスは「07　Webアプリのプロアクティブ対応パターン」（p.250）、モバイルアプリについては「10　モバイルアプリのパフォーマンス観測」（p.274）で詳細を確認することができます。

　本章では②について、New Relicを使って動画プレイヤーのパフォーマンスを計測する方法について解説していきます。

283

適用イメージ

New Relicの動画プレイヤーの計測機能と、New Relicのダッシュボード機能を併用することで、さまざまな角度で分析できます。その一例をダッシュボードのサンプルを交えながら紹介します。

動画プレイヤーのパフォーマンスとQoS

このダッシュボードでは、動画の再生品質に関する分析をしています（図11.1）。たとえば動画が再生されるまで利用者がどれくらい待ったのか、視聴中にバッファリングやエラーがどの程度発生しているのか、どの解像度で再生できているのかをリアルタイムに表示できます。

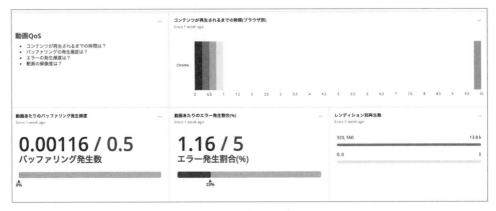

図11.1　動画プレイヤーのパフォーマンスとQoSのダッシュボード例

動画内広告のモニタリング

広告の再生状況を知ることは、広告を収益源とする動画配信サービスにとって特に重要な事項です。このダッシュボードでは、広告がどれくらい表示されているか、パフォーマンス問題やエラーが発生していないかをモニタリングできます（図11.2）。

レベル2　Proactive

図11.2　動画内広告のモニタリングのダッシュボード例

動画タイトルごとの再生状況

タイトルごとに、どれだけのユーザーに視聴されているのかを、リアルタイムにトラッキングし、今後の需要予測に役立てることができます（図11.3）。

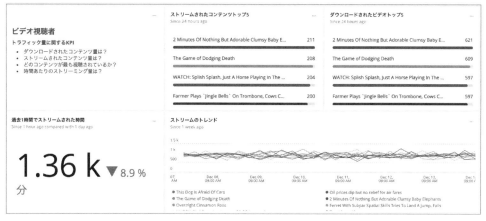

図11.3　動画タイトルごとの再生状況のダッシュボード例

適用方法

動画プレイヤー用プラグインの導入

動画プレイヤーのモニタリングを実装するには、フロントエンド監視用のエージェント（New Relic BrowserまたはNew Relic Mobile）の導入が前提となります。これは、ブラウザ経由で

アクセスするデバイス、およびモバイルアプリが導入されているデバイスであれば、どのような
デバイスであってもプレイヤーのパフォーマンスを計測できることを意味しています。

その上で、動画プレイヤー用のプラグインを導入することによって、プレイヤー関連のイベン
トを計測できるようになります。プラグインの一部は、現在OSS化されており、GitHubにて公
開されています。たとえば、Browseエージェントのプラグインのコアライブラリは以下のURL
で公開されています。

● newrelic/video-core-js: Core library for all browser video trackers ｜ GitHub
　https://github.com/newrelic/video-core-js

ここでは一例として、プレイヤーにVideo.jsを使用している、ブラウザ経由でアクセスする
Webサイトの場合の構成を紹介します（**リスト11.1**）。Video.jsはWebサイトにHTML5ベー
スの動画プレイヤーを実装できるJavaScriptライブラリですが、New RelicではVideo.js専用
のプラグインを提供しています[※1]。

リスト11.1　動画プレイヤーにVideo.jsを使用したHTMLの例

```
<html>
<head>
  <link href="https://vjs.zencdn.net/7.8.4/video-js.css" rel="stylesheet" />
  <!-- If you'd like to support IE8 (for Video.js versions prior to v7) -->
  <script src="https://vjs.zencdn.net/ie8/1.1.2/videojs-ie8.min.js"></script>
  <!--※ newrelic browser agent を以下に挿入 ( この例では割愛 )-->

  <!-- 動画プレイヤー用プラグインの定義 -->
  <script src="../dist/newrelic-video-videojs.min.js"></script>
</head>

<body>
  <video id="my-video" class="video-js" controls preload="auto" width="640" height="264">
  <!--※動画ファイルをここで定義 -->
  </video>

  <script src="https://vjs.zencdn.net/7.8.4/video.js"></script>

  <!-- 動画プレイヤー用プラグインを初期化 -->
  <script>
    var player = videojs('my-video')
    nrvideo.Core.addTracker(new nrvideo.VideojsTracker(player))
  </script>

</body>
</html>
```

※1　https://github.com/newrelic/video-videojs-js

レベル2　Proactive

実際に記録される動画プレイヤー関連のイベント

リスト11.1のように動画プレイヤーのプラグインが導入されたHTMLから動画が視聴されると、New Relic上では「PageAction」というイベント名でプレイヤーに関するイベントが記録されます。これらのイベントを使って、エンドユーザーの動画プレイヤーで起こっている挙動を分析でき、またその結果を可視化するために、適用イメージで紹介したようなダッシュボードを作成できます（図11.4）。

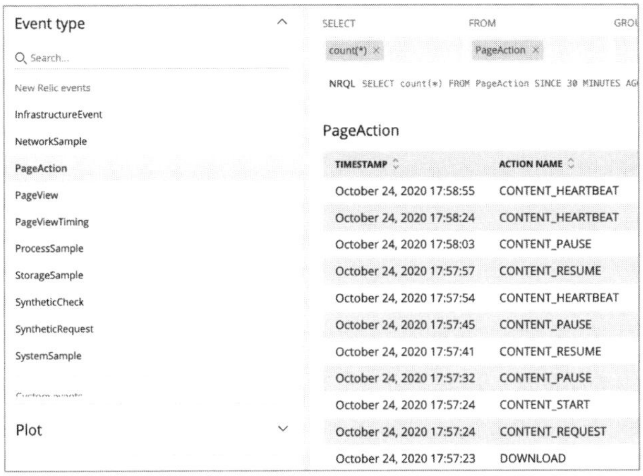

図11.4　動画プレイヤー用のプラグインによって収集されたデータ

動画プレイヤー関連イベントの分析と可視化の例

上記で紹介しているPageActionイベントを使って、適用イメージで紹介したダッシュボードのうち、「動画プレイヤーのパフォーマンスとQoS」のダッシュボードにある、コンテンツが再生されるまでの時間をブラウザ別にヒートマップで表示してみましょう。

リスト11.2のNRQLを実行することで実現できます。

リスト11.2　コンテンツが再生されるまでの時間を取得するNRQL

```
SELECT histogram(timeSinceRequested/1000, width: 10) from PageAction where actionName = 'CO➡
NTENT_START' facet userAgentName
```

※➡は行の折り返しを表す

actionNameが 'CONTENT_START'（動画再生開始時に記録されたことを意味する）のイベントから、動画がリクエストされてからのミリ秒を記録しているtimeSinceRequestedを抽出し、ヒストグラムで表示しています。また、ブラウザ種別（userAgentName）でグループ分けをしています（図11.5）。

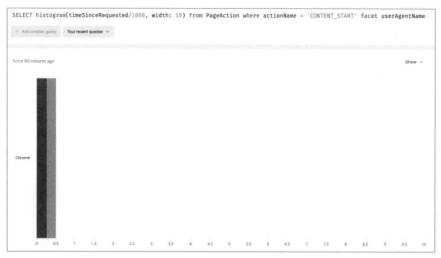

図11.5 コンテンツが再生されるまでの時間をヒートマップ表示するためのNRQL

●まとめ

　ここでは、動画配信サービスの品質向上を目的として、動画プレイヤーの計測にフォーカスしたソリューションを紹介しました。このように、プレイヤーから送られてくるデータを使って、多彩な分析が可能になります。

　ただし、動画配信サービスの品質向上を実現するには、ここで説明したプレイヤー内部だけでなく、Webページやモバイルアプリ、サーバーサイドも含めたエンド・ツー・エンドの計測が重要です。それぞれNew RelicのBrowser、Mobile、APMなどの機能を組み合わせて、サービスの品質向上を目指してください。

レベル2　Proactive

レベル2　Proactive

12 アラートノイズを発生させないための アラート設計パターン

（**利用する機能**）　TDP Alert、Applied Intelligence（AI）

● 概要

　システム監視、システム運用を行う場合システムの異常を見逃さないために多くの通知設定が行われます。しかし閾値の前例踏襲や静観対応アラートなど実際の監視では無視される通知が多くなります。

　これらの無視されるアラートが多くある状況では無視すべきアラートと対応すべきアラートを熟練したオペレーターが峻別することになり業務が属人化してしまったり、あるいは無視すべきでないアラートまでも無視してしまい監視システムからは通知されていたにもかかわらず障害を見落としてしまったという事態になりかねません。

　また、このような環境では通知の除外設定を行うため、閾値設定や通知設定がどんどん複雑化してしまい、監視ツールの設定を行えるエンジニアが限られる、ツールの設定上限を超えてしまう、ツールにロックインされてしまい適切なアップデートやツール移行ができないといった問題を抱えてしまいます。

　New Relic AlertおよびApplied Intelligenceを適切に利用することで、この問題に対処することができるようになります。

● 適用イメージ

　適切な通知を行うには、有効なAlert設計とApplied Intelligenceの機能を活用する方法があります。

◻ New Relic Alertでの適用──New Relic Alertでのアラート設計

設計原則1　直接的な指標で判定する

　New RelicではFull-Stack Observabilityにより、アプリケーションパフォーマンス、インフラストラクチャパフォーマンス、リアルユーザーパフォーマンス、Syntheticsパフォーマンスなどが収集されています。

　これまでのITシステム監視ではインフラストラクチャパフォーマンスやログモニタリングから

289

間接的にアプリケーションの応答時間やユーザー体験の劣化を検知しようとしていました。

間接的な判定はどうしても誤判定の可能性が高くなります。また誤判定を減らそうとさまざまなフィルタや除外条件を設定することによってAlert判定式自体が複雑化してしまいます。

このように複雑化した判定条件をそのまま移行するのではなく、もともと検知したかった問題は何かを整理し、より直接的なメトリクスに対してAlertを設定しましょう。

設計原則2　アラートポリシーを分ける

アラートポリシーには通知チャネルが紐づきます。1つのポリシーをすべてに利用しようとすれば受信者にとっては不要なノイズとみなされる通知が増えることになります。環境、システム、チームそして個人などに対して別々に複数のアラートポリシーを作成し、担当者やプロダクトチームなど自分たちにとって必要な通知だけが行われるように設定します。

設計原則3　対応ができる障害だけを設定する

静観アラートの多発は障害対応チームの疲弊と気の緩みを招きます。静観アラートが多発する監視設計では、アラートが鳴った際に対処を行うのか、ただ待機するのかの判断が必要となります。また、結果として待機することが多ければ、真に対応が必要な障害の場合の初動が遅れることにもつながります。

New Relicアラートで固定的な閾値を設定する場合にはディスク容量追加や再起動などの具体的なアクションが想定できる閾値を設定しましょう。そして、具体的なアクションを記載したRunBook URLを記載しましょう。

設計原則4　ベースラインアラートで予兆を見つける

設計原則3で述べたとおり、固定的な閾値を使ったアラートは明示的に対処ができるディスク容量やプロセスダウン、メモリ枯渇などに対して設定を行います。

リクエスト数やサービス応答時間など絶対的な閾値が設定できない項目についてはベースラインアラートを設定し、絶対的な値よりも「普段より遅い」や「いつもと違う」という変化を見落とさないことが重要です。

New Relic Applied Intelligenceでの適用

設計原則5　プロアクティブ検知により見落としをなくす

設計原則4のベースラインアラートは普段と異なった兆候を見つけることができる優れた仕組みです。しかし、どのメトリクスを判定の対象にするかはユーザーが選択する必要があります。Proactive Detectionを利用すれば通知先のSlackチャネルを指定するだけで、メトリクスを選択する必要はなく、APMのメトリクスから自動的に異常な変動をした値をすべて通知し

ます。これにより設定漏れや考慮不足による予兆の見落としを防ぐことができるようになります。

設計原則6　複数のアラートをまとめる

　障害が発生した場合、実際には単一のアラートではなく関連して複数のアラートが発生します。たとえば「リクエスト数が増加したことによって、リソースが逼迫し応答時間が劣化した」という状況では、リクエスト数、メモリ利用量、応答時間それぞれのアラートが発生する場合があります。

　そこでIncident Intelligenceを設定すると、1つの問題とそれに関連する複数のインシデント、イベントのまとまりとして管理、通知されるようになります。1つにまとめられた単位で対処できるようになるため、多くの通知に埋もれることなく、システムの問題に対処することができるようになります。

● 適用方法

　設計原則で紹介した6つの機能の設定方法は第4章で解説しているので、原則を意識して設定を行ってください。

● まとめ

　アラートの6つの設計原則を意識することでユーザーに信頼されない狼少年とならず、そして見落としのない正しい通知を行うことができるようになります。

Part 3　New Relicを活用する──16のオブザーバビリティ実装パターン

レベル3　Data Driven

13 SRE : Service Levelと 4つのゴールデンシグナル可視化パターン

（利用する機能）　Telemetry Data Platform：Data explorer、Dashboards
Full-Stack Observability：New Relic Synthetics／APM／Browser／
Mobile／Infrastructure

● 概要

　昨今、デジタルサービスにおいてSRE（Site Reliability Engineering）という考え方の重要性が高まっています。SREとは、Googleが提唱したもので、運用において信頼性を重視したプラクティスとして知られています。SREに取り組むにあたって重要なことは、サービスレベルの計測・改善・維持ですが、このサービスレベルの計測可視化自体が難しいと感じられることも多いようです。

　また、サービスレベルの改善・維持をするためには、ゴールデンシグナルと呼ばれる4指標を計測・可視化することが具体的なアクションとなります。最近では、サービスレベル保証（Service Level Agreement：SLA）の決定をしたいというビジネスサイドからの要望があることも多く、エンジニアリングチームもSLAの決定に協力をしたいが、「そもそも現状のサービスレベルがわからない」と困っているケースもよくあります。

　これらサービスレベルを計測・可視化し内部的なサービスレベル目標（Service Level Objective：SLO）を設定し、サービスの信頼性を向上させるために改善を繰り返していくというプロアクティブな活動が求められる時代となってきています。このサービスレベルには、New Relic Synthetics、New Relic APM、New Relic BrowserなどのNew Relicから取得するメトリクスであるリクエスト成功率（可用性）やレイテンシー（応答速度）などを利用し可視化していきます。また、サービスレベルの低下を引き起こす原因の特定に必要なゴールデンシグナルにおいても同様にNew Relicで計測するメトリクスによって可視化していきます。それには、ダッシュボードを活用して問題の予兆やサービスレベルの低下を把握します。問題特定においてはゴールデンシグナルを見ながら絞り込み、New Relicの各種機能を使って原因を絞り込んでいきます。このようにして、根本原因に容易にたどり着くことができるようになります。

　今回は、これらサービスレベルと4指標をNew Relicで簡単に計測し、New Relicのダッシュボードにどう実現できるかを紹介していきます。また、SLOにどれだけ余裕があるかを示すエラーバジェットという数値も運用チームにおいてのネクストアクションを実施するべきかの判

292

断に活用することが可能なため、こちらもあわせて紹介していきます。

● 適用イメージ

はじめに、サービスレベルとゴールデンシグナルの可視化ダッシュボードを紹介します。図13.1は、サービスの可用性や応答速度といった最も重要なKPIの可視化を目的としたダッシュボードとなっており、サービスレベルが目標範囲に対してどれだけ余裕があるかを示すエラーバジェットという指標も確認できます。

ここでは、サービスレベルを可用性（New Relic Syntheticsの成功率）とレイテンシー（New Relic Syntheticsの応答速度）の2つが重要と考えた場合となります（他にもサービスレベルの対象となる項目がありますが、これは後述します）。可用性のSLOは99％、応答速度のSLOは3秒以内に終わるリクエスト数が99％以内におさまるとして設定しています。今回はNew Relic Syntheticsのメトリクスを使用していますが、New Relic APMやNew Relic Browserのメトリクスから取得することで定点観測ではなくユーザーの体験全体で可視化することも可能になります。SLOが定められることで、エラーバジェットも可視化できるようになるため、今各サービスレベルにどれだけの余裕があるかを簡単に視覚化できるようになります。

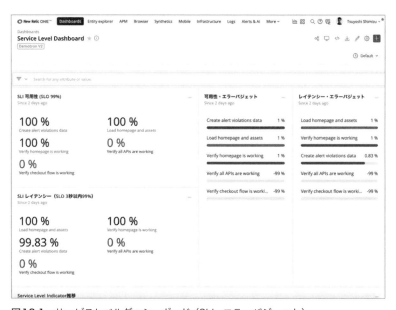

図13.1　サービスレベルダッシュボード（SLI、エラーバジェット）

次に、ゴールデンシグナルダッシュボードを作成した例です。図13.2では、サービスの見るべきゴールデンシグナルのチャートをまとめたダッシュボードとなっています。これは、レイテンシー（応答速度）・スループット（1分間あたりの実行数）・リクエスト成功率（またはエラー率）・リソースの4つの見るべきゴールデンシグナルを計測したものとなっています。

各種計測するためにはNew Relicでは、

- レイテンシー（応答速度）は、New Relic Synthetic／APM／Browser／Mobile
- スループット（1分間あたりの実行数）は、New Relic APM／Browser／Mobile
- リクエスト成功率（またはエラー率）は、New Relic Synthetics／APM／Browser／Mobile
- リソース情報は、New Relic APM／Mobile／Infrastructure

から計測が可能となっています。

これらすべてを可視化することでサービスの状態を手に取るように把握することが可能となり、信頼性を低下させる問題原因の特定や改善のためのアクションを取るために必要なオブザーバビリティを持ったシステムにすることができます。

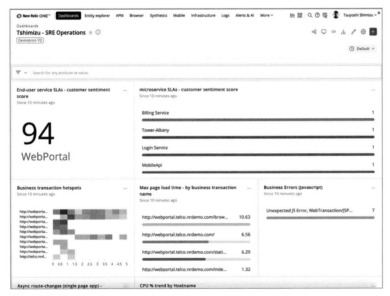

図13.2　ゴールデンシグナルダッシュボード

レベル3　Data Driven

● 適用方法

　では、具体的にサービスレベルとゴールデンシグナルの2つをどのように可視化していくかを見ていきます。ここでは、可用性をNew Relic Syntheticsにて定点観測を行った結果の成功率と、3秒以内で応答したリクエストの割合としています。

　これらサービスレベルの計測をするときは、むやみに計測するのではなく、サービスにおいて要となる機能やリクエスト、操作が重要なものを選ぶ必要があります。この機能が動かなければサービスが動いていないのと同義と言えるものを選定するのがわかりやすくてよいでしょう。

　また、SLOの設定方法も漠然と現在のサービスレベルから闇雲に設定するのではなく、顧客視点でどのサービスレベルであれば「利用を中止する」のかを考慮して決定する必要があります。SLOに異常に高い値を設定されるケースがあるものの、顧客要望が高いからといって高い値をつけることは本質的ではない、ということがポイントです。

　また、エラーバジェットとは、SLOから現状のサービスレベル指標（Service Level Indicator：SLI）を引いたものとして定義されます。

　　残エラーバジェット　=　サービスレベル目標（SLO）　−　サービスレベル指標（SLI）

　サービスレベルの目標（SLO）と現状のサービスレベルとの間にどれだけ余裕があるかを示す指標がエラーバジェットとなっています。SREには「SLOの範囲内で変更速度を最大化する」という考え方があるので、このエラーバジェットの範囲内で変更を行うと決定することが重要です。エラーバジェットがポリシーを超えて少なくなった場合は、デプロイメントを注視するといったポリシーを設定することも可能になります。そのため、そもそもSLOに100%は適しません。エラーバジェットが0ということは変更をいっさい行えないということです。もし、顧客から100%のSLOを希望されたとしても、顧客要望で考えるのではなく顧客視点で考え、SLOの決定を行いましょう。

◯ 重要指標を可視化する

　では、具体的に重要指標を設定したと仮定して可視化していきましょう。ここではNew Relic Syntheticsで重要機能を定点観測した数値から実現した場合を例としてNRQLを紹介します（**リスト13.1 ～リスト13.4**）。

リスト13.1　Service Level Indicator可用性の例

```
FROM SyntheticCheck SELECT percentage(count(*), where result = 'SUCCESS') FACET monitorName➡
 LIMIT 10 SINCE this month ◀── New Relic Syntheticsモニターの結果がSUCCESSとなった割合
```

※➡は行の折り返しを表す

リスト13.2 Service Level Indicator 応答時間（レイテンシー）の例

```
FROM SyntheticCheck SELECT percentage(count(*), WHERE duration <= 3000) FACET monitorName ➡
limit 10 SINCE this month
```

New Relic Syntheticsモニターの結果が
3秒以内に応答したリクエスト数の割合

※➡は行の折り返しを表す

リスト13.3 エラーバジェット可用性の例

```
FROM SyntheticCheck SELECT percentage(count(*), where result = 'SUCCESS') - 99 FACET monit ➡
orName LIMIT 10 SINCE this month
```

New Relic Syntheticsモニターの結果がSUCCESSとなっ
た割合のSLOを99%とした場合の残エラーバジェット

※➡は行の折り返しを表す

リスト13.4 今月のエラーバジェット応答時間（レイテンシー）の例

```
FROM SyntheticCheck SELECT percentage(count(*), where duration <= 3000) - 99 FACET monitor ➡
Name LIMIT 10 SINCE this month
```

New Relic Syntheticsモニターの結果が3秒以内に応答したリク
エスト数の割合のSLOを99%とした場合の残エラーバジェット

※➡は行の折り返しを表す

　これらの指標をNRQLより作成した他チャートをダッシュボードにまとめたものが**図13.1**です。いかがでしたでしょうか。サービスレベルで見るべきものが決まってしまえば計測・可視化することは容易です。

⬤ 4つのゴールデンシグナルを計測可視化する

　次に、ゴールデンシグナルを計測可視化していきましょう。ゴールデンシグナルをまとめると**表13.1**のようになります。これらは、New Relicの各AgentやNew Relic Syntheticsモニターより収集が可能なものばかりです。SREに必要なサービスレベルとゴールデンシグナルは、New Relicを使えば簡単に収集可能であるということです。しかし、計測だけでは足りません。適切にすべてを1つのダッシュボードにまとめることで、システムのユーザー体験からサーバーサイド、インフラすべてを横断して参照し、漏れなくシステムを俯瞰できます。これがまさにオブザーバビリティですが、SREではこのオブザーバビリティを実現する"モダン"なモニタリングが求められているわけです。これらを計測する目的は、信頼性を把握し、信頼性を低下させる問題を瞬時に切り分け、改善できることでしたので、ただ計測するだけでなく皆様のサービスにおける重要な指標や処理・操作において可視化することがゴールとなります。

表13.1 4つのゴールデンシグナルとNew Relic各Agentとの関係

Indicator	Measure	New Relic Capability
遅延	応答時間	New Relic Browser ／ Mobile ／ APM ／ Synthetics
トラフィック／スループット	1分あたりの実行数	New Relic Browser ／ Mobile ／ APM
正確性・エラー	エラー、クラッシュ率	New Relic Browser ／ Mobile ／ APM ／ Synthetics
リソース	CPU、メモリ、ディスク、I/O	New Relic Infrastructure ／ APM ／ Mobile

サービスレベル目標の定義と同様にサービスにおけるオブザーバビリティ実現に重要なメトリクスを網羅的に集め可視化するには、New Relic APMやNew Relic Browserを盲目的に全体のメトリクスで計測するだけでなく、サービスにおいて重要となるリクエストに絞って可視化していくことがポイントとなります。絞らない場合は、問題が表面化されない可能性が高くなるため注意が必要です。

たとえば、**リスト13.5**のようにログインページのブラウザ描画時間にフィルタ・可視化していくことができます。

リスト13.5 応答時間 ［例］New Relic Browserブラウザ上でのログイン平均応答時間／URL──Login処理の平均応答時間をBrowser Agentのメトリクスから取得して時系列に表示

```
FROM PageView SELECT average(duration) WHERE pageUrl = 'http://***.com/login' TIMESERIES
```

同様にスループットを計測することも容易で、サーバーサイドのリクエスト数をcount()を使って可視化ができます（**リスト13.6**）。

リスト13.6 スループット ［例］New Relic APMサーバーサイドにおけるログイントランザクション分間処理数

```
FROM Transaction SELECT count(*) WHERE name = 'WebTransaction/login' TIMESERIES
```
Loginトランザクションのスループットをcount()メソッドを使って時系列に表示

モバイルアプリケーションでは、HTTP APIを利用する場合のエラー率を取得することもできます（**リスト13.7**）。

リスト13.7 エラー率 ［例］New Relic Mobileモバイルアプリケーションから呼び出したログインAPIのエラー率

```
FROM MobileRequestError, MobileRequest SELECT percentage(count(*), WHERE errorType is not ➡
null)   WHERE requestUrl = 'http://***.com/api/login' TIMESERIES
```
Login APIのエラー率（%）を時系列で表示　　　※➡は行の折り返しを表す

インフラやクラウドのプロセスレベルのリソースを可視化するには、ProcessSampleが有効です（**リスト13.8**）。

Part 3　New Relicを活用する——16のオブザーバビリティ実装パターン

リスト13.8　リソース［例］New Relic Infrastructure Agentで取得されるプロセス別のCPU使用率

```
FROM ProcessSample SELECT average(cpuPercent) WHERE containerLabel_app = 'user-management' ➡
FACET processDisplayName TIMESERIES ◀
```

ログイン処理の入ったコンテナ上で動く
プロセスCPU使用率を時系列に表示

※➡は行の折り返しを表す

　このようにコンテナ開発を行っているような状況で複雑化したモニタリングでも、各コンテナ内でのプロセスCPU使用率を可視化することで、リソース使用の増大を可視化可能です。ゴールデンシグナルでは可視化するNRQLの例を紹介しましたが、これらNRQLからチャートを作成し、ダッシュボードに並べることでシステムの信頼性を低下させる要因の特定が可能になります。

●まとめ

　SREの考え方が浸透するにつれて、システムの信頼性を高めるために、運用時にもサービスレベルを定量的に計測することが求められるようになっています。そのためここでは、ゴールデンシグナルの計測と可視化を行う方法を紹介しました。

　今まで難しかったサービスレベルの計測自体がNew Relicで簡単に実現ができます。また、可視化やそのサービスレベルの低下の原因を特定するゴールデンシグナル自体もNew Relicを利用すれば簡単に計測し、システムの状況をダッシュボード上に可視化できるようになります。

　4.3.1項（p.47）で触れたQuickstartsには "SRE Golden Signals" ダッシュボードテンプレートも用意されているため、そこからも簡単にサンプルダッシュボードが作成可能です。

298

レベル3　Data Driven

レベル3　Data Driven

14 ビジネスKPI計測パターン

利用する機能　Telemetry Data Platform：Data explorer、Dashboards
Full-Stack Observability：New Relic APM ／ Infrastructure ／ Browser ／
Mobile

● 概要

　New Relicでは、インフラストラクチャやアプリケーション、ブラウザ、モバイルなどの性能
やエラーの情報を収集し、可視化やアラート通知することによって、システムで発生している問
題の解決や性能の改善を行うことができます。

　これに加え、システムのパフォーマンスをビジネス視点で理解することやビジネスKPI（Key
Performance Indicator：重要業績評価指標）への影響を理解することは、デジタル顧客体験
を改善してビジネスを成長させるには非常に重要になってきます。たとえば、ゲームのような有
料会員制のアプリケーションであれば、有償ユーザーと無償ユーザーのそれぞれの利用傾向や
ユーザー体験の計測をしたいでしょう。BtoBサービスであれば、特定顧客ごとに分析すること
が必要かもしれません。また、実店舗に紐づいたビジネスを行っているリテールであれば、地域
別にWebサイトのアクセス傾向をタイムリーに把握し、在庫情報などと関連付けると効果的な
分析ができるかもしれません。

　ビジネス目標のない改善活動は無駄なリソース消費と改善の遅れという結果を招きますが、
システムのパフォーマンスをビジネス視点で理解したり、ビジネスKPIへの影響を理解すること
によって、ビジネス目標をベースとして問題解決や改善の優先順位づけを行うことができるよう
になります。また、ビジネスKPIの達成のためにシステムのパフォーマンスが重要であることを
理解することで、ビジネス関係者を巻き込み、ビジネスとシステムが結託してビジネスを成長さ
せるための体制を構築し、運用中心のIT部門からビジネスへ貢献するIT部門へと成長すること
が可能になります。

● 適用イメージ

　ビジネスKPIを可視化するダッシュボードの例をいくつか挙げます。
　図14.1は、EC（E-Commerce）サイトに関するものです。ECサイトビジネスの分析におい

て重要な指標の1つはコンバージョン率です。コンバージョン率は、サイトの訪問者のうち購入に至った割合を表します。一般的に、サイトのアクセス性能が悪いとコンバージョン率は低下すると言われているため、単にコンバージョン率を可視化するだけでなく、その低下の原因になっている各ページのアクセス性能との相関を把握する必要があります。同時に、アクセス性能の悪いページの表示性能を改善し、コンバージョン率を上げるように対策を取ります。また、サイトから離脱したタイミングでカートに入っている商品の価格・売上や平均的な客単価から離脱による機会損失を可視化し、性能改善の緊急度を客観的・定量的に判断するようにします。

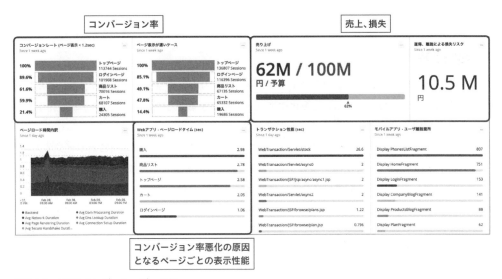

図14.1 ECサイトダッシュボード例

　図14.2は、SaaS事業者向けのダッシュボードです。売上など業績に直結する指標はもちろんのこと、SaaSを利用する消費者や企業ごとにアクセス傾向や性能を可視化することにより特定利用者に対するサービスレベルが低下していないかを把握および改善することが可能になります。

図14.2　SaaSダッシュボード例

　以上がビジネスKPIの可視化の例です。何を可視化するかはビジネスの数だけ存在するとも言えますが、共通して言えることは、ビジネスKPIとシステムのメトリクスを関連付けることにより、ビジネスに影響を与えるシステムの問題を早期に検知・解決したり、システムを改善することでビジネスに貢献することを可能にします。

● 適用方法

収集するビジネスデータを可視化する

　New Relicは、各種エージェントが収集するデータをビジネス目標にあった形で可視化したり、ビジネスやアプリケーション固有のデータをカスタムで注入することによって、それらのデータを活用して分析することを可能にします。どの手段を用いるかは、対象とするシステムの用途やビジネス目標によりますが、おおむね以下のような分類ができます。

① New Relicがデフォルトで収集するデータをビジネス目標にあった形で分析する

　たとえば、サイトの離脱率減少がビジネス目標である場合に、New Relic Browserエージェントが収集するデータから、ユーザーセッションごとの画面遷移率を可視化して離脱の多いページを特定し、ページの表示性能と離脱率の相関を分析します。

② New Relicがデフォルトで収集するデータに、ビジネスやアプリケーション固有の属性を付与することで、当該データをその属性視点で分析する

　たとえば、BtoBサービスにおいて顧客ごとに応答性能などのサービスレベルの把握が必要なケースで、顧客と一意に分類できる情報（テナント[1]のIDなど）をデータに付与することで、

※1　たとえば、BtoBサービスの契約顧客などがあります。

当該テナントIDごとにサービスレベルを可視化・分析します。

③ New Relicがデフォルトで収集するデータ以外の類のデータを追加で登録して分析する

たとえば、決済時の売上額をデータとして登録して、売上目標への到達や推移を確認します。また、性能などのシステム改善による売上への影響との相関を把握し、改善効果を確認します。

ここでは、上記3つのうち、特にカスタムでのデータ登録が必要となる②と③の方法について説明します。①についてはクエリを活用したデータ可視化によって実現可能であるため、4.2節を参考にしてください。

⬜ カスタムデータの種類

New Relicでは、大きく分けて以下の2つの方法によりアプリケーション固有のカスタムデータを登録できます。

① New Relicのエージェントが登録するデータ（イベント）の属性の1つとしてカスタムの属性を追加する：エージェントが登録するトランザクションなどのイベントを分析する際に、アプリケーション固有の観点でフィルタやグルーピングしたい場合に有効
② New Relicのエージェントが登録するイベントとは独立に、カスタムのイベントとして登録する：エージェントが登録するトランザクションとは無関係にアプリケーションの固有の情報を蓄積し、他のデータとともに分析を行いたい場合に有効

以下では、①を「カスタム属性の登録」、②を「カスタムイベントの登録」と呼ぶことにします。
New Relicの各エージェントは上記の手段でカスタムデータを登録するためのSDKを提供しています。そのため、アプリケーションコード内で当該SDKを活用することで、カスタムデータをNew RelicのデータベースであるNRDB（New Relic Database）に登録できます。登録したカスタムデータは、NRQLというSQLに類似したNRDB用のクエリ言語を活用してダッシュボードによる可視化、アラート設定で活用することが可能です。この一連の流れのイメージを**図14.3**に示します。

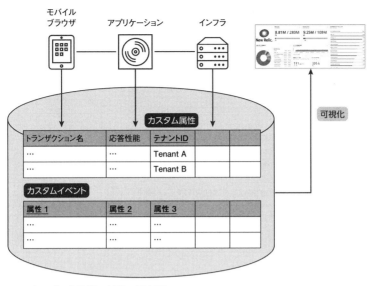

図14.3 カスタムデータ登録・利用の概念図

☐ カスタム属性の追加

　カスタム属性やカスタムイベントを登録するには、各種エージェントが提供するSDKやAPIを使います。ここでは、サーバーサイドのアプリケーション性能を計測するNew Relic APMエージェントのSDKを活用してカスタム属性を追加する例を説明しますが、それ以外のエージェントについての詳細はオンラインドキュメント[2]を参照してください。

　では、実際にカスタム属性の登録と可視化を行ってみましょう。New Relic APMエージェントが収集するWebトランザクションの情報にカスタム属性を追加し、それらを活用して性能分析する例を紹介します。利用する言語はJava、WebフレームワークとしてSpringを利用しています。

☐ カスタム属性登録のコード追加

　リスト14.1は、クライアントからリクエストを受け付けるサーバーサイドのコントローラのコードの一部です。New Relic APMエージェントはサーバーサイドのWebトランザクションを自動的に認識しますが、そのトランザクションの処理の中でNew Relic APMエージェントのSDKに含まれるaddCustomParameterメソッドを呼び出すだけでカスタム属性を当該トランザクションのイベントデータに付与できます。カスタム属性は、属性名と値のセットです。

　ここではトランザクションの性能を利用者（テナント）別に分析することを想定し、カスタム

※2　https://docs.newrelic.com/jp/

属性名として「tenantId」を、値としてテナントのIDを登録してみます。

リスト14.1　カスタム属性の追加

```
...
import com.newrelic.api.agent.NewRelic;
...

@Controller
public class APMCustomAttributeController {
    @RequestMapping("/apm_custom_attribute")
    public String apm_custom_attribute(…) {
…（コントローラのロジック）
        NewRelic.addCustomParameter("tenantId ", name);
…
    }
}
```

◯ リクエスト発行

リスト14.1のコードを追加し、トランザクションを発生させたあとに、APMの画面でトランザクションの詳細情報を見てみます。トランザクションのカスタム属性（Custom attributes）として、今回追加した「tenantId」が値とともに追加されているのが確認できます（**図14.4**）。

図14.4　カスタム属性の確認

レベル3 Data Driven

□ データの確認

今度はNRQL（New Relic Query Language）を使って実際にトランザクションの情報を確認してみます。トランザクションの情報はTransactionイベントとしてNRDBに格納されます。図14.5のとおり、各トランザクションの情報としてカスタム属性が追加され、保存されていることが確認できました。Transactionイベントのその他の情報については公式ドキュメント[※3]を参照ください。

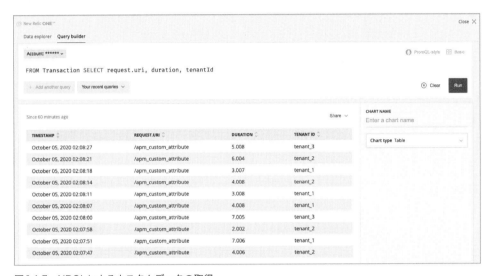

図14.5 NRQLによるカスタムデータの取得

> **Tips カスタム属性を追加する別の方法**
>
> ここではAPMのSDKを活用してカスタム属性を追加する方法を紹介しましたが、HTTPのリクエストパラメータであれば、SDKによるコード修正を行わずに、設定ファイルにリクエストパラメータ名を指定するだけでカスタム属性として追加することが可能です。詳細については、公式ドキュメントの「Java agent attributes[※4]」など、言語ごとのNew Relic APMエージェントのページを参照してください。

※3　https://docs.newrelic.com/jp/docs/telemetry-data-platform/understand-data/new-relic-data-types/
※4　https://docs.newrelic.com/jp/docs/agents/java-agent/attributes/java-agent-attributes/

Part 3　New Relicを活用する──16のオブザーバビリティ実装パターン

◯ チャートの作成

今回追加したカスタム属性を活用してチャートを作ってみましょう。

まずはトランザクションの応答性能の平均です。APMがデフォルトで提供しているチャートでは、トランザクション横断での平均や各トランザクションの平均がわかりますが、ここではさらにカスタム属性の値ごとにグルーピングしてトランザクションの平均を出しています。これにより、会員サイトの有料会員やBtoBサービスの重要顧客など、特に性能を保証しなければならないユーザーへの影響を正確に把握することが可能になります（**リスト14.2**、**図14.6**）。

リスト14.2　属性値（tenantId）ごとの応答性能平均を算出するNRQL

```
FROM Transaction SELECT average(duration) facet tenantId
```

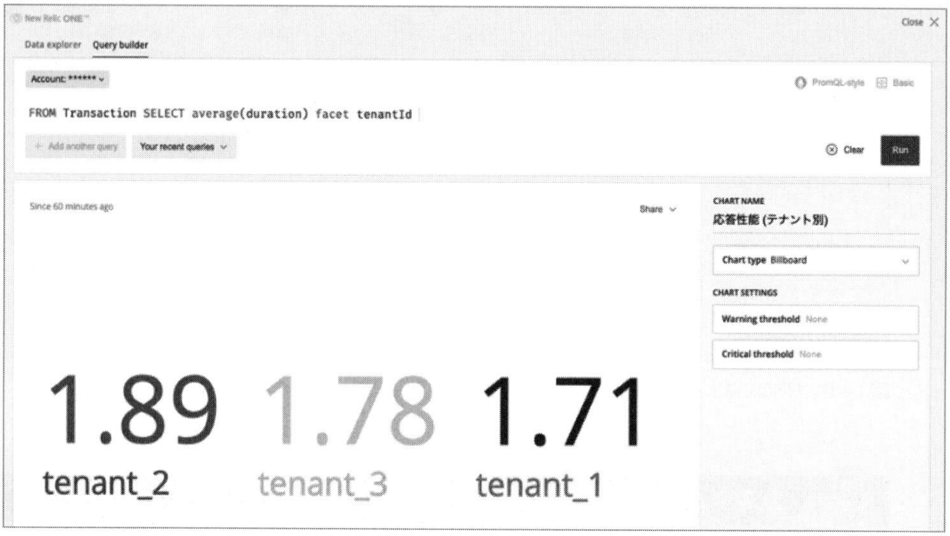

図14.6　カスタムデータを活用したチャートによる分析（1）

次に、テナント別のトランザクション数のチャートを描画してみましょう。こちらもカスタム属性の値ごとにトランザクション数の合計を求めて表示しています。これで、特定顧客からの急激なアクセス急増によってバックエンド性能に影響が出ているかなどを判断することが可能になります（**リスト14.3**、**図14.7**）。

リスト14.3　属性値（tenantId）ごとの応答性能平均を時系列で表示するNRQL

```
FROM Transaction SELECT count(*) facet tenantId timeseries
```

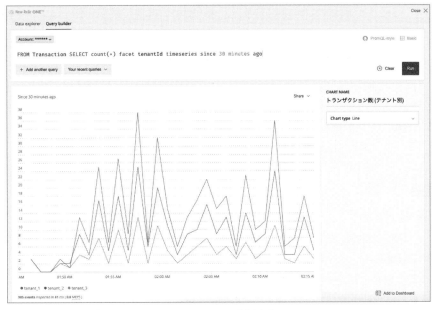

図14.7　カスタムデータを活用したチャートによる分析（2）

　ここでは、主にカスタム属性を追加する例を説明しましたが、同様にSDKを使うことでカスタムイベントを登録することが可能です。JavaのAPMエージェントの場合には**リスト14.4**のように、Mapに属性名と値をセットするとそれが独立したイベントのデータとして登録されます。

リスト14.4　カスタムイベントの登録

```
Map<String, Object> eventAttributes = new HashMap<String, Object>();
… Map に Key-Value を追加…
NewRelic.getAgent().getInsights().recordCustomEvent("MyCustomEvent", eventAttributes)
```

●まとめ

　今回はJavaのアプリケーションを対象に、カスタム属性をプログラム中で付与する例を紹介しました。Node.jsやPHP、Rubyなど、New Relicがサポートする他の言語でも同様にカスタム属性やカスタムイベントを付与できます。カスタム属性として追加できるものは、データベースに格納されている値や売上などのビジネス上の情報などさまざまです。固有のカスタム属性やカスタムイベントを追加して、問題分析の効率化やビジネス視点での情報可視化を試みてください。

Part 3　New Relicを活用する——16のオブザーバビリティ実装パターン

> レベル3　Data Driven

15　クラウド移行の可視化パターン

(利用する機能)　Telemetry Data Platform：Dashboards
　　　　　　　　　Full-Stack Observability：New Relic APM ／ Infrastructure

● 概要

　既存システムのクラウドへの移行（以下、クラウド移行）は、デジタルトランスフォーメーション（DX）の実現、最新のテクノロジー採用、俊敏性向上、ITコスト削減といった目的達成のために、現在多くのシステムで実施されています。

　一方で、既存の環境をクラウドへ移行するにあたっては考慮すべき事項がいろいろとあります。移行前であれば、システム同士の依存関係を把握する必要があります。どのシステムを参照しているか、あるいは参照されているかを正しく知っていなければ、クラウド移行に伴ってシステム間の通信ができなくなるリスクが生じます。

　クラウド移行前後では、移行に伴ってユーザーから見たレスポンスの悪化やエラー数の増加など、システムの品質低下が発生していないことを確認しながら移行を進めることが重要です。

　さらに移行後は、中長期的にはクラウドコストについて留意する必要があります。移行の際にシステムの品質低下を懸念してリソースを潤沢に割り当てた結果、遊休リソースが生じ、それがクラウドコストに大きな影響を与える可能性があるからです。

　New Relicはこのような考慮事項に関して、クラウド移行前後の各環境からデータを取得し、分析することでクラウド移行の成功を手助けしています。さらに、クラウド移行の目的を達成できているかどうかを示すKPIの収集、分析も実現できます。

● 適用イメージ

　まずは前述の、クラウド移行に関する考慮事項をNew Relicでどのように解決できるのかを見ていきます。

☐ ①移行前のシステムの依存関係

　移行前のシステムの依存関係はサービスマップ（Service Map）という機能で確認できます。これはNew Relic APMに搭載されている機能で、APMエージェントを導入したアプリケー

ションが他のどのアプリに接続しているのか、自動的に検知してマップ上に可視化します（図15.1）。この機能を使うと、気づいていなかったシステム間の依存関係を明らかにできるため、クラウド移行に伴ってシステム間の接続が失われるといったリスクを低減できます。また、複雑化しているシステムでは、どのような順序でクラウド移行するのが最適なのか、計画を立てる際に参考にできます。

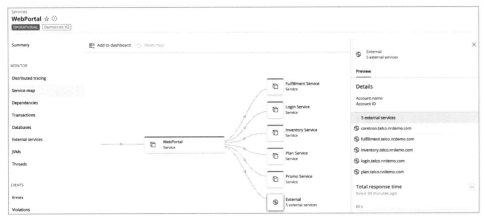

図15.1　サービスマップを使ったシステムの依存関係の把握

また、移行検証中に、外部からの通信が必要にもかかわらず、その通信が拒否された場合、どのIPからの通信が拒否されたのかをダッシュボードで可視化できます（図15.2）。

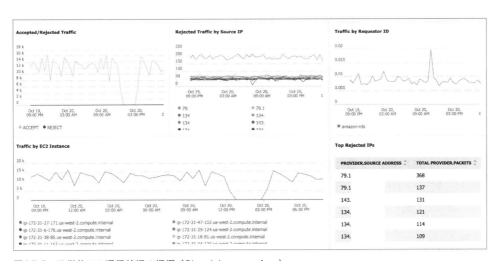

図15.2　IP単位での通信状況の把握（Cloud Journey App）

②移行前後でシステムの品質低下が発生していないことの確認

移行前の品質を維持することは、クラウド移行においては最低限実現しなければいけない要件となります。このとき、品質を定量的に評価できることが重要ですが、そのためには移行前後で以下のような品質に関する指標を取得している必要があります。

- アプリケーションの応答時間などパフォーマンスに関する指標
- エラー発生率などの可用性に関する指標

New Relicでは、移行前後の環境にAPMエージェントを導入するだけで、これらの指標を簡単に取得できます。また、ダッシュボードを使って移行前後の環境を視覚的に比較することもできます（図15.3）。この機能によって、システム品質を維持しながらクラウド移行を進めることが容易となります。

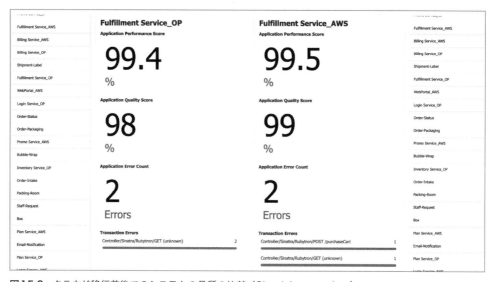

図15.3　クラウド移行前後でのシステムの品質の比較（Cloud Journey App）

③移行後のクラウドコストが最適化されていることの確認

クラウド移行後の品質を重視するあまり、リソースを必要以上に割り当ててしまい、クラウドコストも高くなってしまうことは、移行の際によくある問題です。しかしリソースのダウンサイジング（小型化）をしようと思っても、以下のような問題が発生します。

- ダウンサイジングできるリソースの候補を見つけ出すのが難しい

- 候補を見つけたとしても、本当にダウンサイジングしてパフォーマンスに影響を及ぼさないかの見極めが難しいため、ダウンサイジングに踏み切れない

New Relicでは、これらの悩みを解決するためのデータ分析機能を提供しています。

まずはダウンサイジングできるリソースの候補を見つけましょう。New Relicがクラウドコスト最適化のために提供しているダッシュボードでは、クラウド上のインスタンスに過剰なリソースを割り当てられていないかを簡単に見つけ出すことができます（**図15.4**）。現在のリソース使用状況から、リソースに無駄のあるインスタンスの抽出と、それらのインスタンスの適切なサイジングの推奨を見ることができます。

図15.4 リソースに無駄のあるクラウドインスタンスの抽出（Cloud Optimize App）

このダッシュボードでダウンサイジングの候補を見つけたら、次にダウンサイジングの試行とパフォーマンスの評価を行います。New Relicでは、ダウンサイジングの結果、リソース使用率がどのように変化したかだけではなく、アプリケーションのサーバーサイドのパフォーマンスやフロントエンドから見た体感速度を計測し、評価できます（**図15.5**）。この機能を活用することで、ダウンサイジングが実際にパフォーマンスに影響を及ぼしているかどうかをリアルタイムに確認できるため、リスクを低減しながらダウンサイジングを進めることができます。

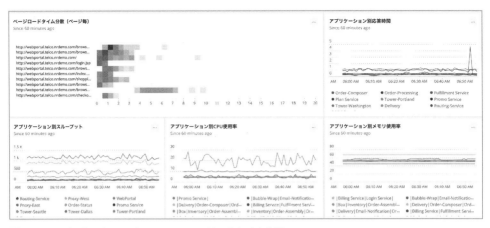

図15.5　アプリケーションパフォーマンスのリアルタイム分析

　ここまで、クラウド移行に関する考慮事項に対し、New Relicがどのように活用できるかを見てきました。New Relicではさらに、クラウド移行の目的を達成できているかどうかを示すKPIの収集、分析もできることはすでに述べましたが、ここではその一例として、最新のテクノロジー採用という目的達成のための分析例を紹介します。

④マネージドサービスへのモダナイゼーションの候補を抽出

　クラウド移行に伴い、テクノロジーという観点では、クラウドサービスが提供するマネージドサービスを活用できるようになるのが理想です。しかし、既存のオンプレミス環境をマネージドサービスに移行するのは容易なことではありません。そこで、New Relicでは、比較的マネージドサービスに移行しやすいアプリケーションの機能を抽出するような分析を提供しています。たとえば、応答時間が非常に速いAPIであれば、サーバーレス機能への移行候補となります。

　New RelicはAPIごとの応答時間を評価し、その候補を見つけ出すことを支援するダッシュボードを提供しています。このダッシュボードでは、他にもモダナイゼーションのベストプラクティスに基づいたさまざまな観点の分析が可能です（**図15.6**）。

図15.6　サーバーレス機能への移行候補となるAPIの抽出（Cloud Journey App）

●適用方法

これまで説明したデータ分析機能やダッシュボードが利用できるようになる構成は、以下のとおりです。

- クラウド移行前、移行後両方の環境に、New Relicエージェントを導入していること（APM、Infrastructureは必須、その他のエージェントはオプション）
- 利用しているクラウドサービスとのIntegrationが構成されていること
- クラウド移行に関するNew Relic Oneアプリケーション（Nerdpack）が導入されていること

なお、本稿の適用イメージの説明の中では、次に示す2つのNew Relic Oneアプリケーションを使用していました。

- **Cloud Journey App**（図15.2、図15.3、図15.6で使用）：クラウド移行を5つの観点にカテゴライズし、分析することができるアプリケーションです（図15.7）。
  https://github.com/newrelic/nr1-csg-cloud-journey
- **Cloud Optimize App**（図15.4で使用）：クラウドのコスト最適化に特化したアプリケーションです（図15.8）。
  https://github.com/newrelic/nr1-cloud-optimize

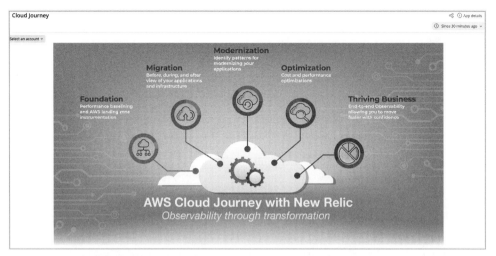

図15.7　Cloud Journey Appのトップ画面

図15.8　Cloud Optimize Appのトップ画面

●まとめ

　ここまで、New Relicがクラウド移行をどのように支えるのか、実際に提供しているダッシュボードの画面例を見ながら解説してきました。最後に、クラウド移行の成功にとってNew Relicが重要だと考えていることを述べておきます。

　すでに述べたとおり、クラウド移行はなんらかの目的があって実行するものです。その際に、目的達成を評価するKPIが何なのかということを定めることは非常に重要です。その上で、KPIを計測可能な状態にし、移行途中でも常に評価できるようにしておくようにすること、また評価しながらデータドリブンにクラウド移行を進めていくことがクラウド移行の鍵だと考えています。New Relicはオンプレミス、クラウドをまたいでKPIを計測するのに最適なツールです。クラウド移行を成功させるために、ぜひ活用してください。

レベル3　Data Driven

レベル3　Data Driven

16 カオスエンジニアリングとオブザーバビリティ

利用する機能　Telemetry Data Platform：Dashbaords
Full-Stack Observability：New Relic APM ／ Browser ／ Mobile ／
Synthetics ／ Infrastrcture など、必要に応じて

● 概要

　現代的なシステムでは、さまざまなOSSやフルマネージドサービスを組み合わせて開発・構築されることが多くなりました。また、自社開発アプリケーションが巨大化するに従い、細かいサービスに分割して組み合わせていく、いわゆるマイクロサービス構成にシフトしていくこともあるかもしれません。その恩恵として、大量のデータを素早く高度に処理することが手軽に実現できるようになり、しかも通常の運用に手間もかかることも減りました。

　しかしそれは、すべてがうまく動いているときの話です。高機能なOSSやフルマネージドサービスはときとして、開発チームがスクラッチで構築したアプリケーションの不具合とは比較にならないくらいに「何もできない」状態に陥ることがあります。

　どこかでトラブルが起きたときに、それを検知して素早く回復できますか？ トラブルに備えて作り込んでいる、さまざまなマニュアルや自動復旧処理は、はたしてうまく動作するのでしょうか？ マニュアルは現在の環境に合わせて改定されていますか？ コールドスタンバイは無事に立ち上がるのでしょうか？

　これらの疑問に応えていく必要があります。

◻ カオスエンジニアリング

　全体像を把握できる程度の単純で小規模なアプリケーションでは起こり得なかった何かが起こったとしても、システムを素早く回復させることができる「レジリエンス（回復性）」が、システム特性として重要になってきます。実験することによってシステムが持つレジリエンスを測定し、改善につなげる手法の1つがカオスエンジニアリングです。

　カオスエンジニアリングは、次のようなステップで行われます[1]。

※1　詳しくは次のページを参照。
https://principlesofchaos.org

315

①定常状態を定義する

定常状態（Steady State）とは、システムの振る舞いを示す指標が通常の状態であることです。たとえば、レスポンスタイムやスループット、エラー率、CPUやメモリ、IOなどの計算機リソース使用率、もしくは秒間動画再生回数といったよりユーザー体験に近い指標も用い、それらの通常の状態を観測しておきます。

②仮説を立てる

まず、現実に起こるような障害を考えてみます。どこかのサーバーが停止したり、ネットワークが遮断されたり、もしくはどこかのインスタンスで何かのプロセスが不意にCPUを消費してしまうかもしれません。開発チームがデプロイしたコードはリソースリークを起こしていることもあります。このような障害が起こったとしても、定常状態が変化しないことが求められます。

つまり、仮説は次のような形式になります。

　　　事象Xが起こったとしても、定常状態に変化はない。

システム規模が大きくなれば、そのような仮説は多く立てることができるはずです。このような仮説の集まりを「仮説バックログ」と呼んでいます。スクラム開発でいう「プロダクトバックログ」などと同様に、仮説バックログも優先順位を設定し、優先順位が高いものから、実験を計画していくことになります。

良い仮説バックログを作るために、仮説づくりには幅広いメンバーを集めることが重要です。実験の結果として仮説が反証されたときに、価値が幅広く認められるでしょう。

③本番で実験をする

実験対象となる仮説が決まったら、いつ、どのような実験をどのように実施するかの実験計画をまとめます。実験群と対照群とを分け、両者で定常状態を観測・観察します。

仮説が「定常状態に変化がない」と語っていたとしても、もちろん、本当に影響がないとはいい切れません。そのため、仮説が間違っていたとしても、ビジネスにはできるだけ影響が出ないように計画することが求められます。想定外の何かが起こるかもしれません。実験実施チームだけでなく、アプリケーションチームやインフラチーム、カスタマーサポートチームなどへの連絡ができるように、事前に調整しておきましょう（仕事が増えたと嫌がられるかもしれませんが、夜中に障害が起こるよりもだいぶマシなはずです）。

実験は、本番環境を壊すのが目的ではありません。仮説が立証され、障害が起こったとしてもシステムは定常状態を維持できたのであれば、それは実験の1つの価値です。自信を持って、システムの信頼性を保証できます。

レベル3　Data Driven

　仮説が反証され、「誰も予想ができなかった」ことが起こるのは、実験の大きな価値です。これはつまり、仮説の検討の段階で考えていた「これが起こったらこうなるだろう」というメンタルモデルと、現実のシステムとの間でギャップが存在していたという証明になります。

　それでは、システムの回復性を検証するカオスエンジニアリングにおいて、オブザーバビリティをどのように活用していくか、具体的な例を見ていきましょう。

● 適用イメージ

　カオスエンジニアリングの各ステップにおいて、オブザーバビリティがポイントとなります。

定常状態を見つける

　定常状態を示すには、さまざまなメトリクスが使われます。まずスタート地点として採用しやすいのは、SREのSLI、および4 Golden Signalでしょう。「13　SRE：Service Levelと4つのゴールデンシグナル可視化パターン」（p.292）で紹介したパターンを参考に、それぞれのメトリクスが通常どのような値を示しているか、データを取得して可視化してみましょう。

実験結果をダッシュボードにまとめる

　次に、実験の結果がわかりやすいように情報をまとめたダッシュボードを作ります。実験の内容によっては、実験群と対照群を分けたチャートを表示すると便利でしょう。

　群の分け方は、採用する仮説によって異なるかもしれません。特定ホストのトラブルを起こすなら、トラブルのあるホストとないホストで分けられるでしょう。特定クライアントで先行デプロイされた問題のあるアプリケーションのリクエストがトラブルの原因であれば、そのリクエストは各種バックエンドにばら撒かれるようになるでしょう。もしくは、ある短い時間帯のすべての処理が一時的にトラブルになるような仮説も考えられます（**図16.1**）。

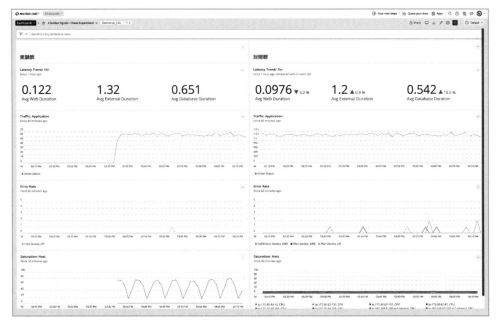

図16.1　実験に関する情報をダッシュボードで可視化する

● 適用方法

　定常状態の発見とダッシュボードの作成は「13　SRE：Service Levelと4つのゴールデンシグナル可視化パターン」（p.292）などにまとまっているので、そちらに譲ることにします。ここでは実験用のデータをどう集めて可視化していくかについて、代表的な仮説を例に挙げて議論していきます。

【仮説】あるホストのCPU使用率が高騰したとしても、定常状態には変化がない

　この仮説では、特定のホストがなんらかの原因でCPU使用率が高騰し、動作が不安定になるという事象を想定してみます（図16.2）。

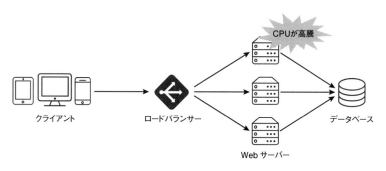

図16.2 システム構成図と障害箇所を図示

　原因はいろいろ考えられるかもしれません。たとえば、「アプリケーションが特定条件のときに効率の悪いCPU利用をしていた」「CPUを多く消費する別のプロセスが実行された」などです。実際の原因はもっと多種多様かもしれませんが、とにかく症状として「CPU使用率が高騰した」という状況を想定してみましょう。

　このときの実験群は「特定ホスト」、対照群は「それ以外のホスト」です。それぞれの定常状態を比較して、変化がないかを観測していきましょう。

　New Relic APMでレポートされるTransaction Eventには、host属性やhostname属性があります。実験群のホストで絞り込んだものと、それ以外で絞り込んだもの、両方を比較してみましょう（**リスト16.1**、**リスト16.2**）。

リスト16.1　実験群の平均レスポンスタイム

```
FROM Transaction SELECT average(duration) FACET host WHERE appName = '実験対象のアプリケー➡
ション' AND host IN ('{実験群のホスト1}', '{実験群のホスト2}', ...) TIMESERIES
```

※➡は行の折り返しを表す

　対照群のチャートは、NOT IN述語で絞り込むと簡単です。

リスト16.2　対象群の平均レスポンスタイム

```
FROM Transaction SELECT average(duration) FACET host WHERE appName = '実験対象のアプリケー➡
ション' AND host NOT IN ('{実験群のホスト1}', '{実験群のホスト2}', ...) TIMESERIES
```

※➡は行の折り返しを表す

　ブラウザアプリケーションやモバイルアプリケーションでのユーザー体験の指標は、パーセンタイル値を計測してみましょう。少数の特定ホストの不調であれば、全体の平均には影響が現れないことも考えられます。50%-til（中央値）、80%-tile、95%-tileなどの値を観測してみましょう（**リスト16.3**）。

リスト16.3　フロントエンドでの応答性能

```
FROM PageView SELECT percentile(duration, 50, 80, 95) WHERE appName = '実験対象のアプリケー➡
ション' TIMESERIES
```

※➡は行の折り返しを表す

【仮説】データベースがフェイルオーバーしたが、定常状態には変化がない

ここでは、バックエンドの更新系データベースがなんらかの不調でフェイルオーバーし、1分の間つながらなくなったという障害を考えてみましょう（図16.3）。

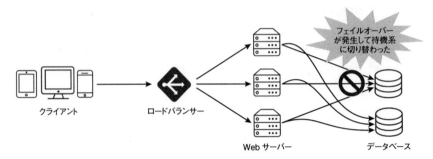

図16.3　システム構成図と障害箇所を図示

これは少し難しい実験です。スケールアウトされたサーバークラスタの一部障害とは違い、更新系データベース障害の影響は広範囲に及びます。確実に一部の機能が使えなくなるようになるはずです。SLOは一時的に更新処理ができなくなったとしてもサービスレベル上許容されるようになっているか、エラーバジェットは十分か、日次や毎時に実行されるバッチ更新処理中に発生しても大丈夫か（もしくはその時間帯は「今はいったん」避けるべきか）など、実験設計として考慮しなければいけない要素は多くなります。

しかし、これは実際に起こり得る事象です（筆者の経験上、AWSのRDSでは2年に一度程度起こっていました）。事象に準備することが重要なのは言うまでもありません。そして、実際に正しく準備されていることを、実験によって確認していきましょう。

ここでは以下のように、更新系のデータベースサーバーがフェイルオーバーした場合の影響を考えてみます。実験の第一歩として簡単にするため、バッチ処理の時間帯は避けて実験するものとしてみます。

データベースサーバー

- フェイルオーバー処理の一連のイベントが発生する

レベル3　Data Driven

Webサーバー

- 更新系APIは一時的にエラーが発生するが、60秒以内にエラーは収束する
- 参照系APIはエラーを起こさない（レプリカを参照しているため）

ブラウザアプリケーション

- 更新系機能は一時的にエラーが発生するが、60秒以内にエラーは収束する
- 参照系機能は引き続き利用できる

　では、これらの様子を観察するダッシュボードを作ってみましょう。まずはAPMエージェントが収集している情報から、エラーが発生しているトランザクションの様子を観察してみます（**リスト16.4**）。

リスト16.4　エラー数の推移

```
FROM TransactionError SELECT count(*) FACET name WHERE appName = '実験対象のアプリケーション'➡
 AND httpResponseCode LIKE '5%' TIMESERIES
```

※➡は行の折り返しを表す

　データベースサーバーのフェイルオーバーでは、一般的に更新系処理に影響が出るはずです。一方で、リードレプリカを使っている場合には参照系処理には影響がありません。その様子を確かめてみましょう（**リスト16.5**）。REST APIを使っているなら、HTTPのリクエストメソッドで更新系と参照系とを区別してもよいでしょう。

リスト16.5　更新系処理と参照系処理、それぞれのエラー数の推移

```
FROM TransactionError SELECT count(*) FACET request.method WHERE appName = '実験対象のアプリ➡
ケーション' AND httpResponseCode LIKE '5%'
```

※➡は行の折り返しを表す

　ブラウザアプリケーションについても基本的には同様ですが、サーバーサイドレンダリングかSPA（シングルページアプリケーション）かによって、観測すべきポイントは少し異なります。
　New Relic Browserエージェントは、HTMLのヘッダーにスクリプトを埋め込むことで、情報を収集し送信します。そのため、サーバーサイドレンダリングでWebサーバーが500エラーを返した場合、New Relic Browserエージェントは動作しなくなります。このときは、APMで収集した情報を主に観測し、補助的にブラウザエージェントのカウント数で評価してみましょう（**リスト16.6**）。

リスト16.6　ページビュー数の推移（サーバーサイドレンダリングの場合）

```
FROM PageView SELECT count(*) FACET name WHERE appName = '実験対象のアプリケーション' TIMESERIES
```

321

SPAの場合は、New Relic BrowserエージェントがHTMLに埋め込まれている状態で、非同期リクエストが成功したり失敗したりする様子を観測できます（**リスト16.7**）。

リスト16.7　Ajax通信のエラー数の推移（SPAなど非同期通信の場合）

```
FROM AjaxRequest SELECT count(*) FACET httpResponseCode, groupedRequestUrl, httpMethod ➡
TIMESERIES
```

※➡は行の折り返しを表す

これらの情報を観測し、仮説どおりに更新系機能のエラーが60秒以内に収束することが確認できたら、実験は完了です。もしかすると、レプリカを使っていると思っていた参照系機能も同様にエラーを起こすかもしれません。それは大事な情報であり、実験の価値になります。

● まとめ

本番で障害を起こすことによって障害に強くするのがカオスエンジニアリングです。ここでは、カオスエンジニアリングの目的や進め方、その際の観測のポイントに関して紹介しました。

カオスエンジニアリングの実験の目的は、システムを壊すことではありません（これはよくある誤解です）。「システムが部分的に壊れていたとしても全体的には安定して動くように作られているという前提のもとで、それを検証していく」のが実験の目的です。つまり、壊すために実験するのではなく、壊れないことを確かめるために実験をするのです。最初は、リスクの少ない仮説から実験していきましょう。

実験をさらに価値あるものにするために、AIOpsを活用するのもよいでしょう。明示的に設定した定常状態の他にシステムがどのような挙動を示すかを広く観測するには、自動化された異常値検知が有効です。また、障害を起こした際に各種アラートがどのように発砲するかも観察の範囲の1つです。それらの検知を受けて、アラート対応チームがどのようなアクションを起こすことができるかを確認することも重要です。これらの領域をカバーするために、New Relic AIの各種設定を有効にしておくのは効果的です。

カオスエンジニアリングの原則として、「実験を自動化して継続する」ことの価値が語られています。実験手順と対応を自動化し、定期的に実行することで、アプリケーションのアップデートやシステム構成の変化に対しても仮説が成り立っていることを証明し続けることができるようになります。

また、原則として「本番で実験する」とされていますが、常に本番で実験できるわけではありません。現実的には、爆風半径を小さくできるような都合のよい仮説が見つかるとは限りません。

とても高いSLOが求められている場合もあります。そのようなときには、実験用の環境を用意して、本番環境では実験しないこともあります。

レベル3　Data Driven

　よりリスクのある実験もできます。Game Dayと呼ばれるような、運営チームと対応チームに分かれて、運営チームは実験用環境であらかじめ作られたシナリオの障害を起こして、対応チームがそれを検知して対応していくようなイベントを開催するのも有効です。

　どのような実験をどのように行うとしても、重要なのは状態の把握であり、オブザーバビリティです。オブザーバビリティを高め、実験の際に何が起こっているのかを詳細に観測できるようにしておきましょう。

おわりに

　本書に興味を持って手に取っていただき、また最後までお付き合いいただきありがとうございました。この本は「オブザーバビリティ（Observability）が日本のデジタル社会を確実に良い方向に導く」と信じている New Relic 株式会社の技術メンバー陣が中心になって書き上げました。現時点で我々が持っている、オブザーバビリティに関する技術ノウハウの集大成となります。

　オブザーバビリティは運用についての概念と捉えられがちですが、アプリケーションやインフラの運用監視はもちろんのこと開発効率化、アプリケーション／インフラ設計、クラウドマイグレーション、顧客分析、ビジネス分析などあらゆる場面で活用できる概念です。これらを踏まえ、New Relic という製品を軸として、オブザーバビリティの考え方から応用・活用例までを説明しましたが、今までとは違う新しい世界を少しでも感じ取っていただけたら幸いです。

　今後も世の中のあらゆる経済活動のデジタル化が求められ、各企業のデジタルトランスフォーメーション（DX）は加速度的に進んでいくと予測しています。また技術的な観点においても、デジタルサービスは新技術の出現とともに加速度的にどんどん形を変えながら進化し、複雑になっていくでしょう。しかし、どのように形を変えようとも、エンジニアがシステムの状態を把握し、改善が必要な部分は改善し、求められる機能は素早く提供し、ビジネスとして向かいたい方向に正しく舵を切れるように技術面からのリードを求められることは変わりません。

　エンジニアがデジタルビジネス成功の立て役者となる時代はもう来ていますし、そうならなければならないと考えています。そのためにはオブザーバビリティという概念を知っておくことは必ずプラスになると信じています。

　いつか皆様のデジタルサービスをより強固なものにするためにオブザーバビリティを実装するお手伝いをさせていただく機会があると思っています。どこかでご一緒できることを楽しみにしています。

　最後に、New Relic を活用いただいているお客様やパートナー様をはじめ、数多くの出会いやそこで得た経験や学びがあってこそ、この本を完成できたと思っています。そして本書を執筆するにあたり、翔泳社の片岡様をはじめとしたスタッフの皆様、デザインや用語表現などへのアドバイスをしてくれた New Relic 株式会社マーケティングマネージャー七戸駿、出版に際して全面的に賛同・協力してくれた New Relic 株式会社代表取締役社長の小西真一朗、同副社長の宮本義敬にこの場を借りて感謝いたします。

New Relic 株式会社 技術メンバー一同

■著者紹介

松本 大樹（まつもと ひろき）
Senior Director, Customer Solutions（CTO）
日本ヒューレット・パッカード株式会社にて Java/WebLogic や Oracle Database、SAP ERP/
NetWeaver、HP-UX などのエンタープライズ系製品のエキスパートエンジニアとして活動。
2012年にアマゾンウェブサービスジャパン株式会社にソリューションアーキテクトとして加入。
パートナー技術チームの立ち上げと本部長を歴任し、2019年から New Relic 株式会社の CTO/
技術統括として技術チームを立ち上げ、リードしている。

佐々木 千枝（ささき ちえ）
Senior Solutions Consultant
外資系ハードウェアベンダーでのアウトソーシングサービスデリバリーおよびソフトウェアベン
ダーでのプロフェッショナルサービスデリバリーとプリセールスを経て現職。お客様の IT システ
ムを運用していた経験を生かし、お客様が長期的に幸せになるソリューションの提供を日々心が
けている。得意分野は仮想化技術（コンテナ含む）とクラウドとお酒関連。

田中 孝佳（たなか たかよし）
Lead Technical Support Engineer
理学博士。ソフトウェアベンダーでの研究開発およびテクニカルサポートや自社サービスの開発
運用エンジニアなどを経験し、現職に至る。Microsoft Certified Azure Solutions Architect
Expert。Microsoft MVP を Azure および Development Technologies で受賞。得意分野は C#
をはじめとするプログラミング、および Kubernetes。物心ついたときからの東京ヤクルトファン。
マイブームは娘と連弾。

伊藤 覚宏（いとう あきひろ）
Senior Technical Support Engineer
OSS の運用監視ソフトウェアの日本におけるテクニカルサポート、テクニカルトレーニングの立
ち上げを行い、VMware ベースのクラウドサービス開発、AWS テクニカルサポート、クラウドアー
キテクトを経て現職。テクニカルサポート、テクニカルトレーニング、運用コンサルを専門領域と
してお客様の運用負荷軽減を目指す。得意分野は運用設計、クラウド設計、OSS ソフトウェア。

清水 毅（しみず つよし）
Senior Solutions Consultant
パッケージベンダーにて e-commerce システムのソフトウェアエンジニア、インフラエンジニアを
経験後、DevOps チームの立ち上げや SaaS ビジネスのパフォーマンスやセキュリティに特化した
チームの立ち上げに従事。その後、AWS にて1人目の SaaS 専門ソリューションアーキテクトと
して多くの日本企業の SaaS 化、セキュリティ対策、SRE 立ち上げを支援し、現職。特にインフラ、
パフォーマンス、セキュリティという非機能要件の設計から運用を得意とする。

齊藤 恒太 （さいとう こうた）
Senior Solutions Consultant

ITベンダーにて主にITシステム運用管理ソフトウェアのエンジニアを経て現職。現在は、New Relicにてソリューションコンサルタントを務める。ソフトウェア開発、IT運用管理、ITサービス管理などを得意分野とする。

瀬戸島 敏宏 （せとじま としひろ）
Senior Solutions Consultant

大手SIerでクラウドアーキテクトとして金融機関を中心としたエンタープライズ企業のクラウド導入をリード。その後、New Relicにジョインし、お客様のNew Relic導入やオンボーディングを中心に担当。AWS Top Engineers 2019、Japan APN Ambassador 2019。複数のクラウド関連書籍執筆。好きなNew RelicサービスはALERTS。

小口 拓 （おぐち たく）
Solutions Consultant

国内SIerにて金融系システム開発、IaaS立ち上げプロジェクトなどに従事。その後、外資ハードウェアベンダーでプリセールスエンジニアを、フリーランスエンジニアとしてクラウドマイグレーション企画・モバイルアプリ開発等を経て現職。

東 卓弥 （あずま たくや）
Senior Customer Success Manager

ERPパッケージベンダーにてSaaS製品を開発。SREも担当し運用自動化に励む。その後総合系コンサルティングファームに転職し、BtoCサービスの構築支援としてモバイルアプリを主としたサービスの開発リーダーを担当。アーキテクチャの設計からCI/CD、バックエンド・フロントエンド開発という全領域の開発に加え、SREで経験した運用も踏まえたアプリケーションを中心としたパフォーマンス管理・チューニングを得意とする。業務上経験が多いのはJava、JavaScript。

会澤 康二 （あいざわ こうじ）
Solutions Consultant

SIerにてシステム開発プロジェクトのPMやインフラ設計・構築などを歴任。その後、クラウドインテグレーション組織の立ち上げを行い、多くのお客様システムのクラウド移行やクラウドネイティブ化を支援し、現職。得意領域はコンテナやKubernetesの導入・運用設計。技術を追いかけるだけでなく、ビジネスにもたらす影響を常に考えることを信条としている。

索引

■記号
.NET Core 214
.NET Core Agent 205
.NET Framework Agent 205

■A
AcceptDistributedTraceHeaders 215
acceptDistributedTracePayload 214
acknowledge 174
[Activity Stream] 179
addPageActionメソッド 131
Agent Security 21, 22
AIOps 7, 16
Ajax通信の分析 129
Alerts 166
Alerts and Applied Intelligence 15
Amazon Cloud Watch 177
Amazon Simple Queue Service 210
anomaliesイベント 179-181
Anomalous span 161
Apdex 81, 82
API 55
APIキー 59
API Testモニター 115, 120
APM 74
　～が必要である理由 74
　～の重要性が増している理由 76
[Application activity] 179
Applied Intelligence (AI) 15, 166
ARMプロセッサ 98
AWS環境のモニタリング 101
AWS Lambda 88, 146
　～関数内の所要時間の計測・可視化 ... 146
AWS X-Ray 158
Azure環境のモニタリング 106
Azure Functions 146

■B
Breadcrumbs 141, 142
Browser Pro with SPA 158
Build on New Relic One 64
By condition 168, 169
By condition and entity 168, 169

By policy
By policy 168, 169

■C
CCPA 23
Close all current open violations 170
Cloud Functions 146
CORS 158
Crash analysis 138
crashException属性 224
crashLocationFile属性 224
CronJob 201
Custom Attributes 145
Custom Breadcrumbs API 141
Custom Event 145
custom instrumentation 201, 205

■D
Dashboards 47
DatabaseServiceクラス 205
Data Driven 200
Data explorer 43
Data ingestion 60
Data management hub 59
Data Storage Security 21, 23
DBA 265
Decisionの構築 191
Decisions 184, 185
　～の一覧 190
[Decisions] メニュー 189
Deployment Marker 93
Destinations 184-186
diskAvailable属性 224
Distributed Tracing 147, 154
　～の計測の有効化 158
[Distributed tracing] のGlobal view画面 ... 160
Docker環境へのインストール 101
DX 4

■E
eBPF 158
Email (チャネル) 174
Entity 19
EU一般データ保護規則 23

327

Event	17
［Events］タブ	112
［Explorer］画面	19
exporter	248

■F
FACET句	50
FedRAMP	23
firstInputDelay	269, 270
firstInteraction	267, 268
Flex	110, 111
FSO	72
Full-Stack Observability	14-16, 72, 73

■G
Game Day	323
GDPR	23
Getting Started	199
Goでのバッチ処理	204
Google Cloud Platform環境のモニタリング	106
Grafana	177, 235
GraphQL	55, 57

■H
Handled exceptions	142
headベースのサンプリング	162
Helm	229
HTTPパフォーマンス	274
HTTP errors	143
HTTP requests	142

■I
IaaS	88
Incident Intelligence	16, 177, 181-184
Infinite Tracing	162, 163
Infrastructure条件	173
Infrastructure Agent	52
InsertDistributedTraceHeaders	215
installer.ps1	100
interactionHistory属性	224
Interactions	140
［Inventory］タブ	111
［Issue timeline］	188
Istio	158

■J
Javaインスタンス条件	173
JavaScript	
～のエラー	129

～のエラー数	257
JavaScript API	131
Job	201
［JS errors］	129, 130
JVMヘルスメトリック条	173

■K
Kafka	209
Kamon	158
kubectl	227
Kubernetes	107, 201, 226
～環境のモニタリング	107
～クラスタ	226, 227
～のダッシュボード画面	230
Kubernetes Cluster Explorer	107, 108, 229
～のメリット	228
Kubernetes Dashboard	229
Kubernetes events	229
Kubernetes plugin for Logs	229
kube-state-metrics	229

■L
Lambda関数	145
lanchersフォルダ	68
Linux環境へのインストール	99
Log	18
Log Management	51, 150
Logs in Context	67, 148, 150-152
long-running tasks	271
longRunningTasksCount	271, 272

■M
Material-UI	66
MELT	18
Message Attribute	213
Metrics	17
［Mobile］	136
MobileCrashイベント	224
MSI形式	100
MTTD	8, 76
MTTR	8, 76

■N
N+1問題	259
NerdGraph	62
NerdGraph API	55, 57-59
NerdGraph APIエクスプローラー	57
nerdletsフォルダ	68
［Network］タブ	96

networkStatus属性 224
New Relic 12
　ステータスカラー 175
New Relic Alerts 15
　構成 167
New Relic API 55
New Relic API Explorer 57
New Relic APM 73, 74, 78
New Relic APM Agent 94
New Relic Applied Intelligence (AI) 177, 194
New Relic Browser 74, 122, 124, 125
　〜による可観測性が必要な理由 122
　パフォーマンスオーバーヘッド 126
New Relic Developers 70
New Relic Infrastructure 73, 95
New Relic Infrastructure のインストール 97
　Docker環境へのインストール 101
　Linux環境へのインストール 99
　Windows環境へのインストール 100
New Relic Mobile 74, 132, 133
　[Summary] 画面 137
　〜でクラッシュを観測する 217
　〜の導入 135
New Relic Monitoring for AWS Lambda 158
New Relic One 14, 17
　開発支援ドキュメント 70
　〜の課金体系 17
New Relic One アプリケーション開発の流れ 65
New Relic One カタログ 65
New Relic Open Source 70
New Relic REST API Explorer 56
New Relic SDK 135, 136
　〜の動作検証 218
New Relic Synthetics 74, 114
　モニター結果 121
Notes on Programming in C 199
Notification channel 167, 173, 174
NOT IN述語 254
NR1 Community 70
NR1 Workshop 70
NRDB 21
NRQL 45
NRQLクエリ条件 169
NRTimer オブジェクト 279

■ O

Observability Map 210, 215
OHI 108, 110, 212
On Host Integration 108, 110, 212

OpenCensus 158
Open New "lost signal" violations 170
OpenTelemetry 158, 247, 248
OpsGenie（チャネル） 174
Organization 31, 32
orphaned トレース 245, 246
OSS 14, 41, 42

■ P

Page Action イベント 131
PagerDuty 177, 184, 194
PagerDuty（チャネル） 174
Page（タブ） 49
Pathways 184, 185, 187
Ping モニター 115-117
Pixie 158
Private 権限 49
Proactive 200
Proactive Detection 15, 177, 179
[Processes] タブ 96, 97
Prometheus 177, 235
Prometheus と Grafana 統合のイメージ 236
Public - Read and write 権限 49
Public - Read only 権限 49

■ Q

Query builder 44
　Advanced モード 45
　基本モード 45
Quickstarts 47

■ R

RabbitMQ 209
Reactive 199
[Related entities] メニュー 20
render関数 68
REST API 55, 58, 59
Runbook URL 173

■ S

Script Browser モニター 115, 118
　スクリプト例 119
SDK
　New Relic 〜 135, 136, 218
　以前の〜をダウンロードする 220
Secure credentials 119
Security in Our Centers 21, 23
Security of Our Application 21, 24
Security On Your Server 21, 22

329

Serverless	74, 145
Serverless Monitoring for AWS Lambda	145, 146
Session traces	126, 127
setAttribute()	281
[Settings] タブ	113
Simple Browser モニター	115, 118
SLA	292
Slack（チャネル）	174
SLO	292
SOC2	23
Sources	184-186
Splunk	177
sqs-receiver	213
sqs-sender	213
SRE	79, 292
SSO	24
Step monitor モニター	115
[Storage] タブ	96
[Summary] 画面	125
Synthetics マルチロケーションアラート条件	172
[System] タブ	95, 96

■T

tail ベースサンプリング	163
Telemetry Data Platform	14-16, 40-42
Tier III	23
TIMESERIES 句	256
Trace	18
Trace Context	156, 212
Trace Observer	163
Transaction trace	207
Transmission Security	21, 24

■U

URL segment allow lists	128
User（チャネル）	174
UX	4, 131

■V

VictorOps（チャネル）	174
Video.js	286
viewDidLoad()	280
ViewModel	205

■W

W3C Trace Context	156, 244-247
W3C Trace Context フォーマット	212
Webhook（チャネル）	174
Web アプリの障害検知	250

Web サイトの運用保守	124
Web トランザクション	201
〜のパーセンタイル条件	173
非〜	201, 202
Windows 環境へのインストール	100
WPF	203, 205
C# での〜アプリケーション	205

■X

xMatters（チャネル）	174

■Z

Zipkin	159

■あ

アカウント	32
〜の作成方法	28
アカウント構造	31
アクセス制御	34
アジャイル型開発	77
アプリ起動時間	279
アプリケーション	
〜の種類	65
〜の登録・公開	69
〜のリリースの記録	93
アプリケーション関連性の可視化	231
アプリケーション全体のサービスレベルの把握	79
アプリケーションパフォーマンス管理	74
アプリのラベルによる動的ターゲティング	173
アラート	
〜による過負荷	176
〜の喪失	176
〜の分析	187
〜を設定する	60
アラート条件の設定	169
アラート設計	289-291
アラート設定	176
アラートポリシー	290

■い

イシュー	182, 185
〜の相関関係	183
イシューフィード	182
違反	168
イベント	17, 18, 182, 185
インシデント	168, 182, 185
インシデント設定	168
インタラクティブメトリクス	266, 267
インテグレーションツール	158

索引

インフラ監視との統合	90
インフラ監視・フロントエンド監視との統合	78, 90
インフラストラクチャモニタリング	95

■う
ウォーターフォール型開発	77

■え
エラー	
～が発生したユーザー数の割合	256
～の詳細画面	90
エラー内容の確認	254
エラーバジェット	292, 293, 295
エラー発生状況をモニター別に確認する	252
エラー発生タイミング確認チャート	255
エラー分析	89
エンティティ	19, 20
エンド・ツー・エンドでの構成の可視化	78, 85
エンドユーザーモニタリング	122

■お
オープンソースソフトウェア	14
オブザーバビリティ	4, 5
～の実装パターン	198
～の目的	7
オブザーバビリティ成熟モデル	198

■か
外形監視	114
開発環境の準備	67
カオスエンジニアリング	315, 322
可観測性 ➡ オブザーバビリティ	
課金体系	17
可視化	
AWS Lambda関数内の所要時間	146
JavaScriptのエラー	129
Webサイトのフロントエンドのサービスレベル	125
アプリケーション関連性	231
エンド・ツー・エンドでの構成	78, 85
エンドユーザーの行動	131
クラスタ環境全体の～	229
サービスレベル指標	78, 79
トランザクションエラーの～	88, 89
トランザクショントレース	85
トランザクションの詳細なトレースやエラー	78
フロントエンドのパフォーマンス	126
カスタム属性	303
～を追加する別の方法	305
カスタムデータ	302

カスタムモニタリング	110
仮説バックログ	316
偏り	83
カリフォルニア州消費者プライバシー法	23
環境ごとにデータを送り分ける	221
監視	5
観測地点別エラー発生率の確認	253

■き
キートランザクションメトリック条件	173
キャパシティ管理	265
記録	155, 157
アプリケーションのリリースや構成変更の～	79

■く
クエリキー	239
クエリを特定する	
遅い～	260
大量に呼び出している～	262
クラウド移行	308
クラウドインテグレーション	101, 146, 211, 212
クラスタ環境全体の可視化	229
クラッシュ	
～の観測	133
～の管理	217
～を観測する	222
クラッシュ情報	139
グラフの種類	46
グループ	33
クロスアプリケーション	157

■け
計測	155
～を始める	199

■こ
構成管理	111
構成ファイルの作成	52
構成変更の記録	93
構造化ログデータ	10
ゴールデンシグナル	79, 292, 296, 297
コンディション	167, 168
コンディション設定	169
コンディション名	173
コンバージョン率	300
根本原因の分析	183

■さ
サーバーレスの計測	146

331

サーバーレスモニタリング	145, 146
仕組み	148
～の設定	149
サービスマップ	85, 308, 309
サービスレベル	292
～の把握	79, 80
サービスレベル指標	295
～の可視化	78, 79, 125
サービスレベル保証	292
サービスレベル目標	292
散布図	160, 161

■し

視覚化	155
閾値	168
周期性の確認	83
重要業績評価指標	299
受動的対応	199
シングルサインオン	24
信号喪失	170
～の検知	169

■す

| ステータスカラー | 175 |
| スパン | 12, 155 |

■せ

静観アラート	290
セキュリティ	21
積極的対応	200

■た

ダウンサイジング	310, 311
タグ情報（Webサイト）	123
ダッシュボード	8, 47
作成	47
タブ	49
～の権限	49

■ち

| チャートビルダー | 45 |
| 長時間のタスク | 271 |

■つ

通知	168
～されたイシューによるアラートの分析	187
～の抑止	175
～のライフサイクル	174

■て

提案されたDecision	190, 191
提案された応答者	194
定期的な変動	171
定常状態	316
データ期間	171
データ駆動	200
データサイロ	41
データ	
～の一貫性	171
～の解釈・評価	15
～の可視化	65
～の収集	15
～の送信量	60
～の分析・可視化	15
～をドロップする	62
データベース	21
データベースアクセス状況を確認する	260
データベースアクセスパターン	259
データベース管理者	265
データベースクエリ	87, 88, 259
データ保存期間	61
データレイク	40
デジタルトランスフォーメーション	4
テレメトリーデータ	5, 8, 17
～の可視化	5, 7, 8
～の収集	5, 6
～の分析	5, 7
伝搬	155, 156

■と

動画プレイヤーのパフォーマンス	283
トランザクションエラーの可視化	89
トランザクション	
～ごとのサービスレベルの把握	80
～の詳細なトレースやエラーの可視化	78
トランザクショントレース	86, 87
～の可視化	85
トレース	8, 11, 18, 154
～の視覚化	157
トレースコンテキスト	12
ドロップルール	62, 63

■は

パーセンタイル	84
外れ値検出条件	171
パフォーマンス	
周期性の確認	83
～（の）観測	134, 274

332

索引

パフォーマンス計測
　動画プレイヤーの～ 283
　バックエンドアプリケーションの～ 73

■ひ
非Webトランザクション 201, 202
ビジネスKPI 299
ビジネスのパフォーマンス 281
ヒストグラム 84

■ふ
ファセットフィルタリング 50
フィードバックボタン 189
プライバシー・バイ・デザイン 23
プライベートロケーション 122
プロアクティブ検知 290
プロアクティブ対応 250, 251
プロセスモニタリング 113
プロセッシングモデル 266
プロダクトバックログ 316
フロントエンド監視との統合 91, 92
分散トレーシング 11, 147, 154, 209
　仕組み 155
分散トレース 12
　～の詳細画面 161
分布 83

■へ
平均 83
平均検出時間 8
平均修復時間 8
ペイントメトリクス 266, 267
ベースライン条件 170
　アルゴリズム 171

■ほ
ボトルネックの特定 95
ポリシー 167, 168

■ま
マイクロサービスアーキテクチャ 77
マルチアカウント 36

■み
ミドルウェアモニタリング 108

■め
メッセージキュー 209
メトリクス 8, 9, 17

■も
モニター 114
　～の種類 115
モニタリング 5
モニタリング周期 117, 118
モバイルアプリのパフォーマンス観測 274
問題検知の迅速化 74
問題の原因特定の迅速化 75

■ゆ
ユーザー 33
　～の体感しているパフォーマンス 279
ユーザー情報を確認する 30
ユーザー体験 4, 131
ユーザー定義のDecision 191, 193
ユーザー満足度の計測 81

■り
リクエストを観測する
　平均的に遅い～ 275
　最も影響の大きい～ 276
　最もデータ通信量の多い～ 278
リソースアラート 113
リソースサイズの設計 96

■れ
レジリエンス 315

■ろ
ロール 34
ロギングフレークワーク 152
ログ 8, 9, 18, 51
　～を転送する 52
ログデータ 10, 153
　～の取り込み方 52
ログ転送パラメータ 52
ログフォーマッター 152, 153

333

| 装丁＆本文デザイン | 轟木亜紀子（株式会社トップスタジオ） |
| DTP | 川月現大（有限会社風工舎） |

New Relic実践入門
監視からオブザーバビリティへの変革

2021年 9月15日　初版第1刷発行

著　者	松本 大樹（まつもと ひろき）
	佐々木 千枝（ささき ちえ）
	田中 孝佳（たなか たかよし）
	伊藤 覚宏（いとう あきひろ）
	清水 毅（しみず つよし）
	齊藤 恒太（さいとう こうた）
	瀬戸島 敏宏（せとじま としひろ）
	小口 拓（おぐち たく）
	東 卓弥（あずま たくや）
	会澤 康二（あいざわ こうじ）
発行人	佐々木 幹夫
発行所	株式会社 翔泳社（https://www.shoeisha.co.jp）
印刷・製本	日経印刷 株式会社

©2021 Hiroki Matsumoto / Chie Sasaki / Takayoshi Tanaka / Akihiro Ito / Tsuyoshi Shimizu / Kota Saito / Toshihiro Setojima / Taku Oguchi / Takuya Azuma / Koji Aizawa

※本書は著作権法上の保護を受けています。本書の一部または全部について、株式会社翔泳社から文書による許諾を得ずに、いかなる方法においても無断で複写、複製することは禁じられています。

※本書へのお問い合わせについては、下記の内容をお読みください。落丁・乱丁はお取り替えいたします。03-5362-3705 までご連絡ください。

ISBN978-4-7981-6659-9　　　　　　　　　　Printed in Japan

本書内容に関するお問い合わせについて

本書に関するご質問、正誤表については下記のWebサイトをご参照ください。
お電話によるお問い合わせについては、お受けしておりません。

　　正誤表　　　● https://www.shoeisha.co.jp/book/errata/
　　刊行物Q&A　● https://www.shoeisha.co.jp/book/qa/

インターネットをご利用でない場合は、FAXまたは郵便にて、下記にお問い合わせください。

　　送付先住所　〒160-0006　東京都新宿区舟町5
　　（株）翔泳社 愛読者サービスセンター　　FAX番号：03-5362-3818

ご質問に際してのご注意

本書の対象を越えるもの、記述個所を特定されないもの、また読者固有の環境に起因するご質問等にはお答えできませんので、あらかじめご了承ください。

※本書の出版にあたっては正確な記述につとめましたが、著者や出版社などのいずれも、本書の内容に対してなんらかの保証をするものではなく、内容に基づくいかなる結果に関してもいっさいの責任を負いません。